ABAQUS 2019

有限元分析工程实例教程

——从入门到精通

冯翠云 编著

西安电子科技大学出版社

内 容 简 介

ABAQUS 是世界知名的计算机仿真软件，可以方便地处理各种线性和非线性问题，包括机构运动的模拟。对于线性问题，从最简单的零部件到最复杂的工程力学问题，ABAQUS 都可以非常容易地求解；对于非线性问题，ABAQUS 软件的优势也很明显：其非线性处理功能涵盖材料非线性、几何非线性和接触非线性等各种非线性问题。

本书以 ABAQUS 2019 最新版本为讲解平台，由浅入深地讲解 ABAQUS 软件分析计算的各模块功能。全书共 9 章。第 1 章主要介绍 ABAQUS 的基本操作和环境设置。第 2 章至第 8 章依托工程中常见的实例，按照不同的分析方式，分层次、分类别地对 ABAQUS 进行详尽的操作演示与方法教学；同时，根据实际应用为读者提供不同内容的专题，包括结构静力学、接触问题、材料非线性、结构动力学、热应力、接触非线性等，具有一定的实用性。第 9 章主要介绍 Fe-safe 与 ABAQUS 软件联合分析疲劳问题，通过实际工程案例，使读者具备利用 ABAQUS 和 Fe-safe 软件解决各种工程常见问题的能力。

本书结构严谨、条理清晰、重点突出，适合 ABAQUS 初学者和中级水平的用户使用，也可供大中专院校理工科相关专业学生学习，同时亦可作为工程技术人员的参考用书。

本书提供部分实例和习题的 ABAQUS 模型文件及运行文件，读者可以从西安电子科技大学出版社网站"资源中心"处免费下载文件，以方便学习使用。

图书在版编目(CIP)数据

ABAQUS 2019 有限元分析工程实例教程：从入门到精通 / 冯翠云编著. —西安：西安电子科技大学出版社，2020.11
ISBN 978-7-5606-5773-8

Ⅰ. ① A…　Ⅱ. ① 冯…　Ⅲ. ① 有限元分析—应用软件—教材　Ⅳ. ① O241.82-39

中国版本图书馆 CIP 数据核字(2020)第 124831 号

策划编辑　秦志峰
责任编辑　高　媛　秦志峰
出版发行　西安电子科技大学出版社(西安市太白南路 2 号)
电　　话　(029)88242885　88201467　　　　邮　　编　710071
网　　址　www.xduph.com　　　　电子邮箱　xdupfxb001@163.com
经　　销　新华书店
印刷单位　陕西天意印务有限责任公司
版　　次　2020 年 11 月第 1 版　2020 年 11 月第 1 次印刷
开　　本　787 毫米×1092 毫米　1/16　印张 22
字　　数　523 千字
印　　数　1～2000 册
定　　价　59.00 元
ISBN　978–7–5606–5773–8 / O
XDUP 6075001–1
如有印装问题可调换

前　言

ABAQUS 是功能强大的有限元分析软件之一，融结构、热力学、流体、电磁、声学和爆炸分析于一体，具有强大的前后处理及计算分析能力，能够同时模拟结构、热、流体、电磁以及多种物理场间的耦合效应。

本书以 ABAQUS 2019 版本为软件平台，依托大量的工程实例，具体讲解运用 ABAQUS 软件处理工程问题的方法和详细步骤。

◆ 本书特点

· 由浅入深。本书从 ABAQUS 使用基础讲起，辅以 ABAQUS 在工程中的应用案例，帮助读者尽快掌握使用 ABAQUS 进行有限元分析的技能。

· 步骤详尽。本书结合作者多年 ABAQUS 使用经验与实际的工程应用案例，将 ABAQUS 软件的使用方法与技巧详细地讲解给读者。在讲解过程中步骤详尽，讲解过程辅以相应的图片，使读者在阅读时一目了然，从而快速掌握书中所讲内容。

· 书中给出了关键命令的中英文翻译，读者可以很轻松地按照书中的提示一步一步地完成软件操作；同时书中以醒目的提示方式指出了读者容易遇到的困扰和错误操作，并对其中的重要部分给出了注释。

· 工程案例典型。本书在内容编排上注意难易结合，首先给出一个简单典型的工程案例，使读者了解该类问题的特点和分析方法，然后给出一个或者多个复杂案例，帮助读者掌握相关的高级技巧。

· 内容衔接合理，可帮助读者快速入门。本书在帮助读者掌握 ABAQUS 各个功能模块的常用设置和使用技巧的同时，可使读者对机械设计行业有一个大致的了解。

◆ 本书内容

本书共 9 章，主要内容包括 ABAQUS 的基本操作、摆臂结构静力学分析、转动支座接触问题分析、机箱结构静力学问题分析、结构动力学分析、汽车门内拉手接触非线性问题分析、橡胶密封圈材料非线性分析、热应力分析和结构疲劳寿命分析。其中，第 1 章主要介绍 ABAQUS 软件的基础知识，包括 ABAQUS 的基本操作、鼠标设置、单位特点、前处理、网格划分、分析及后处理、文件系统等内容；第 2 章至第 9 章主要从 ABAQUS 所能求解的实际物理问题入手，给出具体的计算案例，主要内容包括结构静力学、接触问题、材料非线性、结构动力学、热应力分析和疲劳分析等。

本书由桂林电子科技大学信息科技学院冯翠云编写。在编写过程中相关企业的许多工程师给出了宝贵意见，在此对支持本书编写的企业工程师表示衷心的感谢。虽然作者在本书的编写过程中力求叙述准确、完善，但由于水平有限，书中可能还有欠妥之处，希望广大读者批评指正，共同促进本书质量的提高。

最后再次希望本书能为读者的学习和工作提供帮助！

作　者
2020 年 6 月

目　录

第 1 章　ABAQUS 的基本操作

知识要点：

- 掌握 ABAQUS 图形界面的使用方法
- 掌握 ABAQUS 中的单位制
- 掌握 ABAQUS 中的坐标系统
- 掌握 ABAQUS 分析的基本思想与流程
- 掌握 ABAQUS 的文件系统

本章导读：

ABAQUS 是一款功能强大的有限元分析软件，已经成为国际上最先进的大型通用非线性有限元分析软件之一。它既可以完成简单的有限元分析，也可以用来模拟非常庞大复杂的模型，解决实际工程中大型模型的高度非线性问题。

ABAQUS 最初由美国 HKS(Hibbitt，Karlsson & Sorensen，INC.)公司开发，2005 年被法国达索系统(DASSAULT SYSTEMES，达索工业集团旗下公司，是著名的三维 CAD 软件 CATIA 的开发者)收购，2007 年更名为 SIMULIA 公司。它的主要业务是非线性有限元分析软件 ABAQUS 的开发、维护及售后服务。由于不断吸取最新的分析理论和计算机技术，领导着全世界非线性有限元技术的发展，ABAQUS 软件已经被全球工业界广泛接受，并拥有世界最大的非线性力学用户群。

ABAQUS 不仅能进行有效的静态和准静态分析、瞬态分析、模态分析、弹塑性分析、接触分析、碰撞和冲击分析、爆炸分析、屈服分析、断裂分析、疲劳和耐久性分析等结构和热分析，而且可以进行流—固耦合分析、声场和声—固耦合分析、压电和热—电耦合分析、热—固耦合分析、质量扩散分析等。

ABAQUS 使用非常简便，它可以轻易地建立复杂问题的模型。对于大多数数值模拟，用户只需要提供结构的几何形状、边界条件、材料性质、载荷工况等工程数据。对于非线性问题的分析，ABAQUS 能自动选择合适的载荷增量和收敛准则，在分析过程中对这些参数进行调整，保证结果的精确性。ABAQUS 除了能有效地求解各种复杂的模型和实际工程问题之外，在分析能力和可靠性方面亦优势突出。除此之外，ABAQUS 具有丰富的单元库，可以模拟各种复杂的几何外形，并且具有丰富的材料模型库，如金属、橡胶、可压缩的弹性泡沫、钢筋混凝土等供用户选择。

ABAQUS 提供了强大的帮助文件系统，并包含一套完整的帮助文档。通过本章的学习，读者能够了解并利用 ABAQUS 软件进行有限元分析的一般步骤和其特有的模块化处理方式。

1.1 ABAQUS 的使用环境

ABAQUS/CAE 是 ABAQUS 的交互式图形环境，它可以便捷地生成 ABAQUS 模型或者输入分析模型，为部件定义材料特性、边界条件、载荷，交互式地提交作业，为监控和评估 ABAQUS 运行结果提供了一个一致的、风格简单的界面。

ABAQUS 分为若干个功能模块，每个模块定义了模拟过程中的一个逻辑步骤，如生成部件、定义材料属性、划分网格等。完成一个功能模块的操作后，可以进入下一个功能模块，逐步建立分析模型。

ABAQUS/Standard(通用分析模块)或 ABAQUS/Explicit(显式动力分析模块)读入由 ABAQUS/CAE 生成的输入文件进行分析，然后将信息反馈给 ABAQUS/CAE，让用户对作业进程进行监控，并生成输出数据库。最后，用户可通过 ABAQUS/CAE 的可视化模块读入输出的数据库，进一步观察分析的结果。

在操作过程中，会生成一个包含 ABAQUS/CAE 操作命令的执行文件(rpy 文件)，它是 ABAQUS 文件系统的组成部分。下面简要介绍 ABAQUS 的使用环境。

1.1.1 ABAQUS/CAE 的启动

在 Windows 操作系统中，单击"开始"→"程序"→"Dassault Systemes Simulia ABAQUS 2019 CAE"，或者双击桌面图标按钮，即可打开 ABAQUS/CAE 的启动界面，如图 1-1 所示。

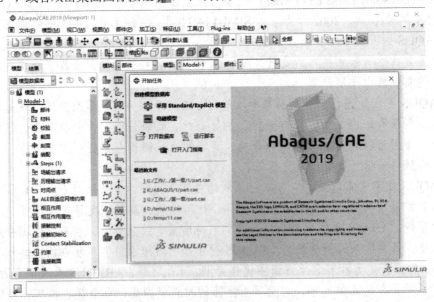

图 1-1 ABAQUS/CAE 启动界面

(1) "创建模型数据库"(Create Model Database)：开始一个新的分析过程。用户可以根据自己的问题建立"采用 Standard/Explicit 模型"(With Standard/Explicit Model)或"电磁模

型"(With Electromagnetic Model)。

(2) "打开数据库"(Open Database)：打开一个以前存储的模型或者输入/输出数据库文件。

(3) "运行脚本"(Run Script)：运行用 Python 脚本语言编写的包含 ABAQUS/CAE 命令的文件(*.py 或*.pyc)。

(4) "打开入门指南"(Start Tutorial)：打开 ABAQUS 的辅导教程在线帮助文档。

中文界面的设置方法是：在"我的电脑"→"环境变量"里新建环境变量，并设置"变量名"为"ABAQUS_USE_LOCALIZATION"，设置"变量值"为"1"，如图 1-2 所示。

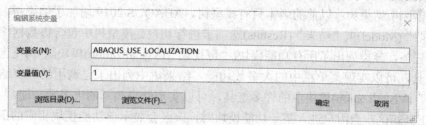

图 1-2　ABAQUS 中文界面设置

1.1.2　ABAQUS/CAE 的主窗口

用户可以通过主窗口与 ABAQUS/CAE 进行交互，主窗口的各个组成部分如图 1-3 所示。

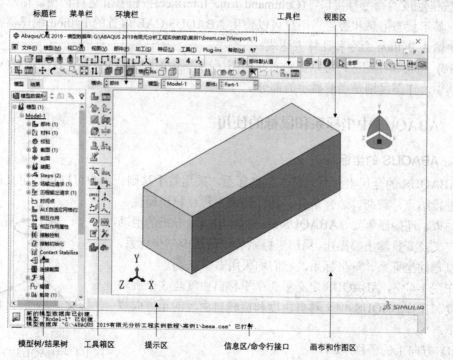

图 1-3　主窗口的各个组成部分

(1) 菜单栏：显示所有可用的菜单，用户可以通过对菜单的操作调用 ABAQUS/CAE 的各种功能。在环境栏中选择不同的模块时，菜单栏中显示的菜单也不尽相同。

(2) 标题栏：显示当前的 ABAQUS/CAE 版本及模型数据的路径和名称。

(3) 环境栏：包含 2～3 个列表，"模块"(Module)列表用于切换各功能模块，其他列表与当前的功能模块相对应，分别用于切换"模型"(Model)、"部件"(Part)、"分析步"(Step)、"结果文件"(ODB)和"草图"(Sketch)等。

(4) 工具栏：列出了菜单栏内的一些常用工具，方便用户调用，这些功能也可以通过菜单进行访问。

(5) 视图区：显示用户的模型。

(6) 模型树/结果树：以前的版本只有模型树，ABAQUS 2019 增加了结果树，通过其上部的"模型"(Model)或"结果"(Results)选项卡进行切换。模型树中包含该数据库的所有模型和分析任务，分类列出了所有功能模块("可视化"(Visualization)模块除外)及包含在其中的重要工具，可以实现菜单栏中的大多数功能。结果树中列出了已调用的所有结果文件及"可视化"(Visualization)模块中的许多工具，可以实现结果显示的大多数功能。

(7) 工具箱区：当用户进入某一功能模块时，该区会显示该功能模块相应的工具栏。工具栏的存在使得用户可以方便地调用该模块的许多功能。

(8) 提示区：当选择工具对模型进行操作时，该区会显示出相应的提示，用户可以根据提示在视图区进行操作或在提示区中输入数据。

(9) 信息区/命令行接口：显示在用户界面的下部区域，通过其左侧的"信息区"(Message Area)按钮██或"命令行接口"(Command Line Interface)按钮██进行切换。信息区为默认设置，显示状态信息和警告。用户可以使用 ABAQUS/CAE 内置的 Python 编译器在命令行接口中输入 Python 命令和计算表达式。

(10) 画布和作图区：可以把画布和作图区比作一个无限大的屏幕，视图区域(Viewport)位于其中，作图区则是当前显示的部分。

1.1.3 ABAQUS 中坐标系和鼠标的使用

1. ABAQUS 的坐标系

ABAQUS 的全局坐标系为笛卡尔坐标系，采用右手法则。用户可以自行定义局部坐标系，进行结点、载荷、边界条件、线性约束方程、材料属性、耦合约束、连接器单元、ABAQUS/Standard 中接触分析的滑动方向定义及变量输出等操作。局部坐标系可以是笛卡尔坐标系，也可以是柱坐标系、球坐标系，它们均采用右手法则。

在图 1-4 中，ABAQUS 定义了 3 个平移自由度与 3 个旋转自由度。在 ABAQUS 中平移自由度和旋转自由度的正方向规定如下：

(1) 方向 1 的平移：U1。

(2) 方向 2 的平移：U2。

(3) 方向 3 的平移：U3。

(4) 绕轴 1 的旋转：UR1。

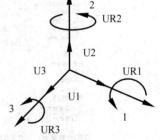

图 1-4 ABAQUS 自由度定义

(5) 绕轴 2 的旋转：UR2。

(6) 绕轴 3 的旋转：UR3。

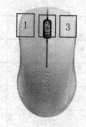

2. ABAQUS 的鼠标设置

熟悉三维 CAD 建模工具的用户能较快地习惯 ABAQUS 的鼠标操作习惯。图 1-5 所示为一个常见的三键鼠标。其中 1~3 号键分别为左键、中键、右键，习惯使用左手的用户可以将鼠标改为左手习惯，改为左手习惯后，1、3 号键功能也就交换了。

图 1-5　鼠标键

用户也可以使用常用的快捷键进行操作，其方法如下：

(1) ↻(旋转模型)：Ctrl + Alt + 鼠标左键；

(2) ✛(平移模型)：Ctrl + Alt + 鼠标中键；

(3) 🔍(缩放模型)：Ctrl + Alt + 鼠标右键。

鼠标操作可以根据个人喜好进行设置，通过单击"菜单"(File)→"工具"(Tools)→"选项"(Options)→"视图操作"(View Manipulation)→"应用程序"(Application)可设置习惯的视图操作方式。如图 1-6 所示，用户可将鼠标定义为"CATIA"操作习惯，也可以定义为"SolidWorks""Pro/E""UG"等三维软件的操作习惯。

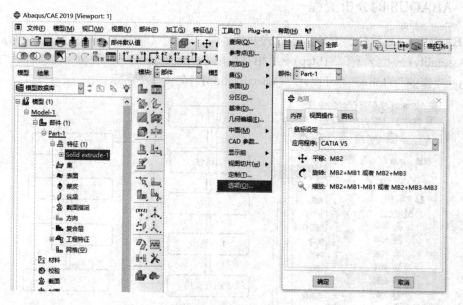

图 1-6　鼠标功能设置

1.1.4　ABAQUS 的单位制

ABAQUS/CAE 其实是数值计算软件，在计算过程中并不包含单位或量纲的概念。统一单位制是用户进行有限元分析之前必须要做的一项工作。ABAQUS 常用的单位见表 1-1，表中所示的单位是需要用户自行将所需分析的数据或资料进行统一换算的，ABAQUS 不会对单位进行分辨，建议采用 SI(m)或者 SI(mm)进行建模。

表 1-1　ABAQUS 中的常用单位

量纲	SI/m	SI/mm	US/ft	US/inct
长度	m	mm	ft	in
载荷	N	N	lbf	lbf
质量	kg	10^3kg	slug	$lbfs^2$/in
时间	s	s	s	s
应力	$Pa/N \cdot m^{-2}$	$MPa/N \cdot mm^{-2}$	lbf/ft^2	$psi/lbf \cdot in^{-2}$
能量	J	$mJ/10^{-3}J$	ftlbf	inlbf
密度	$kg \cdot m^{-3}$	mm^3	$slug/ft^3$	$lbf\, s^2/in^4$

例如，模型的材料为钢材，当采用国际单位制 SI(m)时，弹性模量为 $2.06×10^{11}$ N/m^2，重力加速度为 9.800 m/s^2，密度为 7850 kg/m^3，应力为 Pa；当采用国际单位制 SI(mm)时，弹性模量为 $2.06×10^5$ N/mm^2，重力加速度为 9800 mm/s^2，密度为 $7.850×10^{-9}$ T/mm^3，应力为 MPa。

1.1.5　ABAQUS 的分析流程

ABAQUS/CAE 软件的分析流程分为九步，即"部件"(Part)→"属性"(Property)→"装配"(Assembly)→"分析步"(Step)→"相互作用"(Interaction)→"载荷"(Load)→"网格"(Mesh)→"作业"(Job)→"可视化"(Visualization)，如图 1-7 所示。

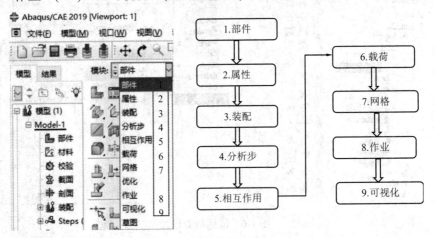

图 1-7　ABAQUS 的分析流程

1.2　快速入门实例

下面介绍一个简单的应力分析实例，帮助读者初步了解 ABAQUS 建模和分析的基本步骤，掌握 ABAQUS 进行应力和位移分析的方法。

1.2.1　问题描述

一根悬臂梁左端受固定约束，右端自由，结构尺寸如图 1-8 所示，求梁受载荷后的 Mises 应力和位移状态。

材料性质：弹性模量 $E = 2.05 \times 10^5$，泊松比 $\nu = 0.28$。

均布载荷：$p = 10$ MPa。

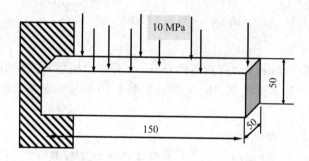

图 1-8　悬臂梁受均布载荷图

1.2.2　启动 ABAQUS

启动 ABAQUS 有如下 3 种方法，用户可以任选一种：

(1) 在 Windows 操作系统中单击"开始"→"所有程序"→"Dassault Systemes SIMULIA Abaqus CAE2019"→"ABAQUS CAE"。

(2) 在操作系统的 DOS 窗口中输入命令"abaqus cae"。

(3) 双击桌面启动图标 。

启动 ABAQUS/CAE 后，在出现的"开始任务"(Start Session)对话框中选择"采用 Standard/Explicit 模型"(With Standard/Explicit Model)按钮，创建一个 ABAQUS/CAE 的模型数据库，随即进入"部件"(Part)功能模块。

1.2.3　创建部件

在 ABAQUS/CAE 顶部的环境栏中，可以看到模块列表中的"Module"(模块)及其子菜单中的"部件"(Part)，如图 1-1 所示，这表示当前处在"部件"(Part)模块，在该模块中可以定义模型各部分的几何图形。用户可以在 ABAQUS/CAE 环境中用图形工具直接生成，也可以从第三方图形软件导入部件的几何形状。

1. 设置工作路径

单击菜单"文件"(File)→"设置工作目录…"(Set Work Directory…)，弹出"设置工作目录"(Set Work Directory)对话框，设置工作目录为"G:/ABAQUS 2019 有限元分析工程实例教程/案例 1"，如图 1-9 所示，单击"确定"(OK)按钮，完成工作目录设置。

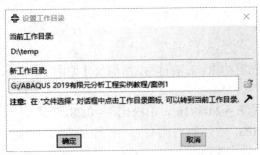

图 1-9　"设置工作目录"对话框

2. 保存文件

单击菜单"文件"(File)→"保存(S)"(Save)，弹出"模型数据库另存为"(Save Model Database As)对话框，输入文件名"beam"，如图 1-10 所示。单击"确定(O)"(OK)按钮，完成文件保存。

图 1-10　"模型数据库另存为"对话框

3. 创建梁

(1) 复杂的零件采用 UG、CATIA、Pro/E 等 CAD 软件建好模型后，另存为 iges、sat、step 等格式，导入 ABAQUS/CAE 中可以直接应用。具体导入方法：单击菜单"文件"(File)→"导入(I)"(Import)→"部件(P)..."(Part...)，如图 1-11 所示。弹出"导入部件"(Import Part)对话框后，选择要导入的 STP 格式模型，如图 1-12 所示，单击"确定(O)"(OK)按钮。

图 1-11　导入部件　　　　　　　　　　　　图 1-12　"导入部件"对话框

注：本案例零件比较简单，故不采用此方法，直接在 ABAQUS 中创建零件。

(2) 单击工具箱区的"创建部件"(Create part)按钮，弹出"创建部件"(Create Part)对话框，如图 1-13 所示。采用默认设置，单击"继续..."(Continue...)按钮后进入绘制草图环境，如图 1-14 所示。

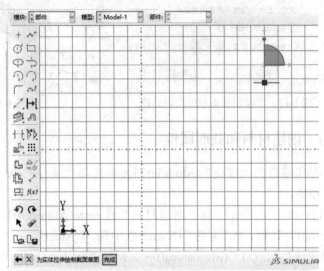

图 1-13　"创建部件"对话框　　　　　　　图 1-14　绘制草图界面

(3) 单击工具箱区的"创建矩形"(Create Lines：Rectangle)按钮，在窗口提示区显示"拾取矩形的起始角点--或输入 X，Y"(Pick a Starting Corner for the Rectangle--or Enter X，Y)中输入"0，0"，按<Enter>键，继续在对话框中输入"50，50"，如图 1-15 所示。按<Enter>键，绘制出矩形图，单击"添加尺寸"(Add Dimension)按钮，标注草图尺寸，如图 1-16 所示。

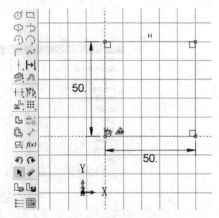

← X 拾取矩形的起始角点--或输入 X,Y: 50,50

图 1-15　输入点坐标　　　　　　　图 1-16　创建矩形截面

(4) 单击"完成"(Done)按钮或者鼠标中键，退出草图环境。弹出"基本拉伸"(Edit Base Extrusion)对话框，在"编辑基本拉伸"对话框里输入"150"，如图 1-17 所示，单击"确定"(OK)按钮，创建几何模型，如图 1-18 所示。

图 1-17　"编辑基本拉伸"对话框

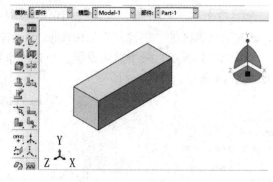

图 1-18　几何模型

1.2.4　创建材料和截面属性

在环境栏的"模块"(Module)列表中选择"属性"(Property)，进入"属性"(Property)功能模块。

(1) 单击工具箱区的"创建材料"(Create Material)按钮，弹出"编辑材料"(Edit Material)对话框，在"名称"(Name)框中输入"steel"，在"材料行为"(Material Behaviors)栏中选择"力学(M)"(Mechanical)→"弹性(E)"(Elasticity)→"弹性"(Elastic)命令，如图 1-19(a)所示。在"数据"(Data)框内输入"杨氏模量"(Young's Modulus)为"2.05e5"，"泊松比"(Poisson's Ratio)为"0.28"，如图 1-19(b)所示，单击"确定"(OK)按钮，完成材料的创建。

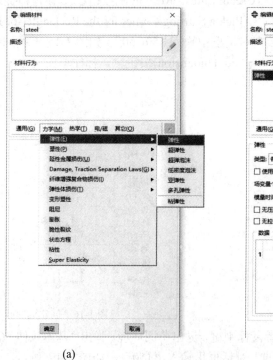

(a)

(b)

图 1-19　"编辑材料"对话框

(2) 单击工具箱区的"创建截面"(Create Section)按钮 ，弹出"创建截面"(Create Section)对话框，在"名称"(Name)栏中输入"Section-1"，如图 1-20 所示。单击"继续…"(Continue...)按钮，弹出"编辑截面"(Edit Section)对话框，在"材料"(Material)框中选择"steel"，如图 1-21 所示。单击"确定"(OK)按钮，完成截面的创建。

图 1-20　"创建截面"对话框　　　　　　　图 1-21　"编辑截面"对话框

(3) 单击工具箱区的"指派截面"(Assign Section)按钮 ，窗口底部的提示区信息变为"选择要指派截面的区域"(Select the Regions to be Assigned a Section)，鼠标左键选择模型，在视图区单击鼠标中键，弹出"编辑截面指派"(Edit Section Assignment)对话框，如图 1-22 所示。单击"确定"(OK)按钮，完成截面指派。模型被赋予材料后的样式如图 1-23 所示。

图 1-22　"编辑截面指派"对话框　　　　　图 1-23　模型被赋予材料

1.2.5　装配部件

在环境栏的"模块"(Module)列表中选择"装配"(Assembly)，进入"装配"(Assembly)功能模块。单击工具箱区的"创建实例"(Create Instance)按钮 ，弹出"创建实例"对话框，如图 1-24 所示，选择"Part-1"，选择"实例类型"(Instance Type)为"非独立(网格在部件上)"(Dependent (Mesh on Part))，单击"确定"(OK)按钮，完成部件的实例化，如图 1-25 所示。

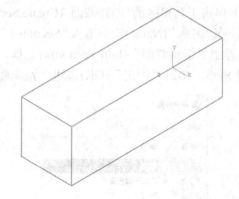

图 1-24　"创建实例"对话框　　　　　　　　图 1-25　部件实例化

1.2.6　设置分析步和输出变量

在环境栏的"模块"(Module)列表中选择"分析步"(Step)，进入"分析步"(Step)功能模块。ABAQUS/CAE 会自动创建一个"初始分析步"(Initial Step)，可以在其中施加边界条件，用户需要自己创建后续"分析步"(Analysis Step)来施加载荷，具体操作步骤如下：

1. 定义分析步

(1) 单击工具箱区的"创建分析步"(Create Step)按钮 ●━■，弹出"创建分析步"(Create Step)对话框，如图 1-26 所示。在"程序类型"(Procedure Type)列表内选择"静力，通用"(Static，General)，单击"继续..."(Continue...)按钮，弹出"编辑分析步"(Edit Step)对话框，可以设置是否打开"几何非线性"(Nlgeom)的选项"关"(Off)或"开"(On)，本案例采用默认设置，如图 1-27 所示。几何非线性的特点是结构在载荷作用过程中产生大的位移和转动，如板壳结构的大挠度，此时材料可能仍保持为线弹性状态，但是结构的几何方程必须建立于变形后的状态，以便于考虑变形对平衡的影响。

图 1-26　"创建分析步"对话框　　　　　　　图 1-27　"编辑分析步"对话框

(2) 单击"增量"(Incrementation)选项卡, 切换到设置增量步界面, 用户可以设置增量步的大小。在增量选项中, 类型通常使用"自动"。初始增量步大小可设置为 0.1(建议不要设置得太大), 如图 1-28 所示, 单击"确定"(OK)按钮完成分析步的创建。

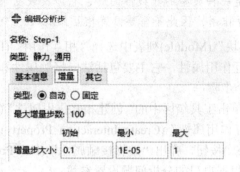

图 1-28　设置增量步的大小

2. 编辑变量输出要求

单击工具箱区的"场输出管理器"(Field Output Manager)按钮▦, 弹出"场输出请求管理器"(Field Output Request Manager)对话框, 如图 1-29 所示, 单击"编辑..."(Edit...)按钮, 弹出"编辑场输出请求"(Edit Field Output Request)对话框, 如图 1-30 所示。在此对话框中可以设置输出的场变量, 在本例中均采用默认设置即可。

图 1-29　"场输出请求管理器"对话框

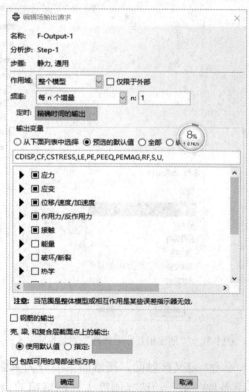

图 1-30　"编辑场输出请求"对话框

1.2.7　相互作用

提示：接触分析就是一种典型的非线性问题，它涉及较复杂的概念和综合技巧。本例中只有一个零件没有相互作用，因此不需要设置相互作用。

(1) 在环境栏的"模块"(Module)列表中选择"相互作用"(Interaction)，进入相互作用功能模块。接着定义相互作用属性，它主要包括法向接触属性和切向的摩擦属性。接触分析建模主要包括以下几个步骤：

① 定义接触属性。单击工具箱区中的"创建相互作用属性"(Create Interaction Property)按钮 📇，弹出"创建相互作用属性"(Create Interaction Property)对话框，如图 1-31 所示。单击"继续..."(Continue...)按钮，弹出"编辑接触属性"(Edit Property Options)对话框，如图 1-32 所示，用户可以根据自己的分析问题设置参数。

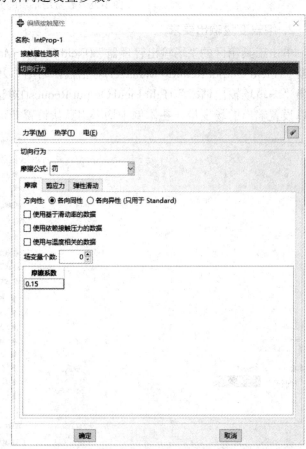

图 1-31　"创建相互作用属性"对话框　　　　　图 1-32　"编辑接触属性"对话框

② 定义接触面。接触面主要分为主面和从面，主从关系的选择比较严格，需要满足如下条件：第一，选择刚度大、网格粗的为主面；第二，主面发生接触部位不能有尖角或较大的凹角；第三，主面不能是由结点构成的面，并且必须是连续的。单元类型选为六面体

一阶单元(C3D8R)时，能够很好地解决接触问题。当模型无法划分六面体单元网格时，可以使用修正的四面体二次单元(C3D10)。

(2) 创建相互作用，定义接触，包括主面、从面、滑动公式、从面的位置调整、接触属性、接触面距离和接触控制等，需要注意的关键点如下：

① 单击工具箱区的"创建相互作用"(Create Interaction)按钮，弹出"创建相互作用"(Create Interaction)对话框，如图 1-33 所示。选择合适的接触类型，单击"继续..."(Continue...)按钮，鼠标左键选择接触的面，然后单击鼠标中键，弹出"编辑相互作用"(Edit Interaction)主面和从面的设置对话框，如图 1-34 所示。

图 1-33　"创建相互作用"对话框

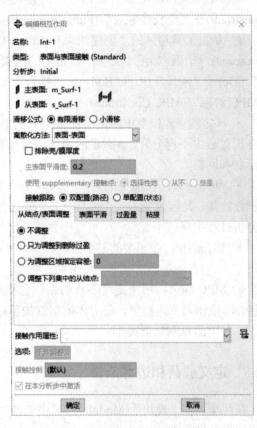

图 1-34　"编辑相互作用"对话框

② 定义的接触对由主面和从面构成，在接触模拟中，接触方向总是主面的法线方向，从面上的结点不会穿越主面，但主面上的结点可以穿越从面。主次面的选择原则：硬度高的面作为主面，硬度低的面作为从面。

③ 有限滑移和小滑移。

· 有限滑移：两个接触面之间可以有任意的相对滑动，在分析中需要不断地判定从面的结点和主面的哪一部分发生接触，因此计算的代价较大，同时要求主面是光滑的，即每个结点有唯一的法线方向。

· 小滑移：两个接触面之间只有很小的相对滑动，滑动量的大小只是单元尺寸的一小部分，在分析的开始就确定了从面结点和主面的哪一部分发生了接触，在整个分析过程中这种接触关系不会再发生变化。因此，小滑移的计算代价小于有限滑移。

　　• 离散化方法：主要有点对面和面对面两种算法。其中面对面算法的应力结果精度较高，并且可以考虑板壳和膜的初始厚度，但在有些情况下，计算代价比较大。

　　④ 谨慎地定义摩擦系数，对摩擦的计算会增大收敛的难度，摩擦系数越大，就越不容易收敛，因此，如果摩擦对分析结果的影响不大，例如摩擦面之间没有大的滑动，可以尝试令摩擦系数为 0。

　　⑤ ABAQUS/CAE 软件提供了自动查找接触对的功能，在工具栏中，选择按钮 "约束" (Constraint)→ "查找接触对" (Find Contact Pairs...)即可实现自动查找功能。

　　⑥ 单击工具箱区的 "创建约束" (Create Constraint)按钮 ，弹出 "创建约束" (Create Constraint)对话框，如图 1-35 所示。常用的约束类型有 "绑定" (Tie)、 "刚体" (Rigid Body)、 "耦合" (Coupling)和 "MPC 约束" (MPC Constraint)。

　　• 绑定约束：模型中的两个面被牢固的黏结在一起，在分析过程中不再分开，被绑定的两个面可以有不同的几何形状和网格。

　　• 刚体约束：在模型的某个区域和一个参考点间建立刚性连接，此区域变为一个刚体，各结点之间相对位置在分析过程中保持不变。

　　• 耦合约束：在模型的某个区域和一个参考点间建立约束。

　　• MPC 约束：用来定义多点约束，包括梁、绑定、链接、铰接和关节等类型，在实体模型施加荷载和边界的时候，常用的是刚性梁类型。

图 1-35　 "创建约束" 对话框

1.2.8　定义载荷和边界条件

　　在环境栏的 "模块" (Module)列表中选择 "载荷" (Load)功能模块，定义 "载荷" (Load)和 "边界条件" (Boundary Condition)。

　　(1) 单击工具箱区的 "创建载荷" (Create Load)按钮 ，弹出 "创建载荷" (Create Load)对话框。在 "名称" (Name)框中输入 "Load-1"，在 "分析步" (Step)列表内选择 "Step-1"， "类别" (Category)选择为 "力学" (Mechanical)，在 "可用于所选分析步的类型" (Types for Selected Step)列表内选择 "压强" (Pressure)，如图 1-36 所示。然后单击 "继续..."(Continue…)按钮，窗口底部的提示区信息变为 "选择要施加载荷的表面" (Select Surfaces for the Load)，鼠标左键选取零件的上表面，如图 1-37 所示。在视图区单击鼠标中键，弹出 "编辑载荷" (Edit Load)对话框，在 "大小" 中输入 "10"，如图 1-38 所示。单击 "确定" (OK)按钮，完成载荷定义，如图 1-39 所示。

图 1-36 "创建载荷"对话框

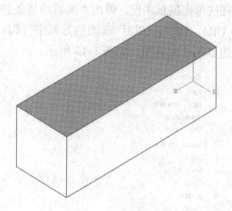

图 1-37 选择上表面

图 1-38 "编辑载荷"对话框

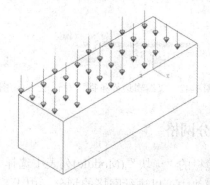

图 1-39 完成加载

(2) 单击工具箱区的"创建边界条件"(Create Boundary Condition)按钮，弹出"创建边界条件"(Create Boundary Condition)对话框，在"名称"(Name)框中输入"BC-1"，"分析步"(Step)选择为"Initial"，在"可用于所选分析步的类型"(Types for Selected Step)列表内选择"位移/转角"(Displacement/Rotation)，如图 1-40 所示。然后单击"继续..."(Continue...)按钮，窗口底部的提示区信息变为"选择要施加边界条件的区域"(Select Regions for the Boundary Condition)，再选择梁左端面，ABAQUS/CAE 将高亮显示选中的平面，如图 1-41 所示。

图 1-40 "创建边界条件"对话框

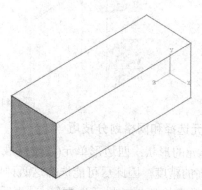

图 1-41 选择表面

在视图区单击鼠标中键，弹出"编辑边界条件"(Edit Boundary Condition)对话框，在"U1、U2、U3、UR1、UR2、UR3"前面的方框中打钩，如图 1-42 所示，单击"确定"(OK)按钮，完成固定边界条件的施加，如图 1-43 所示。

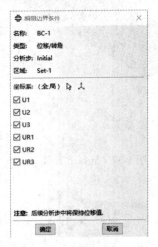

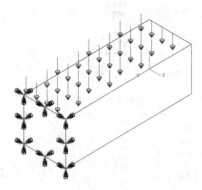

图 1-42　"编辑边界条件"对话框　　　图 1-43　完成载荷和边界条件约束的模型

1.2.9　划分网格

在环境栏的"模块"(Module)列表中选择"网格"(Mesh)，进入"网格"(Mesh)功能模块。在此模块中可以进行网格的划分，由于装配件由非独立实体构成，在开始网格划分操作之前，需要将对象定义为部件，如图 1-44 所示。

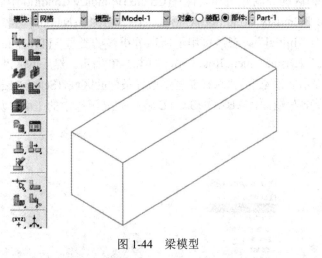

图 1-44　梁模型

1. 单元选择和网格划分技巧

(1) 单元的形状：四边形单元(二维区域)和六面体单元(三维区域)可以用较小的计算代价得到较高的精度，因此尽可能选择这两种单元。

(2) 如果某个区域的显示为橙色，就表明无法使用目前赋予它的网格划分技术来生成网格。当模型复杂时，往往不能直接采用结构化网格或扫掠网格，这时可以把实体模型分割为几个简单的区域，然后再划分结构化网格或扫掠网格。当某些区域过于复杂，不得不采用自由网格(即四面体单元)时，一般应选择带内部结点的二次单元来保证精度。

(3) 通过分割还可以更好地控制单元的位置和密度，对所关心的区域进行网格细化，或者为不同的区域赋予不同的单元类型。这样可以节省计算所花费的成本，得到更为理想的计算结果。

(4) 在模型进行初算或者计算机配置不高时，可以选用大一些的网格，这样可以节约计算所需的时间，同时可以快速地了解模型的应力分布情况。

(5) 对模型中存在的一些小的倒角面，可以运用虚拟拓扑中的合并面操作来进行修改，保证模型在该区域网格划分的顺利进行。

2. 指派单元类型

单击工具箱区的"指派单元类型"(Assign Element Type)按钮，选择模型，在视图区单击鼠标中键，弹出"单元类型"(Element Type)对话框，在"单元库"(Element Library)中选择"Standard"(标准)，在"族"(Family)框中选择"三维应力"(3D Stress)，在"几何阶次"(Geometric Order)中选择"线性"(Linear)，其余选项接受默认设置，如图 1-45 所示。单元类型为"C3D8R"，即"八结点线性六面体单元，减缩积分，沙漏控制"。然后单击"确定"(OK)按钮，完成单元类型的指派。

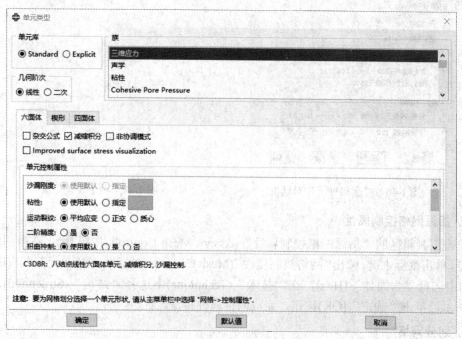

图 1-45　"单元类型"对话框

单元选择的基本原则如下：

(1) 对于三维区域，尽可能采用结构化网格划分或者扫掠网格划分技术，从而得到六面体单元网格，减小计算代价，提高计算精度。当几何形状复杂时，也可以在不重要的区域使用少量楔形单元。

(2) 如果使用了自由网格划分技术，四面体单元(Tet)的单元类型应选择二次单元中的 C3D10 单元，但如果有大的塑性变形，或模型中存在接触，而且使用的是默认的硬接触关系，也应选择修正的四面体单元(Tet)中的 C3D10M 单元。

(3) 对于应力集中问题，尽量不要使用线性减缩积分单元，可使用二次单元来提高精度。

(4) 对于弹塑性分析，如果材料是不可压缩性的(例如金属材料)，使用二次完全积分单元(C3D20)就容易产生体积自锁。建议使用线性减缩积分单元(C3D8R)、非协调单元(C3D8I)以及修正的二次四面体单元(C3D10M)。如果使用二次减缩积分单元(C3D20R)，当应变大于20%～40%时，需要划分足够密的网格。如果模型中存在接触或大的扭曲变形，则应使用线性六面体单元以及修正的二次四面体单元，而不能使用其他的二次单元。

(5) 对于以弯曲为主的问题，如果能够保证所关心部位的单元扭曲较小，那么使用非协调单元就可以得到非常精确的结果。

3. 全局撒种子

单击工具箱区的"种子部件"(Seed Part)按钮  ，弹出"全局种子"(Global Seeds)对话框，在"近似全局尺寸"(Approximate Global Size)框中输入"15"，其余选项接受默认设置，如图 1-46 所示，单击"确定"(OK)按钮，完成种子设置，如图 1-47 所示。

图 1-46 "全局种子"对话框

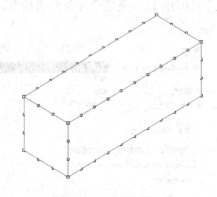

图 1-47 种子设置完成

4. 指派网格控制属性

单击工具箱区的"指派网格控制属性"(Assign Mesh Controls)按钮 ，在视图区选择梁模型，单击鼠标中键，弹出"网格控制属性"(Mesh Controls)对话框，在"单元形状"(Element Shape)中选择"六面体"(Hex)，在"技术"(Technique)中选择"结构"(Structured)，如图 1-48 所示，单击"确定"(OK)按钮，完成网格属性指派。

5. 划分网格

单击工具箱区的"为部件划分网格"(Mesh Part)按钮 ，窗口底部的提示区信息变为"要为部件划分网格吗？"(OK to Mesh the Part?)，在视图区中单击鼠标中键，或直接单击窗口底部提示区的"是"(Yes)按钮，得到如图 1-49 所示的网格。信息区显示"90 个单元已创建到部件：Part-1"。

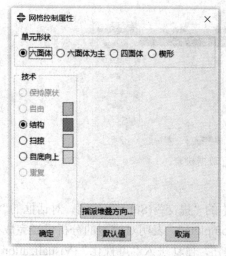

图 1-48　"网格控制属性"对话框

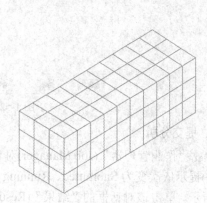

图 1-49　划分网格后的模型图

1.2.10　提交分析作业

在环境栏的"模块"(Module)列表中选择"作业"(Job)，进入"作业"(Job)功能模块。

1. 创建分析作业

单击工具箱区的"分析作业管理器"(Job Manager)按钮，弹出"作业管理器"(Job Manager)对话框，如图 1-50 所示。在作业管理器中单击"创建..."(Create...)按钮，弹出"创建作业"(Create Job)对话框，在"名称"(Name)框中输入"Job-1"，如图 1-51 所示。单击"继续..."(Continue...)按钮，弹出"编辑作业"(Edit Job)对话框，采用默认设置，单击"确定"(OK)按钮。

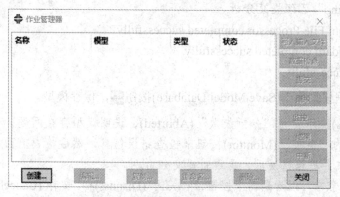

图 1-50　"作业管理器"对话框

图 1-51　"创建作业"对话框

2. 进行数据检查

单击"作业管理器"(Job Manager)对话框中的"数据检查"(Data Check)按钮，提交数据检查。数据检查完成后，作业管理器的"状态"(Status)栏显示为"检查已完成"(Completed)，如图 1-52 所示。

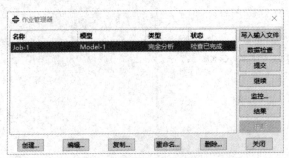

图 1-52　进行数据检查

3. 提交分析

单击"作业管理器"(Job Manager)对话框中的"提交"(Submit)按钮，对话框的"状态"(Status)提示依次变为 Submitted、Running 和 Completed，表明对模型的分析已经完成，如图 1-53 所示。单击该对话框的"结果"(Results)按钮，自动进入"可视化"(Visualization)模块。

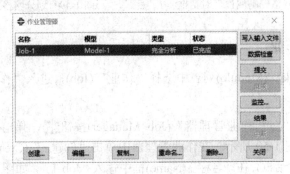

图 1-53　提交分析

信息区显示：

　　作业输入文件"Job-1.inp"已经提交分析。

　　Job Job -1: Analysis Input File Processor completed successfully.

　　Job Job -1: Abaqus/Standard completed successfully.

　　Job Job -1 completed successfully.

单击工具栏中的"保存数据模型库"(Save Model Database)按钮🖬，保存模型。

提示：如果"状态"(Status)提示变为"分析失败"(Aborted)，说明模型存在问题，分析已经终止。可以单击对话框的"监控"(Monitor)按钮来检查错误信息，然后检查前面各个建模步骤是否都已经准确完成，更正错误后，再重新提交分析。

在 ABAQUS/CAE 对话框中常常可以看到两个按钮，即"关闭"(Dismiss)和"取消"(Cancel)，它们的作用都是关闭当前对话框。两者的区别在于，"关闭"(Dismiss)按钮出现在包含只读数据的对话框中；"取消"(Cancel)按钮可以关闭对话框，而不保存所修改的内容。

1.2.11　后处理

单击作业管理器的"结果"(Results)按钮，ABAQUS/CAE 随即进入"可视化"

(Visualization)功能模块，在视图区域显示出模型未变形时的轮廓图，如图 1-54 所示。

图 1-54　未变形轮廓图

1. 显示未变形图

单击工具箱区的"绘制未变形图"(Plot Undeformed Shape)按钮 ，或者在主菜单中选择"绘图"(Plot)→"未变形图"(Undeformed Shape)，显示出未变形时的网格模型，如图 1-54 所示。

2. 显示变形图

(1) 单击工具箱区的"通用选项"(Common Options)按钮 ，弹出如图 1-55 所示的"通用绘图选项"(Common Plot Options)对话框，选择"变形缩放系数"(Deformation Scale Factor)为"一致"(Uniform)，输入值为"20"，单击"确定"(OK)按钮完成。

(2) 单击工具箱区的"绘制变形图"(Plot Deformed Shape)按钮 ，视图区绘制出模型的变形图，如图 1-56 所示。

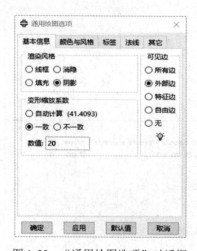

图 1-55　"通用绘图选项"对话框

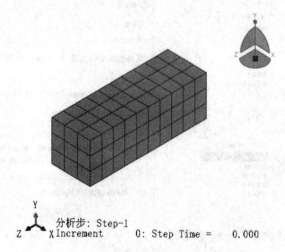

图 1-56　变形图

3. 显示应力云图

单击工具箱区的"在变形图上绘制云图"(Plot Contours on Deformed Shape)按钮 ，视图区显示模型的变形 Mises 云图,如图 1-57 所示。在工具栏中选择"场输出结果"(Field Output)为"RF",则视图区中显示出梁反作用力云图,如图 1-58 所示。

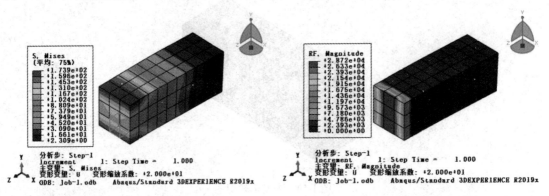

图 1-57　变形后的 Mises 应力分布云图　　　　　　图 1-58　梁反作用力云图

4. 显示动画

单击工具箱区的"动画:缩放系数"(Animate:Scale Factor)按钮 ⬛,可以显示缩放系数变化的动画,再次单击此图标即可停止动画。

5. 显示结点的 Mises 应力值

单击窗口顶部工具区的"查询信息"(Query Information)按钮 ⓘ,或者在主菜单中选择"工具"(Tools)→"查询"(Query),弹出如图 1-59 所示查询对话框,选择"查询值"(Probe Values),弹出"查询值"(Probe Values)对话框,将"查询"(Probe)设为"结点"(Nodes),将鼠标移至悬臂梁的任意结点位置处,此结点的 Mises 应力就会在"查询值"(Probe Values)对话框中显示出来,如图 1-60 所示。

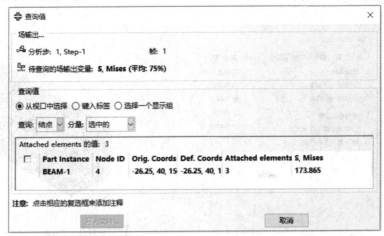

图 1-59　"查询"对话框　　　　　　　　图 1-60　"查询值"对话框

6. 查询结点的位移

单击工具箱区的"场输出"(Field Output)按钮 ⬛,弹出"场输出"(Field Output)对话框,当前的默认输出变量是"名称"(Name)为 S(应力)、"不变量"(Invariant)为 Mises(变量:

Mises 应力），如图 1-61 所示。

　　将输出变量改为"名称"(Name)是 U(位移)、"分量"(Component)是 U2(变量：在方向 2 上的位移)，单击"确定"(OK)按钮，此时云图变成对 U2 的结果显示，如图 1-62 所示。再次查询值，将鼠标移至所关心的结点处，此处的 U2 就会在"查询值"(Probe Values)对话框中显示出来，如图 1-63 所示，单击"取消"(Cancel)按钮可以关闭此对话框。

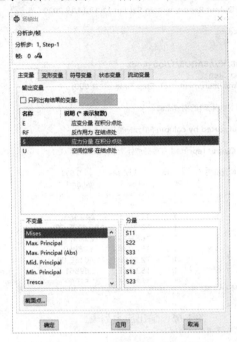

图 1-61　　"场输出"对话框　　　　　　　图 1-62　　方向 U2 上变形的云图

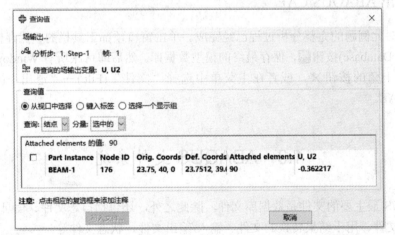

图 1-63　　显示数值：某结点处在方向 2 上的位移 U2

7. 报告场输出

　　选择菜单"报告"→"场输出"(Field Output)命令，弹出如图 1-64 所示的"报告场变量输出"(Report Field Output)对话框。选择"应力分量"(Stress Components)下的"Mises"

与"S11"，单击"确定"(OK)按钮，在工作目录下即生成一个 abaqus.rpt 文件，可以用记事本打开，即输出的应力列表，如图 1-65 所示。

图 1-64　"报告场变量输出"对话框　　　　　　图 1-65　输出应力列表

1.2.12　退出 ABAQUS/CAE

至此，对此例题的完整分析过程已经完成。单击窗口顶部工具栏的"保存模型数据库"(Save Model Database)按钮 ⊞，保存最终的模型数据库。然后即可跟所有 Windows 程序一样单击窗口右上角的按钮 ✕，或者在主菜单中选择"文件"(File)→"退出"(Exit)，退出 ABAQUS/CAE。

1.3　ABAQUS 文件系统

ABAQUS 最主要的文件是数据库文件，除此之外，还包括日志文件、信息文件、用于重新启动的文件、用于结果转换的文件、输入/输出文件、状态文件等。

有些临时文件在运行中产生，但在运行结束后自动删除。下面介绍几种重要的 ABAQUS 文件系统，在此约定 job-name 表示分析作业的名称，model-data-name 表示数据库文件。

1. 数据库文件

数据库文件包括两种：cae 文件和 odb 文件。cae 文件(model-data-name.cae)，又称为模型数据库文件；odb 文件(job-name.odb)即结果文件。

(1) cae 文件在 ABAQUS/CAE 中可以直接打开，其中包含模型的几何信息、网格信息、载荷信息等各种信息和分析任务。

(2) odb 文件可以在 ABAQUS/CAE 中直接打开，也可以输入到 cae 文件中作为 Part 或者 Model。它包含"分析步"(Step)功能模块中定义的场变量和历史变量输出结果。

2．日志文件

日志文件又称为 log 文件(job-name.log)，属于文本文件，用于记录 ABAQUS 运行的起止时间。

3．数据文件

数据文件又称为 dat 文件(job-name.dat)，属于文本文件，用于记录参数检查、内存和磁盘估计等信息，并且预处理 inp 文件时产生的错误和警告信息也包含在内。

提示：dat 文件中输出用户自定义的 ABAQUS/Standard 的结果数据，而 ABAQUS/Explicit 的结果数据则不会写入该文件。

4．信息文件

信息文件有四类：msg 文件(job-name.msg)、ipm 文件(job-name.ipm)、prt 文件(job-name.prt)及 pac 文件(job-name.pac)。

(1) msg 文件属于文本文件，它详细记录计算过程中的平衡迭代次数、计算时间、错误、警告、参数设置等信息。

(2) ipm 文件又称内部过程信息文件。顾名思义，它在 ABAQUS/CAE 分析时开始启动，记录从 ABAQUS/Standard 或 ABAQUS/Explicit 到 ABAQUS/CAE 的过程日志。

(3) prt 文件包含模型的部件和装配信息，在重新启动分析时需要使用它。

(4) pac 文件包含模型信息，它仅用于 ABAQUS/Explicit，在重新启动分析时需要使用它。

5．状态文件

状态文件包含三类：sta 文件(job-name.sta)、abq 文件(job-name.abq)和 stt 文件(job-name.stt)。

(1) sta 文件属于文本文件，其中包含分析过程信息。

(2) abq 文件仅用于 ABAQUS/Explicit，记录分析、继续和恢复命令，在重新启动分析时需要使用它。

(3) stt 文件称为状态外文件，是允许数据检查时产生的文件，在重新启动时需要使用它。

6．输入文件

输入文件 inp 文件(job-name.inp)属于文本文件，在"作业"(Job)功能模块中提交任务时或者单击分析作业管理器中的"写入输入文件"(Write Input)按钮时产生。此外，它也可以通过其他有限元前处理软件产生。

inp 文件可以输入到 ABAQUS/CAE 中作为"模型"(Model)，也可以由 ABAQUS Command 直接运行。inp 文件包含模型的结点、单元、截面、材料属性、集合、边界条件、载荷、分析步及输出设置等信息，没有模型的几何信息。

7. 结果文件

结果文件分为三类：fil 文件(job-name.fil)、psr 文件(job-name.psr)和 sel 文件(job-name.sel)。

(1) fil 文件是可被其他软件读入的结果数据格式。它记录 ABAQUS/Standard 的分析结果，如果 ABAQUS/Explicit 的分析结果写入 fil 文件，则需要转换。

(2) psr 文件是文本文件，是参数化分析时要求的输出结果。

(3) sel 文件又称为结果选择文件，用于结果选择，仅适用于 ABAQUS/Explicit，在重新启动分析时需要使用它。

8. 模型文件

模型文件 mdl(job-name.mdl)是在 ABAQUS/Standard 和 ABAQUS/Explicit 中运行数据检查后产生的文件，在重新启动时需要使用它。

9. 保存命令文件

保存命令文件分为三类：jnl 文件(model-data-name.jnl)、rpy 文件(abaqus.rpy)和 rec 文件(model-data-name.rec)。

(1) jnl 文件是文本文件，包含用于复制已存储的模型数据库的 ABAQUS/CAE 命令。

(2) rpy 文件用于记录 ABAQUS/CAE 一次所运用的所有命令。

(3) rec 文件包含用于恢复内存中模型数据的 ABAQUS/CAE 命令。

10. 脚本文件

脚本文件 psf(job-name.psf)是用户参数研究(Parametric Study)时需要创建的文件。

11. 重启动文件

重启动文件 res(job-name.res)用"分析步"(Step)功能模块进行定义。

12. 临时文件

ABAQUS 还会生成一些临时文件，可以分为两类：ods 文件(job-name.ods)和 lck 文件(job-name.lck)。

(1) ods 文件用于记录场输出变量的临时运算结果，运行后自动删除。

(2) lck 文件用于阻止并写入数据库，关闭输出数据库后自动删除。

本 章 小 结

ABAQUS 是一款功能强大的有限元软件，本章主要介绍了 ABAQUS 的使用环境和主要文件类型，软件的单位统一以及软件处理问题的基本流程等内容。ABAQUS 软件具有一套非常详尽的帮助文档供用户查阅，用户可以根据自己遇到的问题查阅相关的文档，其中，Getting Started with ABAQUS 适合作为初学者的入门指南。

第 2 章　摆臂结构静力学分析

知识要点：

- ◆ 掌握结构静力学分析的基本概念
- ◆ 掌握进行结构静力学分析的基本知识
- ◆ 掌握进行结构静力学分析的方法

本章导读：

结构分析是有限元分析方法最常用的一个应用领域。结构是一个广义的概念，包括土木工程结构，如建筑物；航空结构，如飞机机身；汽车结构，如车身骨架；海洋结构，如船舶结构等。此外还包括各种机械零部件，如活塞、传动轴等。本章介绍 ABAQUS 用于结构静力学分析的方法和步骤，通过本章的学习，让读者进一步熟悉前面章节介绍的各模块功能，了解 ABAQUS 的强大功能。

结构静力学问题是简单且常见的有限元分析类型，不涉及任何非线性分析(材料非线性、几何非线性、接触等)，也不考虑惯性及与时间相关的材料属性。在 ABAQUS 中，该类问题通常采用"静力，通用"(Static，General)或"静力，线性摄动"(Static，Linear Perturbation)进行分析。

结构静力学问题很容易求解，但用户更关心的是计算精度和求解效率，希望在获得较高精度的前提下尽量缩短计算时间，特别是大型模型。计算精度和求解效率主要取决于网格的划分，包括种子的设置、网格控制和单元类型的选取。用户应尽量选用精度和效率都较高的二次四边形/六面体单元，在主要的分析部位设置较密的种子。若主要分析部位的网格没有大的扭曲，这时可以使用非协调单元(如 CPS4I、C3D8I)，因为它的性价比很高。对于复杂模型，可以采用分割模型的方法划分二次四边形/六面体单元。有时分割过程过于繁琐，用户可以采用精度较高的二次三角形/四面体单元进行网格划分。

本章以摆臂为例介绍结构静力学分析的全过程，并向读者展示显示体约束的操作。其中一些步骤(如建模、装配、网格划分)与其他分析类型基本相同，这些内容在后续各章中不再重点叙述。

2.1　结构静力学分析简介

结构线性静力学分析计算是结构在恒定静载荷作用下的响应受力分析，它不考虑惯性和阻尼的影响。恒定不变的载荷和响应是指载荷和结构的响应随时间变化非常小或缓慢，结构静力分析的载荷可以是不变的集中载荷、均布载荷、体力载荷、重力载荷等。

2.1.1　静力学分析的特点

静力分析的结果包括位移、应力、应变和力等。静力分析所施加的载荷主要有以下几种类型：

(1) 集中力、弯矩、压强等。

(2) 表面载荷、管道压力、体力等。

(3) 体力、线载荷、重力、螺栓预紧力等。

(4) 强制位移。

(5) 稳态的惯性力(如重力和离心力)。

(6) 能流(对于核能膨胀)。

(7) 温度载荷(对于温度应变)。

静力分析既可以是线性的，也可以是非线性的。非线性静力分析包含所有类型的非线性，如大变形、塑性、蠕变、应力刚化、接触(间隙)单元、超弹性单元等。本章主要讨论线性静力分析，非线性分析详细见后续相关章节。

2.1.2　结构静力学分析的步骤及要求

1. 静力学分析的基本步骤

(1) 创建部件(几何模型)，几何模型可以在 ABAQUS 软件里面创建，也可以在其他 CAD 软件里面创建后导入到 ABAQUS 软件里面。

(2) 定义材料属性，也可以从 ABAQUS 材料库里面选择。

(3) 定义装配。

(4) 定义分析步。

(5) 定义载荷和边界条件。

(6) 划分网格。

(7) 创建作业，求解。

(8) 后处理。

2. 静力学分析的主要要求

(1) 选择合适的结构单元。

(2) 模型网格划分大小。应力比较集中的区域，划分网格需要特别小心，通常模型区域变化较大，需要有比较密的网格。在有接触存在的区域，主面的网格要比从面的网格大一些，这样容易建立接触。

(3) 计算精度和求解效率的高低主要取决于网格质量，网格质量与边、面上设置的种子密度设置、网格控制和单元类型选择有关。用户应尽量选择精度和效率都比较高的二次四边形/六面体单元，在主要的分析区域设置较密的种子。若主要分析部位的网格没有大的扭曲，则使用非协调单元(如 CPS4I、C3D8I)效果较好。对于复杂模型，可以采用分割模型的方法划分二次四边形/六面体单元。有时模型不好分割，可以采用精度较高的二次三角形/

四面体单元进行网格划分。

(4) 材料可以是线性或者非线性的、各向异性或者正交各向异性的、常数或者跟温度相关的。

提示：定义材料时，必须按照某种形式定义刚度。对于温度载荷，必须定义热膨胀系数；对于惯性载荷，必须定义质量所需的密度等数据。

2.2　结构静力学分析实例

本节将通过一个摆臂结构的求解过程来介绍使用 ABAQUS 进行摆臂结构静力学分析过程，通过分析可以看出 ABAQUS 在基本分析过程中的优越性。

2.2.1　问题描述

本节详细讲解一个摆臂静力学分析实例，如图 2-1 所示。摆臂通过 A、B、C 三个安装孔连接，A 点和 C 点固定约束，B 点处受到 3 种工况载荷，求摆臂受载后的 Mises 应力和位移状态。

材料性质：铝，弹性模量 $E = 70\,000$ MPa，泊松比 $v = 0.33$。

B 点受集中力：

第一工况为：$F_{bx} = 5441$ N、$F_{by} = -1880$ N、$F_{bz} = 653$ N。

第二工况为：$F_{bx} = 3072$ N、$F_{by} = -2389$ N、$F_{bz} = 239$ N。

第三工况为：$F_{bx} = 4012$ N、$F_{by} = -1077$ N、$F_{bz} = 369$ N。

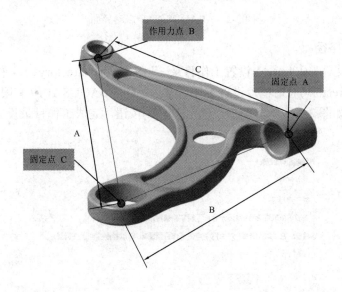

图 2-1　摆臂模型

2.2.2 创建部件

双击桌面启动图标 ，打开 ABAQUS/CAE 的启动界面，如图 2-2 所示，单击"采用 Standard/Explicit 模型"(With standard/Explicit Model)按钮，创建一个 ABAQUS/CAE 的模型数据库，随即进入"部件"(Part)功能模块。

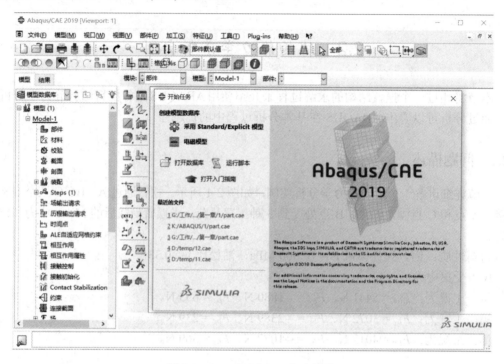

图 2-2　ABAQUS/CAE 启动界面

1. 设置工作路径

单击菜单"文件"(File)→"设置工作目录..."(Set Work directory...)，弹出"设置工作目录"(Set Work directory)对话框，设置工作目录："G:/ABAQUS 2019 有限元分析工程实例教程/案例 2"，如图 2-3 所示，单击"确定"(OK)按钮，完成工作目录设置。

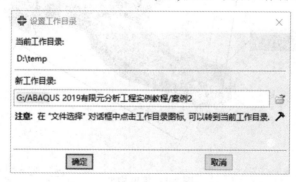

图 2-3　"设置工作目录"对话框

2. 保存文件

单击菜单"文件"(File)→"保存"(Save)，弹出"模型数据库另存为"(Save Model Database As)对话框，输入文件名"baibi-2019"，如图 2-4 所示，单击"确定(O)"(OK)按钮，完成文件保存。

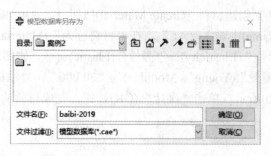

图 2-4　"模型数据库另存为"对话框

3. 导入模型

单击菜单"文件"(File)→"导入"(Import)→"部件"(Part...)，弹出"导入部件"(Import Part)对话框，选择"baibi.stp"，如图 2-5 所示。单击"确定"(OK)按钮，弹出"从 STEP 文件创建部件"(Create Part from STEP File)对话框，如图 2-6 所示，单击"确定"(OK)按钮，完成部件导入，如图 2-7 所示。

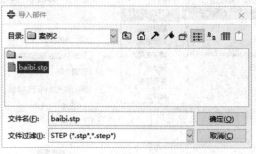

图 2-5　"导入部件"对话框

图 2-6　"从 STEP 文件创建部件"对话框

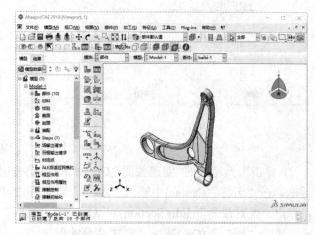

图 2-7　部件模型

2.2.3　创建材料和截面属性

在环境栏的"模块"(Module)列表中选择"属性"(Property)，进入"属性"(Property)功能模块。

(1) 单击工具箱区的"创建材料"(Create Material)按钮，弹出"编辑材料"(Edit Material)对话框。在"名称"(Name)中输入"AL"，在"材料行为"(Material Behaviors)中选择"力学"(Mechanical)→"弹性"(Elasticity)→"弹性"(Elastic)命令，如图 2-8(a)所示。在"数据"(Data)框内输入"杨氏模量"(Young's Modulus)为"70 000"，"泊松比"(Poisson's Ratio)为"0.33"，如图 2-8(b)所示，单击"确定"(OK)按钮，完成材料的创建。

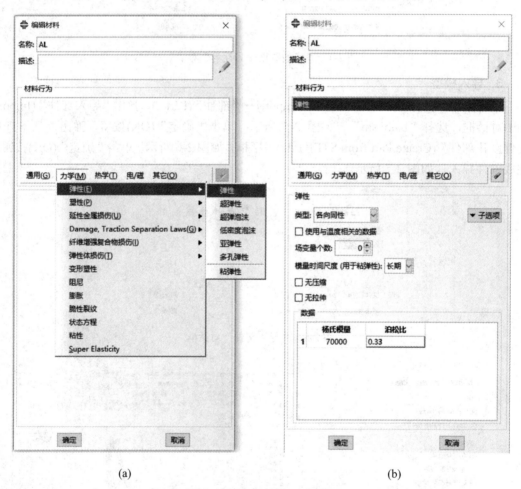

(a)　　　　　　　　　　　　　　　　(b)

图 2-8　"编辑材料"对话框

(2) 单击工具箱区的"创建截面"(Create Section)按钮，弹出"创建截面"(Create Section)对话框。在"名称"(Name)中输入"AL-1"，如图 2-9 所示。单击"继续"(Continue...)按钮，弹出"编辑截面"(Edit Section)对话框，在"材料"(Material)中选择"AL"，如图 2-10所示。单击"确定"(OK)按钮，完成截面的创建。

图 2-9　"创建截面"对话框

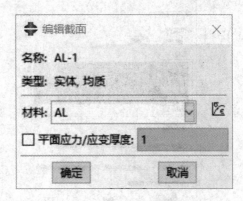

图 2-10　"编辑截面"对话框

(3) 单击工具箱区的"指派截面"(Assign Section)按钮 ，窗口底部的提示区信息变为"选择要指派截面的区域"(Select the Regions to be Assigned A Section)，鼠标左键选择模型，在视图区单击鼠标中键，弹出"编辑截面指派"(Edit Section Assignment)对话框，如图 2-11 所示。单击"确定"(OK)按钮，完成截面指派。零件被赋予材料后的模型如图 2-12 所示。

图 2-11　"编辑截面指派"对话框

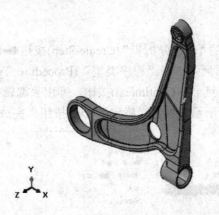

图 2-12　被赋予材料后的模型

2.2.4　装配部件

在环境栏的"模块"(Module)列表中选择"装配"(Assembly)，进入"装配"(Assembly)功能模块。单击工具箱区的"创建实例"(Create Instance)按钮 ，弹出"创建实例"对话框，如图 2-13 所示。选择"baibi-1、baibi-2、baibi-3、baibi-4"，在"实例类型"(Instance Type)中选择"非独立(网格在部件上)"(Dependent(Mesh on Part))，单击"确定"(OK)按钮，完成部件的实例化，如图 2-14 所示。

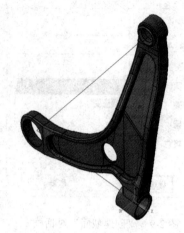

图 2-13　"创建实例"对话框　　　　　　　　图 2-14　部件实例化

2.2.5　设置分析步和输出变量

在环境栏的"模块"(Module)列表中选择"分析步"(Step)，进入"分析步"(Step)功能模块。ABAQUS/CAE 会自动创建一个"初始分析步"(Initial Step)，可以在其中施加边界条件，用户需要自己创建后续"分析步"(Analysis Step)来施加载荷，具体操作步骤如下：

1. 定义分析步

单击工具箱区的"创建分析步"(Create Step)按钮 ●→■，弹出"创建分析步"(Create Step)对话框，如图 2-15 所示。在"程序类型"(Procedure Type)中选择"静力，通用"(Static，General)，单击"继续..."(Continue...)按钮，弹出"编辑分析步"(Edit Step)对话框，采用默认设置，如图 2-16 所示，单击"确定"(OK)按钮，完成分析步的定义。

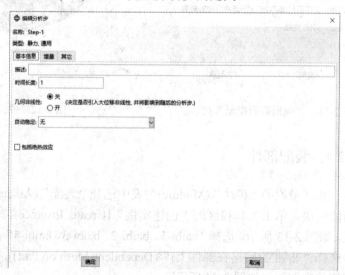

图 2-15　"创建分析步"对话框　　　　　　　图 2-16　"编辑分析步"对话框

　　提示：在静态分析中，分析步时间(Time Period)一般没有实际意义，可以接受默认值，对于初学者，时间增量步(Incrementation)的设置相对比较困难，一般可以先使用默认值进行分析，如果结果不收敛再进行调整。

　　2．设置变量输出

　　单击工具箱区的"场输出管理器"(Field Output Manager)按钮 ，弹出"场输出请求管理器"(Field Output Requests Manager)对话框，可以看到 ABAQUS/CAE 已经自动生成了一个名为"F-Output-1"的历史输出变量，如图 2-17 所示。

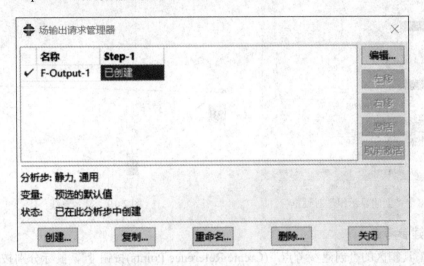

图 2-17　"场输出请求管理器"对话框

　　单击"编辑..."(Edit...)按钮，在弹出的"编辑场输出请求"(Edit Field Output Requests)对话框中可以增加或者减少某些量的输出，返回"场输出请求管理器"(Field Output Requests Manager)，单击"关闭"(Dismiss)按钮，完成输出变量的定义。用同样的方法，也可以对历史变量进行设置。

2.2.6　创建耦合约束

　　在环境栏的"模块"(Module)列表中选择"相互作用"(Interaction)，进入"相互作用"(Interaction)功能模块。

　　1．改变显示零件

　　单击工具箱区的"创建显示组"(Create Display Group)按钮 ，弹出"创建显示组"(Create Display Group)对话框，在"项"(Item)列表内选择"Part/Model instances"，在右侧的列表内选择"baibi-2-1、baibi-3-1、baibi-4-1"，在"对视口内容和所选择执行一个 Boolean 操作"(Perform a Boolean on the Viewport Contents and the Selection)栏中单击"替换"(Replace)按钮 ，如图 2-18 所示。然后单击"关闭"(Dismiss)按钮，只显示 3 根直线，如图 2-19 所示。

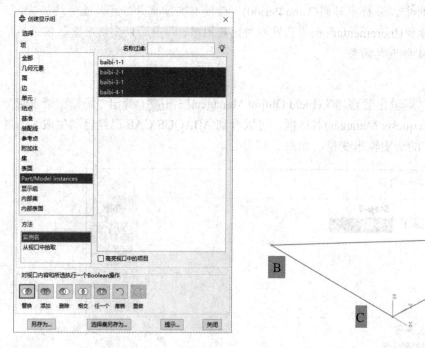

图 2-18　"创建显示组"对话框　　　　　图 2-19　显示直线

2. 创建参考点

单击工具箱区的"创建参考点"(Create Reference Points)按钮 $\overset{RP}{\times}$，鼠标分别按顺序选择 A、B、C 三个点，创建 RP-1、RP-2 和 RP-3 三个参考点，如图 2-20 所示。单击工具的按钮 ◉，显示全部部件，如图 2-21 所示。

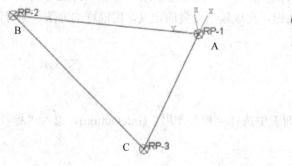

图 2-20　创建三个参考点视图

图 2-21　显示所有零件

3. 创建耦合约束

"耦合"(Coupling)约束用于将一个面的运动和一个约束控制点的运动约束在一起。单击工具箱区的"创建约束"(Create Constraint)按钮，弹出"创建约束"(Create Constraint)对话框，在"名称"(Name)中输入"A"，在"类型"(Type)列表内选择"耦合的"(Coupling)，如图 2-22 所示，单击"继续..."(Continue...)按钮。

此时窗口底部的提示区信息变为"选择约束控制点"(Select Constraint Control Points)，在视图区选择 RP-1 参考点，单击鼠标中键，弹出"选择约束区域类型"对话框，单击"表面"(Surface)按钮，如图 2-23 所示。然后选择 A 点处孔内表面，如图 2-24 所示。在视图区单击鼠标中键，弹出"编辑约束"(Edit Constraint)对话框，在"U1、U2、U3、UR1、UR2、UR3"前面的框中打钩(约束 6 个自由度)，如图 2-25 所示。单击"确定"(OK)按钮，完成耦合的设置。重复上述步骤，完成 A、B、C 处三个点与孔的耦合约束，如图 2-26 所示。

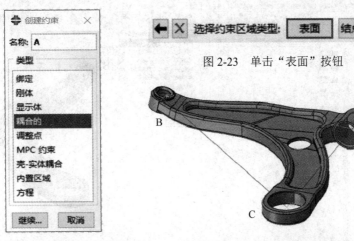

图 2-23　单击"表面"按钮

图 2-22　"创建约束"对话框　　　　　图 2-24　选择 A 点孔内表面

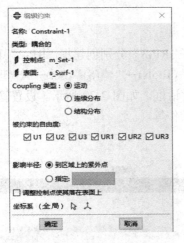

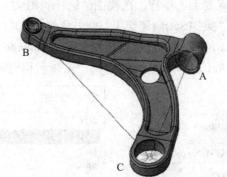

图 2-25　"编辑约束"对话框　　　　图 2-26　创建三个孔处的耦合

2.2.7　定义载荷和边界条件

在环境栏的"模块"(Module)列表中选择"载荷"(Load)功能模块，定义"载荷"(Load)和"边界条件"(Boundary Condition)。

1. 施加载荷

摆臂需要在 B，C 两点处施加固定边界约束，A 点施加点集中载荷。本案例先施加第一工况载荷，计算完后再添加其余工况载荷。

1) 创建载荷"集"(Set)

(1) 单击菜单"工具(T)"(Tools)→"集(S)"(Set)→"创建(C)..."(Create...)，如图 2-27 所示，弹出"创建集"(Create Set)对话框，输入"RP-1"，如图 2-28 所示。单击"继续..."(Continue...)按钮，在视图区选择"RP-1"参考点，单击鼠标中键，完成第一个集的创建。

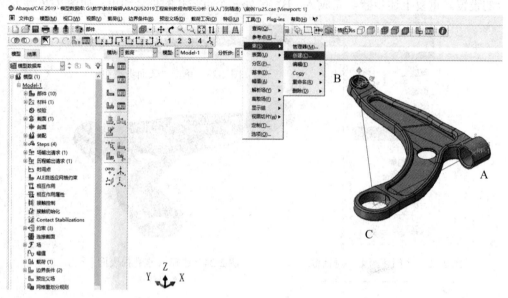

图 2-27　创建集

(2) 重复上述步骤，在视图区选择"RP-2"和"RP-3"分别创建集"RP-2"和"RP-3"集。查看"集"(Set)创建结果，单击菜单"工具(T)"(Tools)→"集(S)"(Set)→"管理器(M)..."(Manager...)，弹出"设置管理器"(Set Manager)对话框，如图 2-29 所示。设置管理器可以编辑创建好的"集"，例如编辑、重命名和删除操作等。

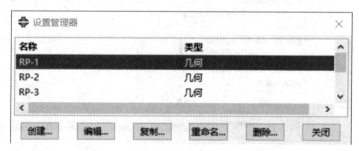

图 2-28　"创建集"对话框　　　　　　　图 2-29　"设置管理器"对话框

2) 施加"集中力"(Concentrated Force)载荷

(1) 单击工具箱区的"创建载荷"(Create Load)按钮，弹出"创建载荷"(Create Load)对话框。在"名称"(Name)中输入"Foce-1"，在"分析步"(Step)中选择"Step-1"，在"类别"(Category)中选择"力学"(Mechanical)，在"可用于所选分析步的类型"(Types for Selected Step)列表内选择"集中力"(Concentrated Force)，如图 2-30 所示。

图 2-30　"创建载荷"对话框

（2）单击"继续..."(Continue...)按钮，窗口底部的提示区信息变为"为载荷选择点"(Select Pointforthe Load)，如图 2-31 所示。单击"集..."(Set...)按钮，弹出"区域选择"(Region Selection)对话框，在区域选择对话栏"名称"(Name)列表内选择"RP-2"，如图 2-32 所示。单击"继续..."(Continue...)按钮，弹出"编辑载荷"(Edit Load)对话框，在 CF1、CF2、CF3 栏内分别输入"5441，−1880，653"，如图 2-33 所示，单击"确定"(OK)按钮，完成载荷创建。（注：CF1、CF2、CF3 分别对应斜方向的受力。）

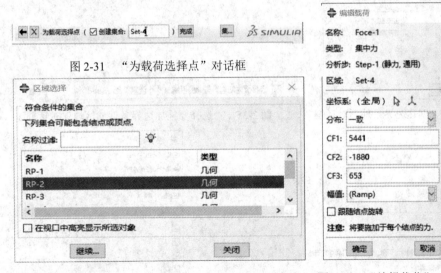

图 2-31　"为载荷选择点"对话框

图 2-32　"区域选择"对话框　　　　　图 2-33　"编辑载荷"对话框

提示：该集中力的大小和方向在分析过程中保持不变，如果选择"跟随结点旋转"(Follow Nodal Rotation)选项，则力的方向在分析过程中随着结点的旋转而变化；使用幅值曲线可以改变力的变化规律。

2. 定义边界条件约束

摆臂通过 A 点和 C 点处 2 个安装孔固定，边界条件为固定约束这 2 个安装孔中间的硬点，可以采用耦合方式固定。

1) A 点施加固定边界条件约束

单击工具箱区的"创建边界条件"(Create Boundary Condition)按钮 ，弹出"创建边界条件"(Create Boundary Condition)对话框，在"名称"(Name)中输入"BC-1-fix"，在"分析步"(Step)列表内选择"Initial"，在"可用于所选分析步的类型"(Types for Selected Step)列表内选择"位移/转角"(Displacement/Rotation)，如图 2-34 所示。

单击"继续..."(Continue...)按钮，窗口底部的提示区信息变为"选择要施加边界条件的区域"(Select Regions for the Boundary Condition)，如图 2-35 所示。单击信息区右侧的"集..."(Set...)按钮，弹出"区域选择"(Region Selection)对话框，选择"RP-1"，如图 2-36 所示。单击"继续..."(Continue...)按钮，弹出"编辑边界条件"(Edit Boundary Condition)对话框，在"U1、U2、U3、UR1、UR2、UR3"前面的方框中打钩，如图 2-37 所示。单击"确定"(OK)按钮，完成固定边界条件的约束。

图 2-34 "创建边界条件"对话框

图 2-35 "选择要施加边界条件的区域"对话框

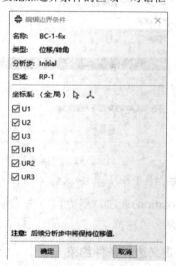

图 2-37 "编辑边界条件"对话框

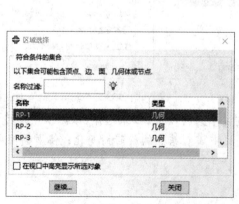

图 2-36 "区域选择"对话框

2)　C 点施加固定边界条件约束

单击工具箱区的"创建边界条件"(Create Boundary Condition)按钮，弹出"创建边界条件"(Create Boundary Condition)对话框，在"名称"(Name)中输入"BC-2-fix"，在"分析步"(Step)列表内选择"Initial"，在"可用于所选分析步的类型"(Types for Selected Step)列表内选择"位移/转角"(Displacement/Rotation)，如图 2-38 所示。

图 2-38　C 点施加固定边界条件约束

单击"继续..."(Continue...)按钮，窗口底部的提示区信息变为"选择要施加边界的区域"(Select Regions for the Boundary Condition)，单击提示区右侧的"集..."(Set...)按钮，弹出"区域选择"(Region Selection)对话框，选择"RP-3"，如图 2-39 所示。单击"继续..."(Continue...)按钮，弹出"编辑边界条件"(Edit Boundary Condition)对话框，在"U1、U2、U3、UR1、UR2、UR3"前方的方框中打钩，如图 2-40 所示。单击"确定"(OK)按钮，完成固定边界条件的约束。

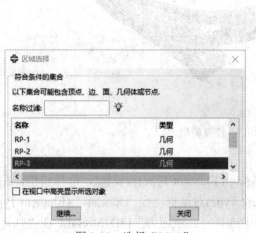

图 2-39　选择"RP-3"

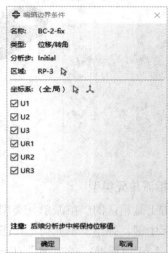

图 2-40　选择坐标系

3) 查看 A、C 两点的边界条件

单击工具箱区的"边界条件管理器"(Boundary Condition Manager)按钮█，弹出"边界条件管理器"(Boundary Condition Manager)对话框，如图 2-41 所示，单击"关闭"(Dismiss)按钮。该管理器可以对创建的边界条件进行编辑、重命名、删除等操作。最后完成摆臂载荷和边界条件的施加，如图 2-42 所示。

图 2-41　"边界条件管理器"对话框　　　　　图 2-42　施加载荷和边界条件模型图

2.2.8　划分网格

在环境栏的"模块"(Module)列表中选择"网格"(Mesh)，进入"网格"(Mesh)功能模块。由于装配件由非独立实体构成，在开始网格划分操作之前，需将环境栏的"对象"(Object)选择为"部件"(Part)，并在"部件"(Part)列表中选择"baibi-1"。本例中用户只需要对摆臂进行划分网格，如图 2-43 所示。

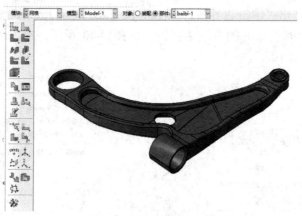

图 2-43　摆臂模型

1. 指派单元类型

单击工具箱区的"指派单元类型"(Assign Element Type)按钮█，选择模型，在视图区单击鼠标中键，弹出"单元类型"(Element Type)对话框，在"单元库"(Element Type)中选择"Standard"(标准)，在"族"(Family)中选择"三维应力"(3D Stress)，在"几何阶次"(Geometric Order)中选择"二次"(Quadratic)，其余默认，如图 2-44 所示。单元类型为"C3D10"，即十结点二次四面体单元。单击"确定"(OK)按钮，完成单元类型的指派。

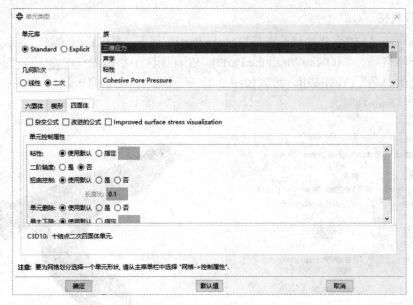

图 2-44　"单元类型"对话框

2. 全局撒种子

单击工具箱区的"种子部件"(Seed Part)按钮，弹出"全局种子"(Global Seeds)对话框，在"近似全局尺寸"(Approximate Global Size)中输入"6"，其余选项接受默认设置，如图 2-45 所示，单击"确定"(OK)按钮，完成种子设置，如图 2-46 所示。

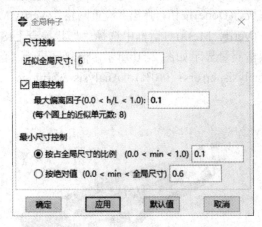

图 2-45　"全局种子"对话框

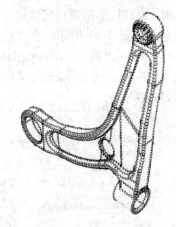

图 2-46　种子设置完成

3. 指派网格控制属性

单击工具箱区的"指派网格控制属性"(Assign Mesh Controls)按钮，在视图区选择模型，单击鼠标中键，弹出"网格控制属性"(Mesh Controls)对话框，在"单元形状"(Element Shape)中选择"四面体"(Tet)，在"技术"(Technique)中选择"自由"(Free)，在"算法"(Algorithm)中选择"使用默认算法"(Use Default Algorithm)，如图 2-47 所示，单击"确定"(OK)按钮，完成网格属性指派。

4. 划分网格

单击工具箱区的"为部件划分网格"(Mesh Part)按钮，窗口底部的提示区信息变为"要为部件划分网格吗？"(OK to Mesh the Part?)，在视图区中单击鼠标中键，或直接单击窗口底部提示区的"是"(Yes)按钮，得到如图 2-48 所示的网格。信息区显示"44899 个单元已创建到部件：baibi-1"。

图 2-47　"网格控制属性"对话框　　　图 2-48　划分网格后的模型图

5. 检查网格

单击工具箱区的"检查网格"(Verify Mesh)按钮，窗口底部的提示区信息变为"选择待检查的区域按部件"(Select the Regions to Verify by Part)，选择模型，在视图区中单击鼠标中键，或直接单击窗口底部提示区的"完成"(Done)按钮，弹出"检查网格"(Verify Mesh)对话框，如图 2-49 所示。在"检查网格"(Verify Mesh)对话框中选择"形状检查"(Shape Metrics)，单击"高亮"(Highlight)按钮，网格质量显示如图 2-50 所示。信息区显示"部件：baibi-1 Number of elements：44899，　Analysis errors：0(0%)，Analysis warnings：2101 (4.67939%)"。

图 2-49　"检查网格"对话框　　　图 2-50　网格质量显示

2.2.9　提交分析作业

在环境栏的"模块"(Module)列表中选择"作业"(Job)，进入"作业"(Job)功能模块。

1. 创建分析作业

单击工具箱区的"作业管理器"(Job Manager)按钮![图标]，弹出"作业管理器"(Job Manager)对话框，如图 2-51 所示。在作业管理器中单击"创建..."(Create...)按钮，弹出"创建作业"(Create Job)对话框，在"名称"(Name)中输入"baibi-1"，如图 2-52 所示，单击"继续..."(Continue...)按钮，弹出"编辑作业"(Edit Job)对话框，采用默认设置，单击"确定"(OK)按钮。

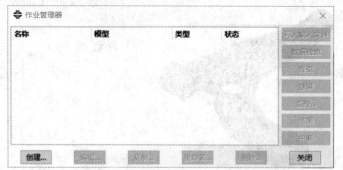

图 2-51　"作业管理器"对话框　　　　　图 2-52　"创建作业"对话框

2. 进行数据检查

单击"作业管理器"(Job Manager)的"数据检查"(Data Check)按钮，弹出"提交作业"对话框，如图 2-53 所示。单击"是"(Yes)按钮，提交数据检查。数据检查完成后，作业管理器的"状态"(Status)栏显示为"检查已完成"(Completed)，如图 2-54 所示。

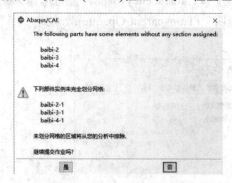

图 2-53　"提交作业"对话框　　　　　　图 2-54　进行数据检查

3. 提交分析

单击"作业管理器"(Job Manager)的"提交"(Submit)按钮。对话框的"状态"(Status)提示依次变为 Submitted，Running 和 Completed，这表明对模型的分析已经完成。单击此对话框的"结果"(Results)按钮，自动进入"可视化"(Visualization)模块。

信息区显示：

作业输入文件"bibi-1.inp"已经提交分析。.

Job bibi-1: Analysis Input File Processor completed successfully.

Job bibi-1: Abaqus/Standard completed successfully.

Job bibi-1 completed successfully.

单击工具栏的"保存数据模型库"(Save Model Database)按钮🖫保存模型。

2.2.10　后处理

单击作业管理器的"结果"(Results)按钮，ABAQUS/CAE 随即进入"可视化"(Visualization)功能模块，在视图区显示出模型未变形时的轮廓图，如图 2-55 所示。

图 2-55　未变形轮廓图

1. 编辑显示体的显示选项

选择菜单"选项"(Options)→"显示体..."(Display Body...)命令，弹出"显示体选项"(Display Body Options)对话框，如图 2-56(a)所示。在"基本信息"(Basic)页面中选择"无"(No Edges)；在"其它"(Other)页面内选择"半透明"(Translucency)页面，接着选择"应用透明"(Apply Translucency)项，调节"透明和不透明"(Transparent-Opaque)滑动到"0.6"，如图 2-56(b)所示，最后单击"确定"(OK)按钮。

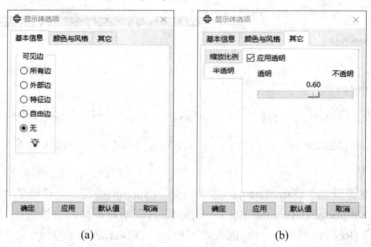

(a)　　　　　　　　　　　　(b)

图 2-56　"显示体选项"对话框

2. 显示模型的变形图

(1) 单击工具箱区的"绘制变形图"(Plot Deformed Shape)按钮▣，视图区绘制出模型的变形图，如图 2-57 所示。由图可见，ABAQUS/CAE 自动选择的变形比例系数过大，导致模型出现夸张的变形。

图 2-57　摆臂放大系数变形图

(2) 单击工具箱区的"通用选项"(Common Options)按钮▦，弹出"通用绘图选项"(Common Plot Options)对话框，选择"变形缩放系数"(Deformation Scale Factor)为"一致"(Uniform)，在"数值"(Value)中输入"1"，如图 2-58 所示，单击"确定"(OK)按钮。视图区显示模型放大系数为"1"的模型变形图，如图 2-59 所示。

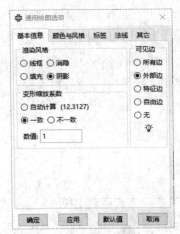

图 2-58　"通用绘图选项"对话框　　　　　图 2-59　放大系数为"1"的模型变形图

3. 显示云图

(1) 单击工具箱区的"云图选项"(Contours Options)按钮▦，弹出"云图绘制选项"(Contour Plot Options)对话框。选择"颜色与风格"(Color & Style)页面中的"谱"(Spectrum)页面，在"名称"(Name)中选择"Black to white"(从黑到白)，在"越界值的颜色方案"(Color forValues Outside Limits)中选择"使用谱最小/最大值"(Use Spectrum Min/Max)，如图 2-60所示。在"边界"(Limits)页面的"最大"(Max)上勾选"显示最大变量值的位置"(Show Location)

项，单击"应用"(Apply)按钮，最后单击"确定"(OK)按钮，完成设置。

图 2-60 云图绘制选项

(2) 选择菜单"结果"(Result)→"场输出…"(Field Output…)命令，弹出"场输出"(Field Output)对话框，在"输出变量"(Output Variable)列表中单击"S"，在"不变量"列表内选择"Mises"，单击"应用"(Apply)按钮，如图 2-61 所示。单击工具箱区的"在变形图上绘制云图"(Plot Contours on Deformed Shape)按钮，视图区显示模型的 Mises 应力灰度云图，如图 2-62 所示。可见最大应力值为 1.319 + 02 MPa。

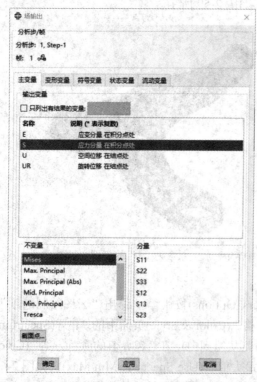

图 2-61 "场输出"对话框

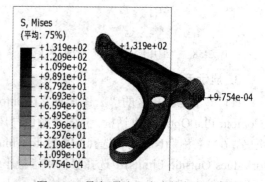

图 2-62 最大/最小主应力的灰度云图

2.2.11　加载剩余载荷工况及查看结果

在环境栏的"模块"(Module)列表中选择"分析步"(Step)，进入"分析步"(Step)功能模块。

1. 设置分析步

(1) 单击工具箱区的"创建分析步"(Create Step)按钮 ●→■，弹出"创建分析步"(Create Step)对话框，如图 2-15 所示。采用默认设置，即选择"静力，通用"(Static，General)分析步。单击"继续..."(Continue...)按钮，弹出"编辑分析步"(Edit Step)对话框，全部采用默认设置，单击 OK 按钮，完成分析步创建。重复上述操作，ABAQUS/CAE 软件自动创建"Step-2 和 Step-3"分析步。

(2) 单击工具箱区的"分析步管理器"(Step Manager)按钮 ■，弹出"分析步管理器"对话框，如图 2-63 所示，单击"关闭"(Dismiss)按钮。

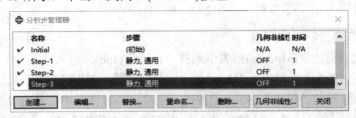

图 2-63　"分析步管理器"对话框

2. 修改载荷

在环境栏的"模块"(Module)列表中选择"载荷"(Load)，进入"载荷"(Load)功能模块。

(1) 单击工具箱区的"载荷管理器"(Load Manager)按钮 ■，弹出"载荷管理器"(Load Manager)对话框，如图 2-64 所示。在载荷管理器中，选择"Step-2"的"传递"(Propagated)，单击"编辑"(Edit)按钮，弹出"编辑载荷"(Edit)对话框(2)，修改参数如图 2-65(a)所示，单击"确定"(OK)按钮。

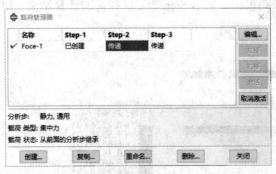

图 2-64　"载荷管理器"对话框

(2) 在载荷管理器中，选择"Step-3"的"传递"(Propagated)，单击"编辑"(Edit)按钮，弹出"编辑载荷"(Edit)对话框，单击"编辑"(Edit)按钮，如图 2-65(b)所示修改参数，单击"关闭"(Dismiss)按钮，完成载荷修改。

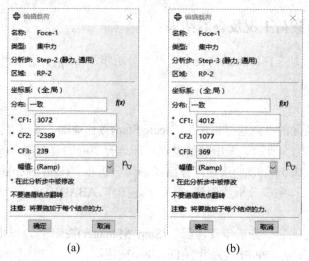

(a)   (b)

图 2-65　修改载荷

3. 提交分析

在环境栏的"模块"(Module)列表中选择"作业"(Job)，进入"作业"(Job)功能模块。

单击工具箱区的"作业管理器"(Job Manager)按钮 ▦，弹出"作业管理器"(Job Manager)对话框，单击管理器的"提交"(Submit)按钮，在弹出的对话框中，单击"是"(Yes)按钮继续提交分析作业，进行计算。计算完成后，管理器的"状态"(Status)栏显示为"完成"(Completed)。单击工具栏的"保存数据模型库"(Save Model Database)按钮 ▦ 保存模型。

4. 后处理

单击作业管理器的"结果"(Results)按钮，ABAQUS/CAE 随即进入"可视化"(Visualization)功能模块，视图区显示模型未变形时的轮廓图，如图 2-55 所示。

(1) 单击菜单"结果"(Result)→"分析步/帧(S)..."(Step/Frame...)，弹出"分析步/帧"(Step/Frame)对话框，在分析步列表内选择"Step-2"→"帧"(Frame)→"1"，如图 2-66 所示，单击"确定"(OK)按钮，显示 Step-2 工况载荷的计算结果。Mises 应力云图结果如图 2-67 所示。

图 2-66　"分析步/帧"对话框

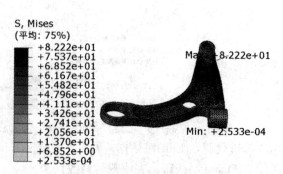

图 2-67　最大/最小值应力云图

(2) 单击菜单"结果"(Result)→"分析步/帧
(S)..."(Step/Frame...)，弹出"分析步/帧"
(Step/Frame)对话框，在分析步列表内选择
"Step-3"→"帧"(Frame)→"1"，单击"确定"
(OK)按钮，显示 Step-3 工况载荷的计算结果。
Mises 应力云图结果如图 2-68 所示。

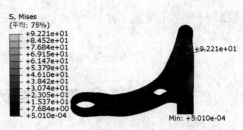

图 2-68　最大/最小值应力云图

2.2.12　退出 ABAQUS/CAE

至此，对此例题的完整分析过程已经完成。单击窗口顶部工具栏的"保存模型数据库"
(Save Model Database)按钮　，保存最终的模型数据库。然后即可跟所有 Windows 程序一样
单击窗口右上角的按钮✕，或者在主菜单中选择"文件"(File)→"退出"(Exit)退出
ABAQUS/CAE。

本　章　小　结

本章介绍了 ABAQUS 用于结构静力学分析的方法和步骤，通过本章的学习，读者可以
进一步熟悉结构静力学分析的基本知识，掌握结构静力学分析的方法，了解 ABAQUS 的强
大功能。

习　　题

导入文件：\习题\2-1.step 文件，如图 2-69 所示，在支架左端两孔中心点受到固定约束，
前端孔中心受到(F_x, F_y, F_z)三个方向的载荷，求支架受载后的 Mises 应力和位移状态。

材料性质：钢弹性模量 $E = 2.05 \times 10^5$ MPa，泊松比 $v = 0.28$。

前端孔中心点受集中力：$F_x = 800$ N、$F_y = 1200$ N、$F_z = -456$ N。

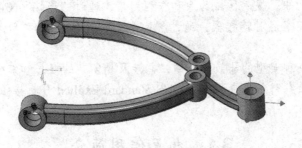

图 2-69　支架受力图

第3章　转动支座接触问题分析

知识要点:

- ◆ 掌握 ABAQUS 相互作用模块的使用方法
- ◆ 掌握 ABAQUS 相互作用的概念
- ◆ 掌握 ABAQUS 中相互作用属性的概念
- ◆ 掌握 ABAQUS 中约束的概念
- ◆ 熟悉接触分析的一些关键问题

本章导读:

线性静力学问题是简单且常见的有限元分析类型,不涉及任何非线性分析(材料非线性、几何非线性、接触等),也不考虑惯性及与时间相关的材料属性。在 ABAQUS 中,该类问题通常采用"静力,通用"(Static,General)分析步或"静力,线性摄动"(Static,Linear Perturbation)分析步进行分析。

接触等相互作用的分析是很常见的工程问题,ABAQUS 提供了十分方便的相互作用定义的模块。选择"模块"(Module)列表中的"相互作用"(Interaction),进入"相互作用"(Interaction)功能模块。此模块主要用于定义装配件各部分之间的相互作用、约束和连接器,故在进入该模块之前,用户需要在"装配"(Assembly)功能模块中创建装配件并完成各部件实体的定位。用户可以通过主菜单中的"相互作用"(Interaction)菜单或工具箱区内相应的工具定义接触、弹性基础、热传导、热辐射、入射波、声阻、传动/传感,通过"接触"(Constraint)菜单或工具箱区内相应的工具定义绑定约束、刚体约束、显示体约束、耦合约束、壳-实体耦合约束、嵌入区域约束和方程约束,通过"连接"(Connector)菜单或工具箱区内相应的工具定义各种连接器,通过"特殊设置"(Special)菜单定义惯量、裂纹和弹簧/阻尼器等。

接触分析就是一种典型的非线性问题,它涉及较复杂的概念和综合技巧。本章主要通过一个转动支座接触案例介绍使用 ABAQUS/Standard/Explicit 分析接触问题。

3.1　相互作用简介

在定义一些相互作用之前,需要定义对应的相互作用属性,包括接触、热传导、入射波、声波、声阻和传动/传感等。

3.1.1　接触属性

在环境栏的"模块"(Module)列表内选择"相互作用"(Interaction)，进入"相互作用"(Interaction)功能模块。

选择菜单"相互作用"(Interaction)→"属性"(Property)→"创建"(Create)命令，或单击工具箱区的"创建相互作用属性"(Create Interaction Property)按钮 ，弹出"创建相互作用属性"(Create Interaction Property)对话框，如图 3-1 所示，该对话框包含两个部分：

① "名称"(Name)：对话框输入相互作用属性的名称，默认为"IntProp-n"(n 表示第 n 个创建的相互作用属性)。

② "类型"(Type)：选择相互作用属性类型，包括"接触"(Contact)、"膜条件"(Film Condition)、"空腔辐射"(Cavity Radiation)、"流体腔"(Fluid cavity)、"液体交换"(Fluid Exchange)、"声学阻扰"(Acoustic Impedance)、"入射波"(Incident Wave)和"激励器/传感器"(Actuator/Sensor)等。

在类型列表内选择"接触"(Contact)，单击"继续..."(Continue...)按钮，弹出"编辑接触属性"(Edit Contact Property)对话框，如图 3-2 所示。对话框包括"接触属性选项"(Contact Property Options)列表和各种接触属性参数的设置区域。

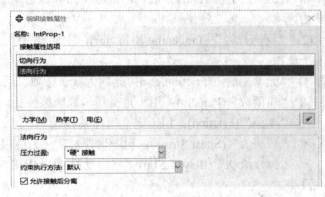

图 3-1　"创建相互作用属性"对话框　　　图 3-2　"编辑接触属性"对话框

1. "接触属性选项"(Contact Property Options)

用于选择接触属性的类型，包含两个下拉菜单选项。

(1) "力学的"(Mechanical)：用于定义力学的接触属性。

① "切向属性"(Tangential Behavior)：选择定义摩擦系数、剪应力极限、弹性滑动等。

② "法向属性"(Normal Behavior)：选择定义接触刚度等法向接触属性。

③ "阻尼"(Damping)：选择定义接触面相对运动的阻尼。

④ "损伤"(Damage)：定义接触损伤模型。

⑤ "断裂准则"(Fracture Criterion)：定义裂纹生长方向等参数。

⑥ "粘性行为"(Cohesive Behavior)：定义两个接触面之前的粘连、牵引等行为。

⑦ "几何属性"(Geometric Properties)：选择定义附加的几何属性。

(2) "热学的"(Thermal)：用于定义由摩擦产生的热接触属性。

① "热传导" (Thermal Conductance)：选择定义接触面间的热传导率。

② "生热" (Heat Generation)：选择定义由接触面的相互作用导致生热的能量损耗分数，适用于 "热-电耦合分析" (Coupled Thermal-electrical) 或者 "热-力耦合分析" (Coupled Temperature-displacement)。

③ "热辐射" (Radiation)：用于定义靠近的接触面间的热辐射属性。

2. "数据区" (Data Field)

在 "接触类型属性" (Contact Property Options) 的下方区域设置相应的接触属性值。这里主要介绍力学分析中常用的 "法向行为" (Normal Behavior) 和 "切向行为" (Tangential Behavior)，其他类型的接触属性请读者查阅系统帮助文件。

(1) "法向行为" (Normal Behavior)，用于设置接触压力与穿透的关系。

① "硬接触" (Hard Contact)：在 ABAQUS/Standard 中采用拉格朗日乘子方法或在 ABAQUS/Explicit 中采用罚函数方法来加强接触约束。

② "指数的" (Exponential)：用于指定接触压力与穿透的指数关系。

③ "线性的" (Liner)：用于指定接触与穿透的线性关系。

④ "列表" (Tabular)：用表格形式指定分段线性的接触压力与穿透关系，需要在数据表中输入接触压力与对应的穿透量，接触压力和穿透量必须是单调递增的，且必须以零压力开始。

(2) "切向行为" (Tangential Behavior)，主要设置 "摩擦公式" (Friction Formulation)，共 6 个选项。

① "无摩擦的" (Frictionless)：此项为默认选项，用于定义无摩擦的接触面。

② "罚函数" (Penalty)：用于定义罚函数摩擦公式，包含 3 个选项：

· "摩擦" (Friction)：用于定义摩擦系数。

· "剪应力" (Shear Stress)：用于设置对剪应力的限制。

· "弹性滑动" (Elastic Slip)：分别设置 ABAQUS/Standard 和 ABAQUS/Explicit 中的弹性滑动。

③ "静摩擦—动摩擦指数衰减" (Static—KineticExponential Decay)：用于指定静/动摩擦系数和弹性滑动。

④ "粗糙的" (Rough)：用于定义无限大的摩擦系数，一旦接触，则不发生相对滑动。

⑤ "拉格朗日乘子(Standard only)" (Lagrange Multiplier(Standard only))：使用拉格朗日乘子来加强接触面的黏性约束，仅适用于 ABAQUS/Standard。摩擦公式包含 "摩擦" (Fiction) 和 "剪应力" (Shear Stress)，它们的设置方法与 "罚函数公式" (Penalty) 的设置方法完全相同。

⑥ "用户子程序" (User-defined)：用于选择用户子程序 FRIC(ABAQUS/Standard) 或 VFRIC(ABAQUS/Explicit) 进行分析。

3.1.2　接触的定义

在 ABAQUS/Standard 或 ABAQUS/Explicit 中，用户可以定义 "面-面接触(Standard)"

(Surface-to-Surface(Standard))、"自接触"(Self-contact(Standard))、"通用接触"(General-contact (Standard))等。

选择菜单"相互作用"(Interaction)→"创建(C)..."(Create...)命令，或者单击工具箱区的"创建相互作用"(Create Interaction)按钮 ，弹出创建"相互作用"(Interaction)对话框，如图 3-3 所示。界面包含：

① "名称"(Name)：在该栏内输入相互作用的名称。

② "分析步"(Step)：在该栏内选择激活相互作用的分析步，可以选择初始或者一个分析步，如图 3-3(a)或者图 3-3(b)所示。

③ "可用于所选分析步的类型"(Type for Selected Step)：该栏列表用于选择相互作用的接触类型。

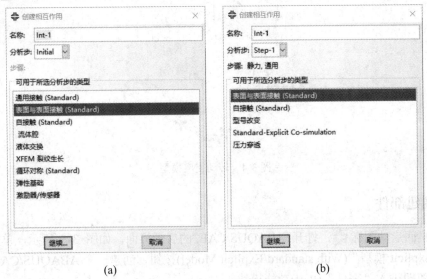

(a)　　　　　　　　　　　　　　　　　　(b)

图 3-3　"创建相互作用"对话框

选择好上述三项后，单击"继续..."(continue...)按钮，进行接触的定义(读者想了解详细设置，可以查看 ABAQUS 的用户手册说明)。

3.2　转动支座接触静力学分析实例

本节将在 ABAQUS/CAE 中逐步演示转动支座接触的静力学分析实例，使读者进一步熟悉在 ABAQUS 中进行结构静力学分析的过程。

3.2.1　问题描述

本节详细讲解一个固定转动支座静力学接触分析实例，如图 3-4 所示。支座底面受到固定约束，坐标原点处受到两种工况载荷，求支座受载后支座轴承孔处的 Mises 应力和位移状态。

支座材料性质：铝，弹性模量 $E = 70\,000$ MPa，泊松比 $\nu = 0.33$。

轴、轴承套、轴承材料性质：钢，弹性模量 $E = 2.05 \times 10^5$ MPa，泊松比 $\nu = 0.28$。

第一工况载荷为：支座运转时受到垂直向下的静载荷 $F_1 = 3920$ N 和离心力 $F_2 = 9248$ N 的共同作用力

$$F_总 = F_1 + F_2 = 3920 + 9248 = 13\ 168\ \text{N}$$

第二工况载荷为：支座运转时受到垂直向下的静载荷 $F_1 = 3920$ N 力和水平方向的离心力 $F_2 = 9248$ N 的共同作用。

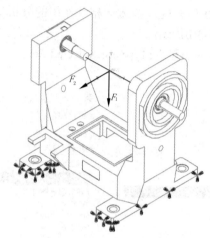

图 3-4　转动支座模型

3.2.2　创建部件

双击桌面启动图标 ![icon]，打开 ABAQUS/CAE 的启动界面，如图 3-5 所示，单击"采用 Standard/Explicit 模型"(With standard/Explicit Model)按钮，创建一个 ABAQUS/CAE 的模型数据库，随即进入"部件"(Part)功能模块。

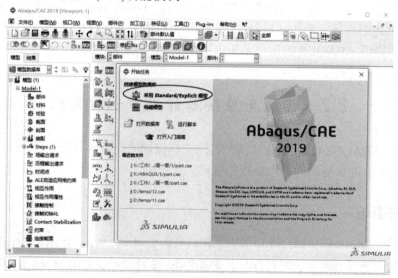

图 3-5　ABAQUS/CAE 启动界面

1. 设置工作路径

单击菜单"文件"(File)→"设置工作目录…"(Set Work Directory…)，弹出"设置工作目录"(Set Work Directory)对话框，设置工作目录："G:/ABAQUS 2019 有限元分析工程实例教程/案例 3"，如图 3-6 所示，单击"确定"(OK)按钮，完成工作目录设置。

2. 保存文件

单击菜单"文件"(File)→"保存 <u>S</u>"(Save)，弹出"模型数据库另存为"(Save Model Database As)对话框，输入文件名"Bracket"，如图 3-7 所示，单击"确定(<u>O</u>)"(OK)按钮，完成文件保存。

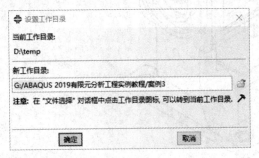

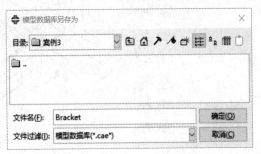

图 3-6 "设置工作目录"对话框   图 3-7 "模型数据库另存为"对话框

3. 导入模型

单击菜单"文件"(File)→"导入"(Import)→"部件"(Part…)，弹出"导入部件"(Import Part)对话框，选择"Bracket.sat"，如图 3-8 所示。单击"确定(<u>O</u>)"(OK)按钮，弹出"从ACIS 文件创建部件"(Create Part from ACIS File)对话框，如图 3-9 所示，单击"确定"(OK)按钮，完成部件导入，如图 3-10 所示。

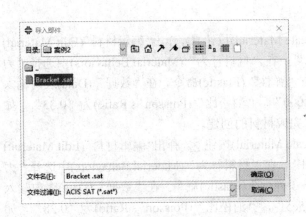

图 3-8 "导入部件"对话框   图 3-9 "从 ACIS 文件创建部件"对话框

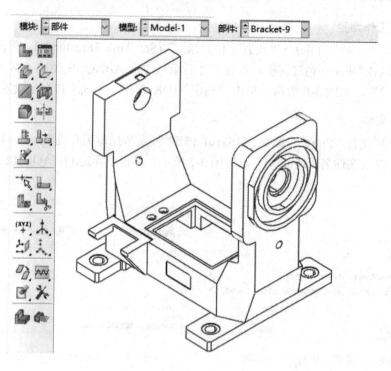

图 3-10　部件模型

提示： 我们可以看到导入的是组件但是显示的是单个零件，因为 ABAQUS/CAE 在部件里面只能显示单个零件，组件显示需要切换到"装配"模块才能显示。

3.2.3　创建材料和截面属性

在环境栏的"模块"(Module)列表中选择"属性"(Property)，进入"属性"(Property)功能模块。

1. 定义材料属性

(1) 单击工具箱区的"创建材料"(Create Material)按钮 ，弹出"编辑材料"(Edit Material)对话框。在"名称"(Name)中输入"AL"，在"材料行为"(Material Behaviors)中选择"力学"(Mechanical)→"弹性"(Elasticity)→"弹性"(Elastic)命令。在"数据"(Data)表内输入"杨氏模量"(Young's Modulus)为"70 000"，"泊松比"(Poisson's Ratio)为"0.33"，如图 3-11 所示，单击"确定"(OK)按钮，完成材料的创建。

(2) 单击工具箱区的"创建材料"(Create Material)按钮 ，弹出"编辑材料"(Edit Material)对话框。在"名称"(Name)中输入"steel"，在"材料行为"(Material Behaviors)中选择"力学"(Mechanical)→"弹性"(Elasticity)→"弹性"(Elastic)命令。在"数据"(Data)表内输入"杨氏模量"(Young's Modulus)为"2.05e5"，"泊松比"(Poisson's Ratio)为"0.28"，如图 3-12 所示，单击"确定"(OK)按钮，完成材料的创建。

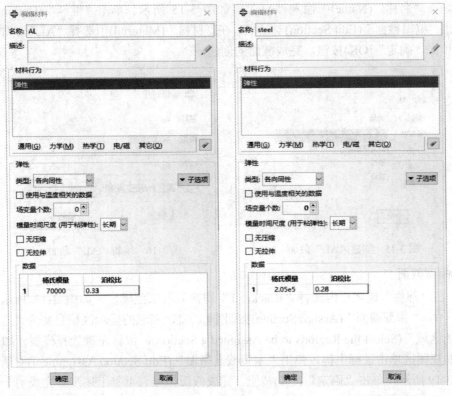

图 3-11　定义"AL"的材料属性　　　　图 3-12　定义"Steel"的材料属性

2. 创建截面

(1) 单击工具箱区的"创建截面"(Create Section)按钮 ，弹出"创建截面"(Create Section)对话框。在"名称"(Name)中输入"steel"，如图 3-13 所示。单击"继续"(Continue...)按钮，弹出"编辑截面"(Edit Section)对话框，在"材料"(Material)中选择"steel"，如图 3-14所示。单击"确定"(OK)按钮，完成截面的创建。

图 3-13　"创建截面"对话框

图 3-14　"编辑截面"对话框

(2) 单击工具箱区的"创建截面"(Create Section)按钮 ，弹出"创建截面"(Create Section)

对话框。在"名称"(Name)中输入"AL",如图 3-15 所示。单击"继续"(Continue…)按钮,弹出"编辑截面"(Edit Section)对话框,在"材料"(Material)中选择"AL",如图 3-16 所示。单击"确定"(OK)按钮,完成截面的创建。

图 3-15　创建"AL"截面

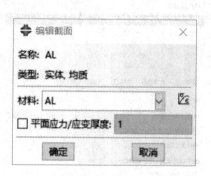

图 3-16　编辑"AL"截面

3. 指派截面

(1) 在"部件"选项栏内选择"Bracket-1"切换显示法兰模型,如图 3-17 所示。单击工具箱区的"指派截面"(Assign Section)按钮,窗口底部的提示区信息变为"选择要指派截面的区域"(Select the Regions to be Assigned a Section),鼠标左键选择模型,如图 3-18 所示。在视图区单击鼠标中键,弹出"编辑截面指派"(Edit Section Assignment)对话框,设置如图 3-19 所示,单击"确定"(OK)按钮,完成截面指派。重复上述步骤完成另一个法兰"Bracket-2"的截面指派。

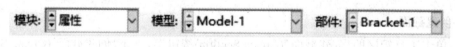

图 3-17　"部件"选项设置

图 3-18　选择模型

图 3-19　"编辑截面指派"对话框

(2) 在部件选项栏内选择"Bracket-3"切换显示轴承模型。单击工具箱区的"指派截面"(Assign Section)按钮,窗口底部的提示区信息变为"选择要指派截面的区域"(Select the Regions to be Assigned a Section),鼠标左键选择轴承模型,如图 3-20 所示。在视图区单击鼠标中键，弹出"编辑截面指派"(Edit Section Assignment)对话框，设置如图 3-19 所示，单击"确定"(OK)按钮，完成轴承截面指派。重复上述步骤完成另外三个轴承"Bracket-4、Bracket-5、Bracket-6"的截面指派。

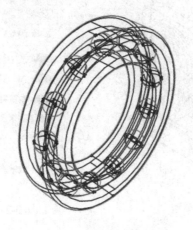

图 3-20　选择轴承模型

(3)　在部件选项栏内选择"Bracket-7"切换显示轴模型。单击工具箱区的"指派截面"(Assign Section)按钮，窗口底部的提示区信息变为"选择要指派截面的区域"(Select the Regions to be Assigned a Section)，鼠标左键选择轴模型，如图 3-21 所示。在视图区单击鼠标中键，弹出"编辑截面指派"(Edit Section Assignment)对话框，设置如图 3-19 所示，单击"确定"(OK)按钮，完成轴截面指派。重复上述步骤完成另一根轴"Bracket-8"的截面指派。

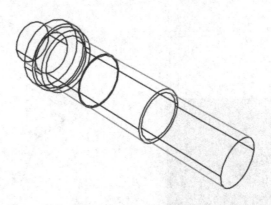

图 3-21　选择轴模型

(4)　在部件选项栏内选择"Bracket-9"切换显示支座模型。单击工具箱区的"指派截面"(Assign Section)按钮，窗口底部的提示区信息变为"选择要指派截面的区域"(Select the Regions to be Assigned a Section)，鼠标左键选择支座模型，如图 3-22 所示。在视图区单击鼠标中键，弹出"编辑截面指派"(Edit Section Assignment)对话框，设置如图 3-23 所示，单击"确定"(OK)按钮，完成支座截面指派。

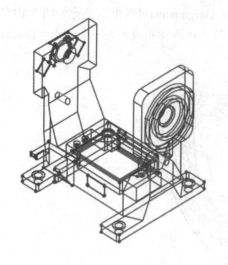

图 3-22　选择支座模型　　　　　　　　图 3-23　设置支座截面指派

3.2.4　装配部件

在环境栏的"模块"(Module)列表中选择"装配"(Assembly)，进入"装配"(Assembly)功能模块。单击工具箱区的"创建实例"(Create Instance)按钮 ，弹出"创建实例"对话框，如图 3-24 所示，选择"Bracket-1、Bracket-2、Bracket-3、Bracket-4、Bracket-5、Bracket-6、Bracket-7、Bracket-8、Bracket-9"，在"实例类型"(Instance Type)中选择"非独立(网格在部件上)"(Dependent(Mesh on Part))，单击"确定"(OK)按钮，完成部件的实例化，如图 3-25 所示。

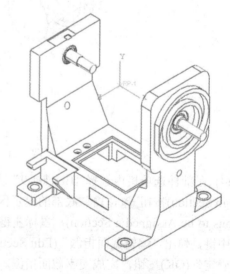

图 3-24　"创建实例"对话框　　　　　　图 3-25　部件实例化

3.2.5　设置分析步和输出变量

在环境栏的"模块"(Module)列表中选择"分析步"(Step)，进入"分析步"(Step)功能模块。ABAQUS/CAE 会自动创建一个"初始分析步"(Initial Step)，可以在其中施加边界条件，用户需要自己创建后续"分析步"(Analysis Step)来施加载荷，具体操作步骤如下：

1. 定义分析步

单击工具箱区的"创建分析步"(Create Step)按钮 ●→■，弹出"创建分析步"(Create Step)对话框，如图 3-26 所示。在"程序类型"(Procedure Type)中选择"静力，通用"(Static，General)，单击"继续..."(Continue...)按钮，弹出"编辑分析步"(Edit Step)对话框，采用默认设置，如图 3-27 所示，单击"确定"(OK)按钮，完成分析步的定义。

图 3-26　"创建分析步"对话框　　　　图 3-27　"编辑分析步"对话框

2. 设置变量输出

单击工具箱区的"场输出管理器"(Field Output Manager)按钮 ■，弹出"场输出请求管理器"(Field Output Requests Manager)对话框，可以看到 ABAQUS/CAE 已经自动生成了一个名为"F-Output-1"的历史输出变量，如图 3-28 所示。

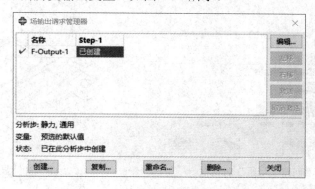

图 3-28　"场输出请求管理器"对话框

单击"编辑..."(Edit...)按钮，在弹出的"编辑场输出请求"(Edit Field Output Requests)对话框中，可以增加或者减少某些量的输出，返回"场输出请求管理器"(Field Output Requests Manager)，单击"关闭"(Dismiss)按钮，完成输出变量的定义。用同样的方法，也可以对历史变量进行设置。本例中采用默认的历史变量输出要求，单击"关闭"(Dismiss)按钮关闭管理器。

3.2.6　定义接触

在环境栏的"模块"(Module)列表中选择"相互作用"(Interaction)，进入"相互作用"(Interaction)功能模块。

1. 创建接触面集

1) 创建支座接触面集

(1) 改变显示零件。单击工具箱区的"创建显示组"(Create Display Group)按钮 ，弹出"创建显示组"(Create Display Group)对话框，在"项"(Item)列表内选择"Part/Model Instances"(实例部件)，在右侧的列表内选择"Bracket-9-1"，在"对视口内容和所选择执行一个 Boolean 操作"(Perform a Boolean on the Viewport Contents and the Selection)栏中单击"替换"(Replace)按钮 ，如图 3-29 所示。单击"关闭"(Dismiss)按钮，视图区仅显示支座的模型，如图 3-30 所示。

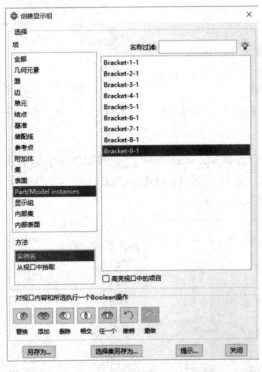

图 3-29　"创建显示组"对话框

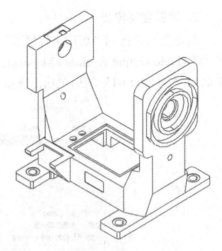

图 3-30　显示支座模型

(2) 创建支座接触面集。单击菜单"工具"(Tools)→"表面"(Surface)→"创建"(Creates...)，

弹出"创建表面"(Create Surface)对话框，在"名称"(Name)中输入"zhizuo-zuo-k-1"，如图 3-31 所示。单击"继续..."(Continue...)按钮，窗口底部的提示区信息变为"选择要创建的区域-逐个"(Select the Regions for the Surface-individually)，选择接触表面(按住 Shift 键选择多个面)，如图 3-32 所示。在视图区单击鼠标中键，完成支座左侧孔接触面集的定义。

选择接触面

图 3-31　"创建表面"对话框　　　　图 3-32　选择左侧孔接触表面

　　重复上述步骤，单击菜单"工具"(Tools)→"表面"(Surface)→"创建"(Creates…)弹出"创建表面"对话框，在"名称"(Name)中输入"zihizuo-you-k-1"，如图 3-33 所示，单击"继续..."(Continue...)按钮，窗口底部的提示区显示"选择要创建的区域-逐个"(Select the Regions for the Surface-individually)，选择接触表面(按住 Shift 键选择多个面)，如图 3-34 所示。在视图区单击鼠标中键，完成支座右侧孔接触面的定义。

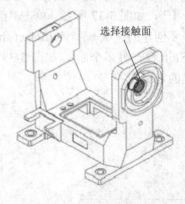

选择接触面

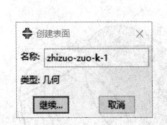

图 3-33　输入"zihizuo-you-k-1"　　　　图 3-34　选择右侧孔接触表面

2) 创建右侧法兰接触面集

(1) 改变显示零件。单击工具箱区的"创建显示组"(Create Display Group)按钮，弹出"创建显示组"(Create Display Group)对话框，在"项"(Item)列表内选择"Part/Model Instances"(实例部件)，在右侧的列表内选择"Bracket-1-1"，在"对视口内容和所选择执行一个 Boolean 操作"(Perform a Boolean on the Viewport Contents and the Selection)栏中单击"替换"(Replace)

按钮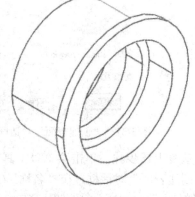，如图 3-35 所示。单击"关闭"(Dismiss)按钮，视图区仅显示右侧法兰模型，如图 3-36 所示。

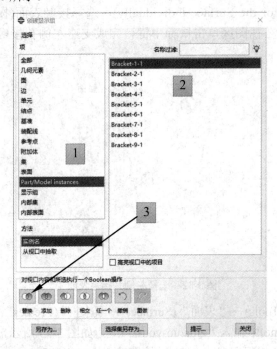

图 3-35　改变右侧显示零件　　　　　　　　　图 3-36　显示右侧法兰模型

(2) 创建右侧法兰外圆接触面集。单击菜单"工具"(Tools)→"表面"(Surface)→"创建"(Creates…)，弹出"创建表面"(Create Surface)对话框，在"名称"(Name)中输入"falan-you-w-1"，如图 3-37 所示。单击"继续..."(Continue...)按钮，窗口底部的提示区信息变为"选择要创建的区域–逐个"(Select the Regions for the Surface-individually)，选择接触表面(按住 Shift 键选择多个面)，如图 3-38 所示，在视图区单击鼠标中键，完成右侧法兰外圆接触面集的定义。

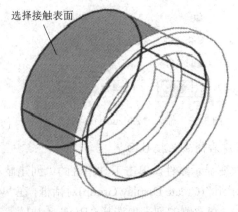

图 3-37　输入名称　　　　　　　　　图 3-38　选择右侧法兰外圆接触表面

(3) 创建右侧法兰内孔接触面集。单击菜单"工具"(Tools)→"表面"(Surface)→"创

建"(Creates…)，弹出"创建表面"(Create Surface)对话框，在"名称"(Name)中输入
"falan-you-k-1"，如图 3-39 所示。单击"继续..."(Continue...)按钮，窗口底部的提示区信
息变为"选择要创建的区域-逐个"(Select the Regions for the Surface-individually)，选择接触
表面(按住 Shift 键选择多个面)，如图 3-40 所示，在视图区单击鼠标中键，完成右侧法兰孔
接触面集的定义。

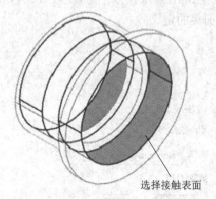

选择接触表面

图 3-39　输入"falan-you-k-1"　　　　图 3-40　选择右侧法兰孔接触表面

　　(4) 改变显示零件。单击工具箱区的"创建显示组"(Create Display Group)按钮，弹
出"创建显示组"(Create Display Group)对话框，在"项"(Item)列表内选择"Part/Model
Instances"(实例部件)，在右侧的列表内选择"Bracket-2-1"，在"对视口内容和所选择执
行一个 Boolean 操作"(Perform a Boolean on the Viewport Contents and the Selection)栏中单击
"替换"(Replace)按钮，如图 3-41 所示。单击"关闭"(Dismiss)按钮，视图区仅显示左
侧法兰模型，如图 3-42 所示。

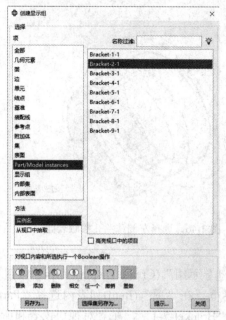

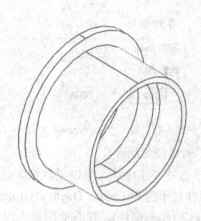

图 3-41　改变左侧显示零件　　　　　图 3-42　显示左侧法兰模型

(5) 创建左侧法兰外圆接触面集。单击菜单"工具"(Tools)→"表面"(Surface)→"创建"(Creates…)，弹出"创建表面"(Create Surface)对话框，在"名称"(Name)中输入"falan-zuo-w-1"，如图 3-43 所示。单击"继续…"(continue...)按钮，窗口底部的提示区域信息变为"选择要创建的区域-逐个"(Select the Regions for the Surface-individually)，选择接触面(按住 Shift 键选择多个面)，如图 3-44 所示，在视图区单击鼠标中键，完成左侧法兰外圆接触面集的定义。

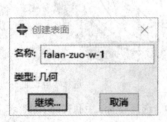

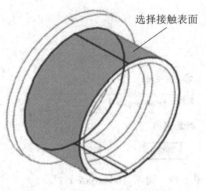

图 3-43　输入"falan-zuo-w-1"　　　　　图 3-44　选择左侧法兰外圆接触表面

(6) 创建左侧法兰内孔接触面集。单击菜单"工具"(Tools)→"表面"(Surface)→"创建"(Creates…)，弹出"创建表面"(Create Surface)对话框，在"名称"(Name)中输入"falan-zuo-k-1"，如图 3-45 所示。单击"继续…"(Continue...)按钮，窗口底部的提示区域显示"选择要创建的区域-逐个"(Select the Regions for the Surface-individually)，选择接触面(按住 Shift 键选择多个面)，如图 3-46 所示，在视图区单击鼠标中键，完成左侧法兰孔接触面集的定义。

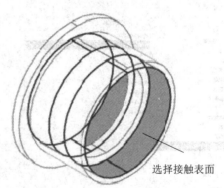

图 3-45　输入"falan-zuo-k-1"　　　　　图 3-46　选择左侧法兰孔接触表面

3) 创建轴接触面集

(1) 改变显示零件。单击工具箱区的"创建显示组"(Create Display Group)按钮，弹出"创建显示组"(Create Display Group)对话框，在"项"(Item)列表内选择"Part/Model Instances"(实例部件)，在右侧的列表内选择"Bracket-7-1"，在"对视口内容和所选择执行一个 Boolean 操作"(Perform a Boolean on the Viewport Contents and the Selection)栏中单击

"替换"(Replace)按钮 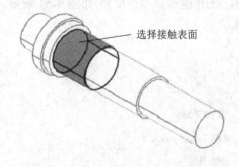，如图 3-47 所示。单击"关闭"(Dismiss)按钮，视图区仅显示左侧轴模型，如图 3-48 所示。

图 3-47　改变左侧轴显示零件

图 3-48　显示左侧轴模型

(2) 创建左侧轴外圆接触面集。单击菜单"工具"(Tools)→"表面"(Surface)→"创建"(Creates…)，弹出"创建表面"(Create Surface)对话框，在"名称"(Name)中输入"zhou-zuo-w-1"，如图 3-49 所示。单击"继续…"(continue…)按钮，窗口底部的提示区信息变为"选择要创建的区域-逐个"(Select the Regions for the Surface-individually)，选择接触面(按住 Shift 键选择多个面)，如图 3-50 所示，在视图区单击鼠标中键，完成左侧轴外圆接触面集的定义。

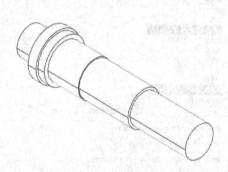

选择接触表面

图 3-49　输入"zhou-zuo-w-1"

图 3-50　选择左侧轴外圆接触表面

(3) 改变显示零件。单击工具箱区的"创建显示组"(Create Display Group)按钮 ，弹出"创建显示组"(Create Display Group)对话框，在"项"(Item)列表内选择"Part/Model Instances"(实例部件)，在右侧的列表内选择"Bracket-8-1"，在"对视口内容和所选择执行一个 Boolean 操作"(Perform a Boolean on the Viewport Contents and the Selection)栏中单击"替换"(Replace)按钮 ，如图 3-51 所示。单击"关闭"(Dismiss)按钮，视图区仅显示右

侧轴模型，如图 3-52 所示。

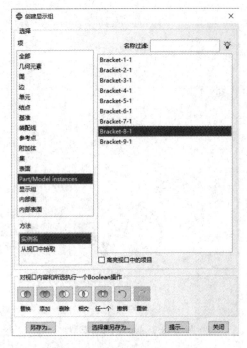

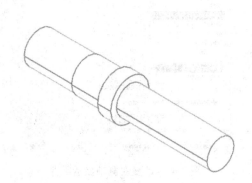

图 3-51　改变右侧轴显示零件　　　　　　图 3-52　显示右侧轴模型

(4) 创建右侧轴外圆接触面集。单击菜单"工具"(Tools)→"表面"(Surface)→"创建"(Creates…)，弹出"创建表面"(Create Surface)对话框，在"名称"(Name)中输入"zhou-you-w-1"，如图 3-53 所示。单击"继续..."(Continue...)按钮，窗口底部的提示区信息变为"选择要创建的区域–逐个"(Select the Regions for the Surface-individually)，选择接触面(按住 Shift 键选择多个面)，如图 3-54 所示，在视图区单击鼠标中键，完成右侧轴外圆接触面集的定义。

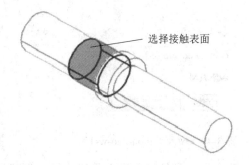

图 3-53　输入"zhou-you-w-1"　　　　　　图 3-54　选择右侧轴外圆接触表面

4) 创建轴承接触面集

(1) 改变显示零件。单击工具箱区的"创建显示组"(Create Display Group)按钮，弹出"创建显示组"(Create Display Group)对话框，在"项"(Item)列表内选择"Part/Model Instances"

(实例部件)，在右侧的列表内选择"Bracket-5-1、Bracket-6-1"，在"对视口内容和所选择执行一个 Boolean 操作"(Perform a Boolean on the Viewport Contents and the Selection)栏中单击"替换"(Replace)按钮◐，如图 3-55 所示。单击"关闭"(Dismiss)按钮，视图区仅显示左侧轴承模型，如图 3-56 所示。

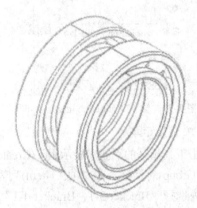

图 3-55　改变左侧轴承显示零件　　　　　　　图 3-56　显示左侧轴承模型

(2) 创建左侧轴承外圆接触面集。单击菜单"工具"(Tools)→"表面"(Surface)→"创建"(Creates…)，弹出"创建表面"(Create Surface)对话框，在"名称"(Name)输入"zhoucheng-zuo-w-1"，如图 3-57 所示。单击"继续…"(continue...)按钮，窗口底部的提示区信息变为"选择要创建的区域-逐个"(Select the Regions for the Surface-individually)，选择接触面(按住 Shift 键选择多个面)，如图 3-58 所示，在视图区单击鼠标中键，完成左侧轴承外圆接触面集的定义。

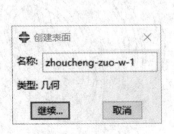

图 3-57　输入"zhoucheng-zuo-w-1"　　　　　图 3-58　选择左侧轴承外圆接触表面

5) 创建左侧轴承孔接触面集

单击菜单"工具"(Tools)→"表面"(Surface)→"创建"(Creates…)，弹出"创建表面"(Create Surface)对话框，在"名称"(Name)中输入"zhoucheng-zuo-k-1"，如图 3-59 所示。单击"继续..."(continue...)按钮，窗口底部的提示区信息变为"选择要创建的区域-逐个"(Select the Regions for the Surface-individually)，选择接触面(按住 Shift 键选择多个面)，如图3-60 所示，在视图区单击鼠标中键，完成左侧轴承孔接触面集的定义。

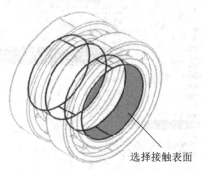

选择接触表面

图 3-59   输入"zhoucheng-zuo-k-1"   图 3-60   选择左侧轴承孔接触表面

6) 改变显示零件

单击工具箱区的"创建显示组"(Create Display Group)按钮，弹出"创建显示组"(Create Display Group)对话框，在"项"(Item)列表内选择"Part/Model Instances"(实例部件)，在右侧的列表内选择"Bracket-3-1、Bracket-4-1"，在"对视口内容和所选择执行一个 Boolean 操作"(Perform a Boolean on the Viewport Contents and the Selection)栏中单击"替换"(Replace)按钮，如图 3-61 所示。单击"关闭"(Dismiss)按钮，视图区仅显示右侧轴承模型，如图 3-62 所示。

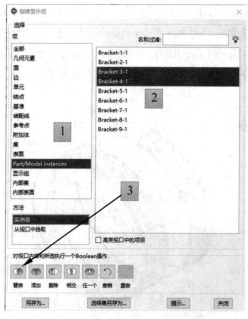

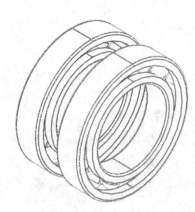

图 3-61   改变右侧轴承显示零件   图 3-62   显示右侧轴承模型

7) 创建右侧轴承外圆接触面集

单击菜单"工具"(Tools)→"表面"(Surface)→"创建"(Creates…)，弹出"创建表面"(Create Surface)对话框，在"名称"(Name)中输入"zhoucheng-you-w-1"，如图 3-63 所示。单击"继续..."(Continue...)按钮，窗口底部的提示区信息变为"选择要创建的区域-逐个"(Select the Regions for the Surface-individually)，选择接触面(按住 Shift 键选择多个面)，如图 3-64 所示，在视图区单击鼠标中键，完成右侧轴承外圆接触面集的定义。

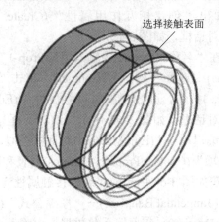

选择接触表面

图 3-63　输入"zhoucheng-you-w-1"　　　图 3-64　选择右侧轴承外圆接触表面

8) 创建右侧轴承孔接触面集

单击菜单"工具"(Tools)→"表面"(Surface)→"创建"(Creates…)，弹出"创建表面"(Create Surface)对话框，在"名称"(Name)中输入"zhoucheng-you-k-1"，如图 3-65 所示。单击"继续..."(Continue...)按钮，窗口底部的提示区信息变为"选择要创建的区域-逐个"(Select the Regions for the Surface-individually)，选择接触面(按住 Shift 键选择多个面)，如图 3-66 所示，在视图区单击鼠标中键，完成右侧轴承孔接触面集的定义。

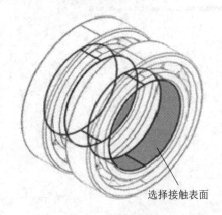

选择接触表面

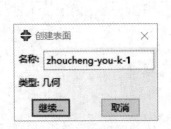

图 3-65　输入"zhoucheng-you-k-1"　　　图 3-66　选择右侧轴承孔接触表面

提示：在多个零部件的接触问题分析中，通常是先定义好接触面集，然后在定义接触对时选择定义好的集，这有利于后续的管理和修改。

2. 定义相互作用属性

单击工具条的"全部替换"(Replace All)按钮🔵，显示所有部件，如图 3-67 所示。

(1) 单击工具箱区的"创建相互作用属性"(Create Interaction Property)按钮🔳，或选择"相互作用"(Interaction)→"属性"(Property)→"创建…"(Create…)命令，弹出"创建相互作用属性"(Create Interaction Property)对话框，如图 3-1 所示。

(2) 在"名称"(Name)中输入"IntProp-1"，在"类型"(Type)中选择"接触"(Contact)，单击"继续..."(Continue...)按钮，弹出"编辑接触属性"(Edit Contact Property)对话框，如图 3-68 所示。该对话框与定义材料属性的"编辑材料"(Edit Material)对话框类似，包括"接触属性选项"(Contact Property Options)列表和各种接触参数的设置区域。

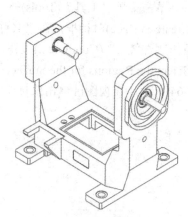

图 3-67　显示所有部件

(3) 在如图 3-68 所示的"编辑接触属性"对话框中，单击"力学"(Mechanical)→"切向行为"(Tangential Behavior)→"摩擦公式"(Friction Formulation)→"罚"(Penalty)→"摩擦系数"(Friction)，在摩擦系数数据栏内输入"0.15"，如图 3-69 所示，单击"确定"(OK)按钮完成摩擦系数设置。

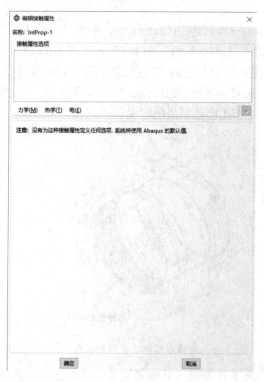

图 3-68　"IntProp-1"的"编辑接触属性"对话框

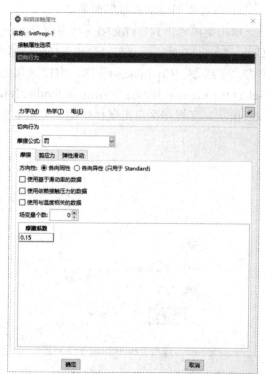

图 3-69　设置摩擦系数

3. 创建部件之间的接触

1) 创建支座左侧孔和法兰的接触

(1) 在 ABAQUS/Standard 中，用户可以定义"面—面接触"(Surface-to-surfa Cecontact(Standard))和"自接触"(Self-contact(Standard))。在 ABAQUS/Explicit 中，用户可以定义"面—面接触"(Surface-to-surfa Cecontact(Standard))、"自接触"(Self-contact(Standard)) 和"通用接触"(General-contact(Standard))，之前设置的接触属性适用于所有的接触类型。

(2) 单击工具箱区的"创建相互作用"(Create Interaction)按钮📇，弹出"创建相互作用"(Create Interaction)对话框，在"名称"(Name)中输入"zhizuo-falan-zuo-1"，在"分析步"(Step)中选择"Initial"，在"可用于所选分析步的类型"(Type for Selected Step)列表内选择"表面与表面接触"((Surface-to-surface Contact)Standard)，如图 3-70 所示。单击"继续..."(Continue...)按钮，窗口底部的提示区信息变为"选择主表面–逐个"(Select the Master Surface-individual)，"表面"(Surfaces)，如图 3-71 所示。

图 3-70 为"zhizuo-falan-zuo-1" 创建相互作用

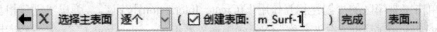

图 3-71 底部提示区

(3) 单击"表面..."(Surfaces...)按钮，弹出"区域选择"(Region Selection)对话框，选择"falan-zuo-w-1"，如图 3-72 所示。单击"继续..."(Continue...)按钮，在窗口底部的提示区信息中，单击"表面"(Surface)按钮，弹出"区域选择"对话框，选择"zhizuo-zuo-k-1"，如图 3-73 所示。单击"继续..."(Continue...)按钮，弹出"编辑相互作用"(Edit Interaction)对话框，如图 3-74 所示。视图区显示孔接触区表面，如图 3-75 所示，单击"确定"(OK)按钮完成接触定义。

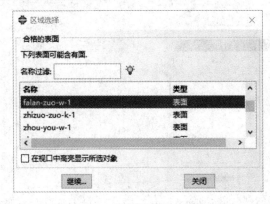

图 3-72 "区域选择"对话框

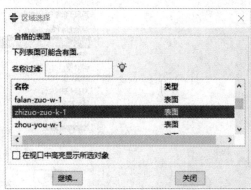

图 3-73 选择"zhizuo-zuo-k-1"

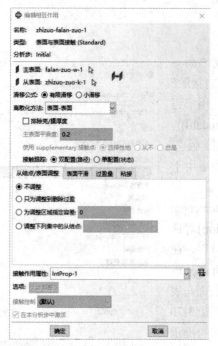

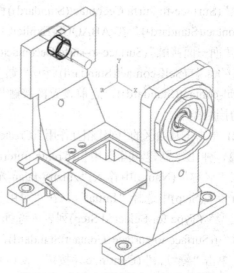

图 3-74　"编辑相互作用"对话框　　　　图 3-75　创建左侧法兰与支座孔接触

2) 创建支座右侧孔和法兰的接触

(1) 单击工具箱区的"创建相互作用"(Create Interaction)按钮，弹出"创建相互作用"
(Create Interaction)对话框，在"名称"(Name)中输入"zhizuo-falan-you-1"，在"分析步"(Step)
中选择"Initial"，在"可用于所选分析步的类型"(Type for Selected Step)列表内选择"表面与
表面接触"((Surface-to-surface Contact)Standard)，如图 3-76 所示。单击"继续…"(Continue...)
按钮，窗口底部的提示区信息变为"选择主表面-逐个"(Select the Master Surface-individual)，
"表面"(Surfaces)。

图 3-76　为"zhizuo-falan-you-1"创建相互作用

(2) 单击"表面..."(Surfaces...)按钮，弹出"区域选择"对话框，选择"falan-you-w-1"，如图 3-77 所示。单击"继续..."(Continue...)按钮，在窗口底部的提示区信息栏中，单击"表面"(Surface)按钮，弹出"区域选择"对话框，选择"zhizuo-you-k-1"，如图 3-78 所示。单击"继续..."(Continue...)按钮，弹出"编辑相互作用"(Edit Interaction)对话框，如图 3-79 所示，视图区显示孔接触区表面，如图 3-80 所示，单击"确定"(OK)按钮完成接触定义。

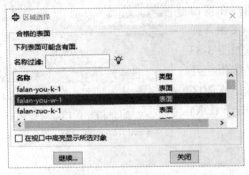

图 3-77　选择"falan-you-w-1"

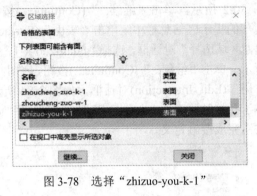

图 3-78　选择"zhizuo-you-k-1"

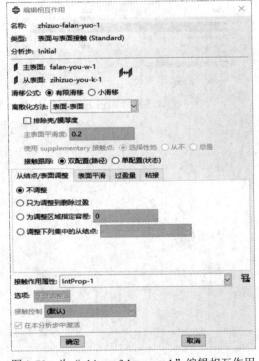

图 3-79　为"zhizuo-falan-you-1"编辑相互作用

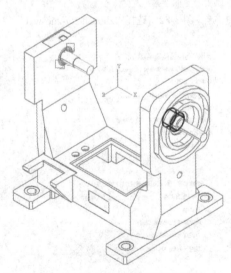

图 3-80　创建右侧法兰和支座接触

3) 创建左侧法兰和轴承的接触

(1) 单击工具箱区的"创建相互作用"(Create Interaction)按钮，弹出"创建相互作用"(Create Interaction)对话框，在"名称"(Name)中输入"zhoucheng-falan-zuo-1"，在"分析步"(Step)中选择"Initial"，在"可用于所选分析步的类型"(Type for Selected Step)列表内选择"表

面与表面接触"(Surface-to-surface Contact(Standard))，如图 3-81 所示。单击"继续..."(Continue...)按钮，窗口底部的提示区信息变为"选择主表面-逐个"(Select the Master Surface-individual)，"表面"(Surfaces)。

　　(2) 单击"表面..."(Surfaces...)按钮，弹出"区域选择"(Region Selection)对话框，选择"zhoucheng-zuo-w-1"，如图 3-82 所示。单击"继续..."(Continue...)按钮，在窗口底部的提示区信息栏中，单击"表面"(Surface)按钮，弹出"区域选择"对话框，选择"falan-zuo-k-1"，如图 3-83 所示。单击"继续..."(Continue...)按钮，弹出"编辑相互作用"(Edit Interaction)对话框，如图 3-84 所示，视图区显示孔接触区表面，如图 3-85 所示，单击"确定"(OK)按钮完成接触定义。

图 3-81　为"zhoucheng-falan-zuo-1"创建相互作用

图 3-82　选择"zhoucheng-zuo-w-1"

图 3-83　选择"falan-zuo-k-1"

图 3-84　为"zhoucheng-falan-zuo-1"编辑相互作用

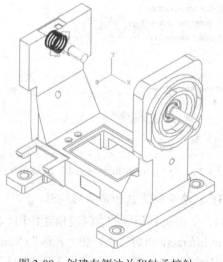

图 3-88　创建左侧法兰和轴承接触

4) 创建右侧法兰和轴承的接触

(1) 单击工具箱区的"创建相互作用"(Create Interaction)按钮,弹出"创建相互作用"(Create Interaction)对话框,在"名称"(Name)中输入"zhoucheng-falan-yuo-1",在"分析步"(Step)中选择"Initial",在"可用于所选分析步的类型"(Type for Selected Step)列表内选择"表面与表面接触"(Surface-to-surface Contact(Standard)),如图 3-86 所示。单击"继续..."(Continue...)按钮,窗口底部的提示区信息变为"选择主表面-逐个"(Select the Master Surface-individual),"表面"(Surfaces)。

(2) 单击"表面..."(Surfaces...)按钮,弹出"区域选择"(Region Selection)对话框,选择"zhoucheng-yuo-w-1",如图 3-87 所示。单击"继续…"(Continue...)按钮,在窗口底部的提示区信息栏中,单击"表面"(Surface)按钮,弹出"区域选择"对话框,选择"falan-you-k-1",如图 3-88 所示。单击"继续..."(Continue...)按钮,弹出"编辑相互作用"(Edit Interaction)对话框,如图 3-89 所示,视图区显示孔接触区表面,如图 3-90 所示,单击"确定"(OK)按钮完成接触定义。

图 3-86 为"zhoucheng-falan-yuo-1"创建相互作用

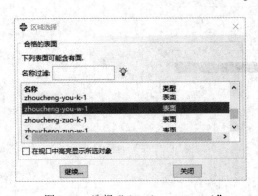

图 3-87 选择"zhoucheng-yuo-w-1"

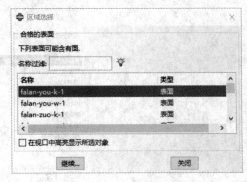

图 3-88 选择"falan-you-k-1"

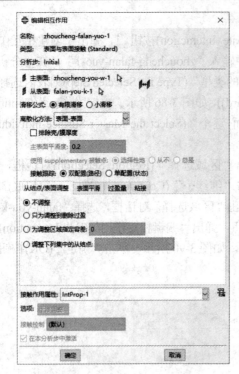

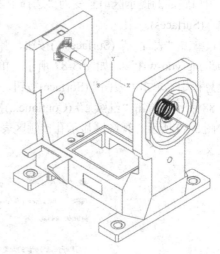

图 3-89 为"zhoucheng-falan-yuo-1"编辑相互作用   图 3-90 创建右侧法兰和轴承接触

5) 创建左侧轴和轴承的接触

(1) 单击工具箱区的"创建相互作用"(Create Interaction)按钮 ，弹出"创建相互作用"(Create Interaction)对话框，在"名称"(Name)中输入"zhoucheng-zhou-zuo-1"，在"分析步"(Step)中选择"Initial"，在"可用于所选分析步的类型"(Type for Selected Step)中选择"表面与表面接触"(Surface-to-surface Contact(Standard))，如图 3-91 所示。单击"继续..."(Continue...)按钮，窗口底部的提示区信息变为"选择主表面–逐个"(Select the Master Surface-individual)，"表面"(Surfaces)。

图 3-91 为"zhoucheng-zhou-zuo-1"创建相互作用

(2) 单击"表面..."(Surfaces...)按钮,弹出"区域选择"对话框,选择"zhoucheng-zuo-k-1",如图 3-92 所示。单击"继续..."(Continue...)按钮,在窗口底部的提示区信息栏中,单击"表面"(Surface)按钮,弹出"区域选择"对话框,选择"zhou-zuo-w-1",如图 3-93 所示。单击"继续..."(Continue...)按钮,弹出"编辑相互作用"(Edit Interaction)对话框,如图 3-94 所示,视图区显示孔接触区表面,如图 3-95 所示,单击"确定"(OK)按钮完成接触定义。

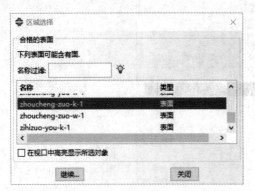

图 3-92 选择"zhoucheng-zuo-k-1"　　　　图 3-93 选择"zhou-zuo-w-1"

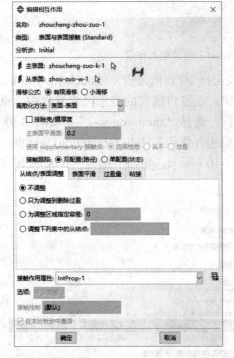

图 3-94 为"zhoucheng-zhou-zuo-1"编辑相互作用

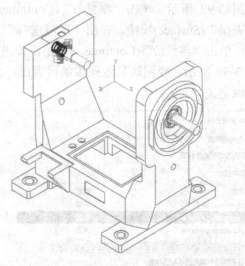

图 3-95 创建左侧轴和轴承接触

6) 创建右侧轴和轴承的接触

(1) 单击工具箱区的"创建相互作用"(Create Interaction)按钮 ⬛,弹出"创建相互作用"

(Create Interaction)对话框，在"名称"(Name)中输入"zhoucheng-zhou-you-1"，选择"表面与表面接触"((Surface-to-surface Contact)Standard)，如图 3-96 所示。单击"继续..."(Continue...)按钮，窗口底部的提示区信息变为"选择主表面-逐个"(Select the Master Surface-individual)，"表面"(Surfaces)。

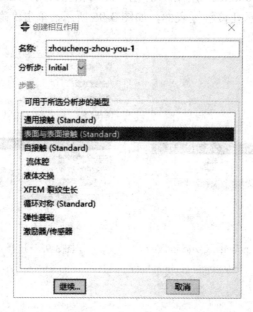

图 3-96　为"zhoucheng-zhou-you-1"创建相互作用

　　(2) 单击"表面..."(Surfaces...)按钮，弹出"区域选择"对话框，选择"zhoucheng-you-k-1"，如图 3-97 所示。单击"继续..."(Continue...)按钮，在窗口底部的提示区信息栏中，单击"表面"(Surface)按钮，弹出"区域选择"对话框，选择"zhou-you-w-1"，如图 3-98 所示。单击"继续..."(Continue...)按钮，弹出"编辑相互作用"(Edit Interaction)对话框，如图 3-99 所示，视图区显示孔接触区表面，如图 3-100 所示，单击"确定"(OK)按钮完成接触定义。

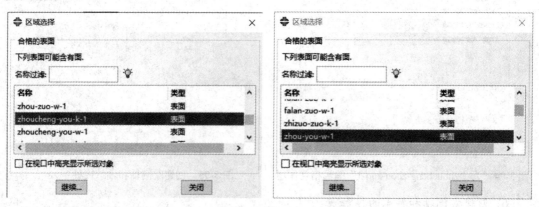

图 3-97　选择"zhoucheng-you-k-1"　　　　　　图 3-98　选择"zhou-you-w-1"

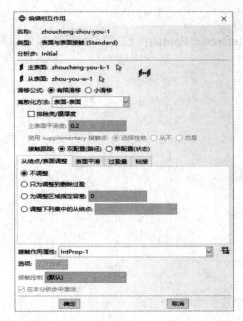

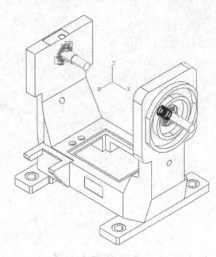

图 3-99 为 "zhoucheng-zhou-you-1" 编辑相互作用　　图 3-100　创建右侧轴和轴承接触

4. 创建耦合约束

1) 改变显示零件

单击工具箱区的 "创建显示组" (Create Display Group)按钮 🖳，弹出 "创建显示组" (Create Display Group)对话框，在 "项" (Item)列表内选择 "Part/Model Instances" (实例部件)，在右侧的列表内选择 "Bracket-7-1、Bracket-8-1"，在 "对视口内容和所选择执行一个 Boolean 操作" (Perform a Boolean on the Viewport Contents and the Selection)栏中单击 "替换" (Replace)按钮 🔵，如图 3-101 所示。单击 "关闭" (Dismiss)按钮，视图区仅显示轴模型，如图 3-102 所示。

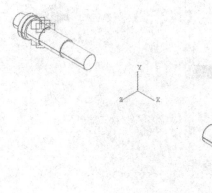

图 3-101　改变轴显示零件　　　　　　　　　图 3-102　显示轴模型

2) 创建参考点

单击工具箱区的"创建参考点"(Create Reference Points)按钮 $\overset{RP}{\underset{X}{\cdot}}$，鼠标选择坐标原点，创建"RP-1"参考点，如图 3-103 所示。

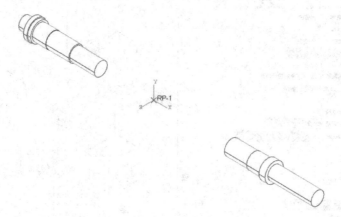

图 3-103　创建参考点

3) 创建轴与参考点的耦合约束

"耦合"(Coupling)约束用于将一个面的运动和一个约束控制点的运动约束在一起。单击工具箱区的"创建约束"(Create Constraint)按钮，弹出"创建约束"(Create Constraint)对话框，在"名称"(Name)中输入"A"，在"类型"(Type)列表内选择"耦合的"(Coupling)，如图 3-104 所示，单击"继续..."(Continue...)按钮。

此时窗口底部的提示区信息变为"选择约束控制点"(Select Constraint Control Points)，在视图区选择 RP-1 参考点，单击鼠标中键，弹出选择"表面"(Surface)提示，选择如图 3-105 所示轴的表面，在视图区单击鼠标中键，弹出"编辑约束"(Edit Constraint)对话框，在"U1、U2、U3、UR1、UR2、UR3"前面的框中打钩(约束 6 个自由度)，如图 3-106 所示。单击"确定"(OK)按钮，完成耦合的设置，如图 3-107 所示。

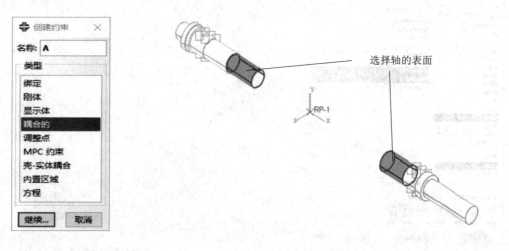

图 3-104　"创建约束"对话框　　　　　　图 3-105　选择轴的表面

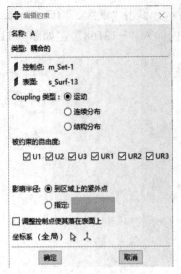

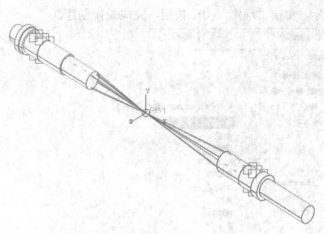

图 3-106　"编辑约束"对话框　　　　　　　　图 3-107　建立轴耦合

3.2.7　定义载荷和边界条件

在环境栏的"模块"(Module)列表中选择"载荷"(Load)功能模块,定义"载荷"(Load)和"边界条件"(Boundary Condition)。

1. 施加载荷

1) 创建载荷"集"

单击菜单"工具(T)"(Tools)→"集(S)"(Set)→"创建(C)…"(Create…),弹出"创建集"(Create Set)对话框,在"名称"中输入"RP-1",如图 3-108 所示。单击"继续…"(Continue…)按钮,在视图区选择"RP-1"参考点,单击鼠标中键,完成集的创建。

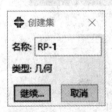

图 3-108　"创建集"对话框

2) 施加"集中力"载荷

(1) 单击工具箱区的"创建载荷"(Create Load)按钮 ![按钮],弹出"创建载荷"(Create Load)对话框。在"名称"(Name)中输入"Foce-1",在"分析步"(Step)中选择"Step-1",在"类别"(Category)中选择"力学"(Mechanical),在"可用于所选分析步的类型"(Types for Selected Step)列表内选择"集中力"(Concentrated Force),如图 3-109 所示。

(2) 单击"继续..."(Continue...)按钮,窗口底部的提示区信息变为"为载荷选择点"(Select Points for the Load),如图 3-110 所示。单击"集..."(Set...)按钮,弹出"区域选择"(Region Selection)

对话框，在区域选择对话列表选择"RP-1"，如图 3-111 所示。单击"继续..."(Continue...)按钮，弹出"编辑载荷"(Edit Load)对话框，在"CF2"栏内输入"−13168"，如图 3-112 所示，单击"确定"(OK)按钮，完成载荷创建。

图 3-109 "创建载荷"对话框

图 3-110 "为载荷选择点"对话框

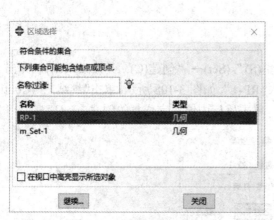

图 3-111 选择"RP-1"

图 3-112 编辑载荷

提示：该集中力的大小和方向在分析过程中保持不变，如果选择"跟随结点旋转"(Follow Nodal Rotation)选项，则力的方向在分析过程中随着结点的旋转而变化；使用幅值曲线可以改变力的变化规律。

2. 定义边界条件约束

1）创建支座边界约束

(1) 单击工具箱区的显示所有图标 ●，显示所有零件。接着，单击工具箱区的"创建边界条件"(Create Boundary Condition)按钮 ▙，弹出"创建边界条件"(Create Boundary Condition)

对话框，在"名称"(Name)中输入"zhizuo-BC-1"，在"分析步"(Step)中选择"Initial"，在"可用于所选分析步的类型"(Types for Selected Step)列表内选择"位移/转角"(Displacement/Rotation)，如图 3-113 所示。

(2) 单击"继续..."(Continue...)按钮，窗口底部的提示区信息变为"选择要施加边界条件的区域"(Select Regions for the Boundary Condition)，按住 Shift 键选择支座底面，ABAQUS/CAE 显示选中的平面，如图 3-114 所示。在视图区中单击鼠标中键，弹出"编辑边界条件"(Edit Boundary Condition)对话框，在"U1、U2、U3、UR1、UR2、UR3"前面的方框中打钩，如图 3-115 所示。单击"确定"(OK)按钮，完成固定边界条件的约束，如图 3-116 所示。

图 3-113　"创建边界条件"对话框

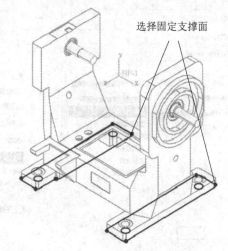

图 3-114　选择固定支撑面

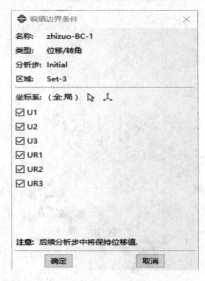

图 3-115　"编辑边界条件"对话框

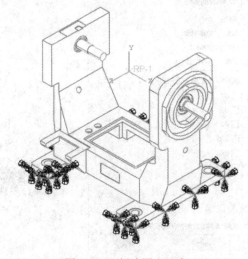

图 3-116　创建固定约束

2) 创建轴边界约束

单击工具箱区的"创建边界条件"(Create Boundary Condition)按钮，弹出"创建边界条件"对话框，在"名称"(Name)中输入"zhou"，在"分析步"(Step)中选择"Initial"，在"可用于所选分析步的类型"(Types for Selected Step)列表内选择"位移/转角"(Displacement/Rotation)，如图 3-117 所示。单击"继续..."(Continue...)按钮，窗口底部的提示区信息变为"选择要施加边界的区域"(Select Regions for the Boundary Condition)，单击窗口底部提示区右侧的"集..."(Set...)按钮，弹出"区域选择"(Region Selection)对话框，选择"RP-1"，如图 3-118 所示。单击"继续..."(Continue...)按钮，弹出"编辑边界条件"(Edit Boundary Condition)对话框，在"U1"前面的方框中打钩，约束 x 方向的自由度，如图 3-119 所示。单击"确定"(OK)按钮完成轴的约束，如图 3-120 所示。

图 3-117   为"zhou"创建边界条件

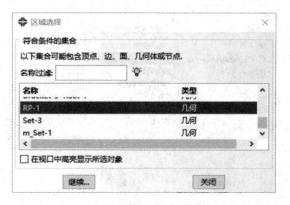

图 3-118   在"区域选择"对话框中选择"RP-1"

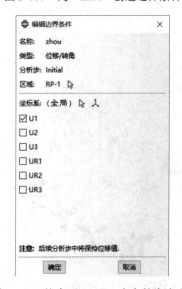

图 3-119   约束"zhou" x 方向的自由度

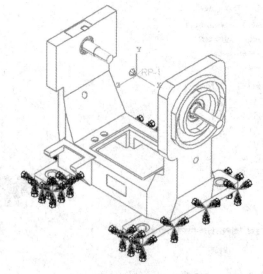

图 3-120   创建轴 x 方向约束

3) 创建法兰边界约束

(1) 单击工具箱区的"创建显示组"(Create Display Group)按钮，弹出"创建显示组"

(Create Display Group)对话框，在"项"(Item)列表内选择"Part/Model Instances"(实例部件)，在右侧的列表内选择"Bracket-1-1、Bracket-2-1"，在"对视口内容和所选执行一个 Boolean 操作"(Perform a Boolean on the Viewport Contents and the Selection)栏中单击"替换"(Replace)按钮，如图 3-121 所示。单击"关闭"(Dismiss)按钮，视图区仅显示法兰模型，如图 3-122 所示。

图 3-121　改变法兰显示零件　　　　　　　　图 3-122　法兰显示

(2) 单击工具箱区的"创建边界条件"(Create Boundary Condition)按钮，弹出"创建边界条件"(Create Boundary Condition)对话框，在"名称"(Name)中输入"falan-BC-3"，如图 3-123 所示。单击"继续..."(Continue...)按钮，窗口底部的提示区信息变为"选择要施加边界条件的区域"(Select Regions for the Boundary Condition)，按住 Shift 键选择法兰的端面，如图 3-124 所示。在视图区单击鼠标中键，弹出"编辑边界条件"(Edit Boundary Condition)对话框，在"U1"前面的方框中打钩，约束 x 方向的自由度，如图 3-125 所示。单击"确定"(OK)按钮完成法兰的约束，如图 3-126 所示。

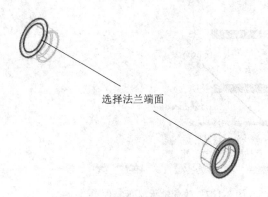

选择法兰端面

图 3-123　为"falan-BC-3"创建边界条件　　　　　图 3-124　选择法兰端面

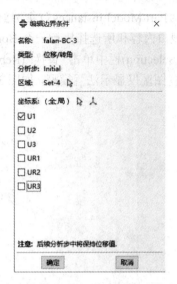

图 3-125　约束"falan-BC-3" x 方向的自由度　　　图 3-126　创建法兰 x 方向约束

4) 创建轴承边界约束

(1) 单击工具箱区的"创建显示组"(Create Display Group)按钮，弹出"创建显示组"(Create Display Group)对话框，在"项"(Item)列表内选择"Part/Model Instances"(实例部件)，在右侧的列表内选择"Bracket-3-1、Bracket-4-1、Bracket-5-1、Bracket-6-1"，在"对视口内容和所选择执行一个 Boolean 操作"(Perform a Boolean on the Viewport Contents and the Selection)栏中单击"替换"(Replace)按钮，如图 3-127 所示。单击"关闭"(Dismiss)按钮，视图区仅显示轴承模型，如图 3-128 所示。

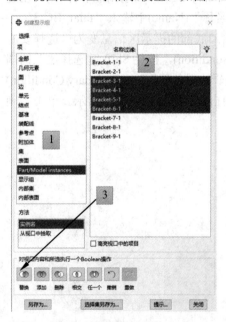

图 3-127　改变轴承显示零件　　　　　　　图 3-128　轴承显示

（2）单击工具箱区的"创建边界条件"(Create Boundary Condition)按钮 ，弹出"创建边界条件"(Create Boundary Condition)对话框，在"名称"(Name)中输入"zhoucheng-bc-1"，如图 3-129 所示。单击"继续..."(Continue...)按钮，窗口底部的提示区信息变为"选择要施加边界条件的区域"(Select Regions for the Boundary Condition)，按住 Shift 键选择轴承的端面，如图 3-130 所示。在视图区单击鼠标中键，弹出"编辑边界条件"(Edit Boundary Condition)对话框，在"U1"前面的方框中打钩，约束 x 方向的自由度，如图 3-131 所示。单击"确定"(OK)按钮完成轴承的约束，如图 3-132 所示。

图 3-129　为"zhoucheng-bc-1"创建边界条件

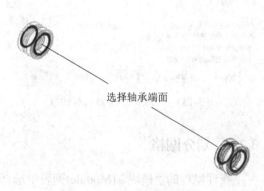

选择轴承端面

图 3-130　选择轴承端面

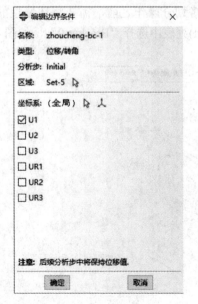

图 3-131　约束"zhoucheng-bc-1" x 方向的自由度

图 3-132　创建轴承 x 方向约束

3. 查看载荷和边界条件

(1) 单击工具箱区的"载荷管理器"(Load Manager)按钮，弹出"载荷管理器"对话框，如图 3-133 所示，单击"关闭"(Dismiss)按钮(注：该管理器可以对创建的载荷进行编辑、重命名、删除等操作)。

(2) 单击工具箱区的"边界条件管理器"(Boundary Condition Manager)按钮，弹出"边界条件管理器"对话框，如图 3-134 所示，单击"关闭"(Dismiss)按钮(注：该管理器可以对创建的边界条件进行编辑、重命名、删除等操作)。

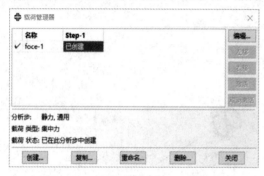

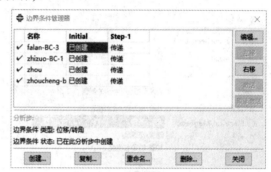

图 3-133　　"载荷管理器"对话框　　　　　　图 3-134　　"边界条件管理器"对话框

3.2.8　划分网格

在环境栏的"模块"(Module)列表中选择"网格"(Mesh)，进入"网格"(Mesh)功能模块。

1. 支座划分网格

由于装配件由非独立实体构成，因此在开始网格划分操作之前，需要将环境栏的"对象"(Object)选择为"部件"(Part)，并在"部件"(Part)列表中选择"Bracket-9"，如图 3-135 所示。

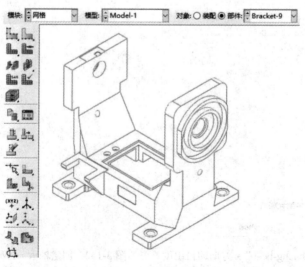

图 3-135　支座模型

1) 指定单元类型

单击工具箱区的"指派单元类型"(Assign Element Type)按钮 ![icon]，选择模型，单击鼠标中键，弹出"单元类型"(Element Type)对话框，在"单元库"(Element Library)中选择"Standard"(标准)，在"族"(Family)中选择"三维应力"(3D Stress)，在"几何阶次"(Geometric Order)中选择"二次"(Quadratic)，其余选项接受默认设置，如图 3-136 所示。单元类型为"C3D10"，即十结点二次四面体单元。单击"确定"(OK)按钮，完成单元类型的指派。

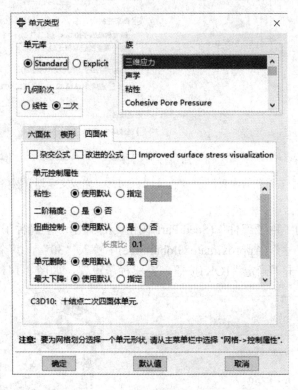

图 3-136　"单元类型"对话框

2) 局部撒种子

单击工具箱区的"为边布种"(Seed Edges)按钮 ![icon]，窗口底部的提示区信息变为"选择要布置局部种子的区域-逐个"(Select the Regions to be Assigned Local Seeds-individually)，如图 3-137 所示。选择支座的 2 个安装孔内表面，如图 3-138 所示，在视图区单击鼠标中键，弹出"局部种子"(Local Seeds)对话框，在"近似单元尺寸"(Approximate Local Size)中输入"5"，其余选项接受默认设置，如图 3-139 所示，单击"确定"(OK)按钮，完成种子设置。

图 3-137　信息提示区

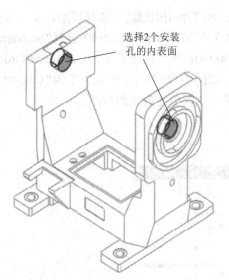

选择2个安装孔的内表面

图 3-138　选择 2 个安装孔的内表面　　　图 3-139　完成支座划分网格的局部撒种子设置

3) 全局撒种子

单击工具箱区的"种子部件"(Seed Part)按钮，弹出"全局种子"(Global Seeds)对话框，在"近似全局尺寸"(Approximate Global Size)中输入"30"，其余选项接受默认设置，如图 3-140 所示，单击"确定"(OK)按钮，完成种子设置，如图 3-141 所示。

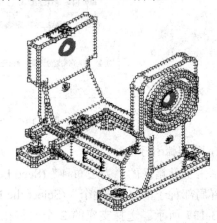

图 3-140　完成支座划分网格的全局撒种子设置　　　图 3-141　支座划分网格种子设置完成

4) 指派网格控制属性

单击工具箱区的"指派网格控制属性"(Assign Mesh Controls)按钮，在视图区选择模型，单击鼠标中键，弹出"网格控制属性"(Mesh Controls)对话框，在"单元形状"(Element Shape)中选择"四面体"(Tet)，在"技术"(Technique)中选择"自由"(Free)，在"算法"(Algorithm)中选择"使用默认算法"(Use Default Algorithm)，如图 3-142 所示，单击"确定"(OK)按钮，完成网格属性指派。

5) 划分网格

单击工具箱区的"为部件划分网格"(Mesh Part)按钮，窗口底部的提示区信息变为"要为部件划分网格吗？"(OK to Mesh the Part ?)，在视图区中单击鼠标中键，或直接点击窗口底部提示区中的"是"(Yes)按钮，得到如图 3-143 所示的网格。信息区显示"48203 个单元已创建到部件: Bracket-9"。

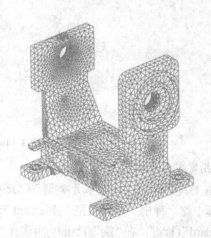

图 3-142　"网格控制属性"对话框　　　　图 3-143　支座划分网格后的模型图

6) 检查网格

单击工具箱区的"检查网格"(Verify Mesh)按钮，窗口底部的提示区信息变为"选择待检查的区域按部件"(Select the Regions to Verify by Part)，选择模型，在视图区中单击鼠标中键，或直接点击窗口底部提示区中的"完成"(Done)按钮，弹出"检查网格"(Verify Mesh)对话框，如图 3-144 所示。在"检查网格"(Verify Mesh)对话框中选择"形状检查"(Shape Metrics)，点击"高亮"(Highlight)按钮，网格质量显示如图 3-145 所示。信息区显示"部件: Bracket-9 Number of elements : 54482，　　Analysis errors: 0 (0%)，　　Analysis warnings: 324 (0.594692%)"。

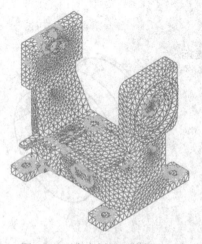

图 3-144　"检查网格"对话框　　　　　　图 3-145　支座划分网格质量显示

2. 法兰划分网格

将环境栏的"对象"(Object)选择为"部件"(Part),并在"部件"(Part)列表中选择"Bracket-1"法兰,如图 3-146 所示。

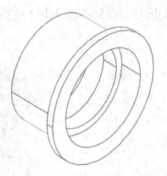

图 3-146　法兰模型

1) 指定单元类型

单击工具箱区的"指派单元类型"(Assign Element Type)按钮 <!-- icon -->,选择模型,在视图区单击鼠标中键,弹出"单元类型"(Element Type)对话框,在"单元库"(Element Library)中选择"Standard"(标准),在"族"(Family)中选择"三维应力"(3D Stress),在"几何阶次"(Geometric Order)中选择"二次"(Quadratic),其余选项接受默认设置,如图 3-136 所示。单元类型为"C3D10",即十结点二次四面体单元。单击"确定"(OK)按钮,完成单元类型的指派。

2) 局部撒种子

单击工具箱区的"为边布种"(Seed Edges)按钮 <!-- icon -->,窗口底部的提示区信息变为"选择要布置局部种子的区域-逐个"(Select the Regions to be Assigned Local Seeds-individually),如图 3-137 所示。选择法兰孔内表面,如图 3-147 所示,在视图区单击鼠标中键,弹出"局部种子"(Local Seeds)对话框,在"近似单元尺寸"(Approximate Local size)中输入"4",其余选项接受默认设置,如图 3-148 所示,单击"确定"(OK)按钮,完成种子设置。

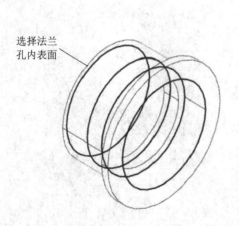

图 3-147　选择法兰孔内表面

图 3-148　完成法兰划分网格的局部撒种子设置

3) 全局撒种子

单击工具箱区的"种子部件"(Seed Part)按钮，弹出"全局种子"(Global Seeds)对话框，在"近似全局尺寸"(Approximate Global Size)中输入"6.1"，其余选项接受默认设置，如图 3-149 所示，单击"确定"(OK)按钮，完成种子设置，如图 3-150 所示。

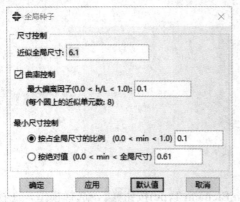

图 3-149　完成法兰划分网格的全局撒种子设置　　图 3-150　法兰划分网格种子设置完成

4) 指派网格控制属性

单击工具箱区的"指派网格控制属性"(Assign Mesh Controls)按钮，在视图区选择模型，单击鼠标中键，弹出"网格控制属性"(Mesh Controls)对话框，在"单元形状"中选择"四面体"(Tet)，在"技术"(Technique)中选择"自由"(Free)，在"算法"(Algorithm)中选择"使用默认算法"(Use Default Algorithm)，如图 3-142 所示，单击"确定"(OK)按钮，完成网格属性指派。

5) 划分网格

单击工具箱区的"为部件划分网格"(Mesh Part)按钮，窗口底部的提示区信息变为"要为部件划分网格吗？"(OK to Mesh the Part?)，在视图区中单击鼠标中键，或直接单击窗口底部提示区中的"是"(Yes)按钮，得到如图 3-151 所示的网格。信息区显示"4539 个单元已创建到部件: Bracket-1"。重复上述步骤划分"bracket-2"。

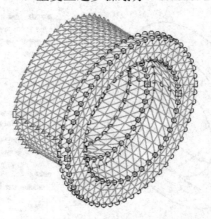

图 3-151　法兰划分网格后的模型图

3. 划分轴承网格

将环境栏的"对象"(Object)选择为"部件"(Part)，并在"部件"(Part)列表中选择"bracket-3"轴承，如图 3-152 所示。

图 3-152　轴承模型

1) 指定单元类型

单击工具箱区的"指派单元类型"(Assign Element Type)按钮，选择模型，在视图区单击鼠标中键，弹出"单元类型"(Element Type)对话框，在"单元库"(Element Library)中选择"Standard"(标准)，在"族"(Family)中选择"三维应力"(3D Stress)，在"几何阶次"(Geometric Order)中选择"二次"(Quadratic)，其余选项接受默认设置，如图 3-136 所示。单元类型为"C3D10"，即十结点二次四面体单元。单击"确定"(OK)按钮，完成单元类型的指派。

2) 局部撒种子

单击工具箱区的"为边布种"(Seed Edges)按钮，窗口底部的提示区域信息变为"选择要布置局部种子的区域-逐个"(Select the Regions to be Assigned Local Seeds-individually)，如图 3-137 所示。选择轴承孔内表面和外表面，如图 3-153 所示，在视图区单击鼠标中键，弹出"局部种子"(Local Seeds)对话框，在"近似单元尺寸"(Approximate Local Size)中输入"4"，其余选项接受默认设置，如图 3-154 所示，单击"确定"(OK)按钮，完成种子设置。

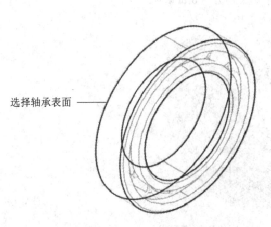

图 3-153　选择轴承表面　　　　　图 3-154　完成划分轴承网格的局部撒种子设置

3) 全局撒种子

单击工具箱区的"种子部件"(Seed Part)按钮 ，弹出"全局种子"(Global Seeds)对话框，在"近似全局尺寸"(Approximate Global Size)中输入"4.5"，其余选项接受默认设置，如图 3-155 所示，单击"确定"(OK)按钮，完成种子设置，如图 3-156 所示。

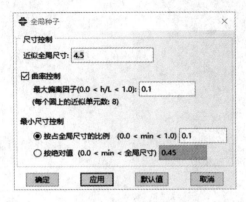

图 3-155 完成划分轴承网格的全局撒种子设置　　图 3-156 划分轴承网格种子设置完成

4) 指派网格控制属性

单击工具箱区的"指派网格控制属性"(Assign Mesh Controls)按钮 ，在视图区选择模型，单击鼠标中键，弹出"网格控制属性"(Mesh Controls)对话框，在"单元形状"中选择"四面体"(Tet)，在"技术"(Technique)中选择"自由"(Free)，在"算法"(Algorithm)中选择"使用默认算法"(Use Default Algorithm)，如图 3-142 所示，单击"确定"(OK)按钮，完成网格属性指派。

5) 划分网格

单击工具箱区的"为部件划分网格"(Mesh Part)按钮 ，窗口底部的提示区信息变为"要为部件划分网格吗？"(OK to Mesh the Part ?)，在视图区中单击鼠标中键，或直接单击窗口底部提示区的"是"(Yes)按钮，得到如图 3-157 所示的网格。信息区显示"8124 个单元已创建到部件：Bracket-3"。重复上述步骤划分"bracket-4、bracket-5、bracket-6"轴承网格。

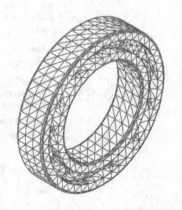

图 3-157 划分轴承网格后的模型图

4. 划分轴网格

将环境栏的"对象"(Object)选择为"部件"(Part)，并在"部件"(Part)列表中选择"bracket-7"轴承，如图 3-158 所示。

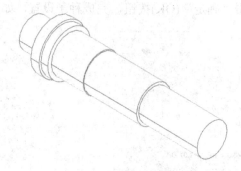

图 3-158　轴模型

1）指定单元类型

单击工具箱区的"指派单元类型"(Assign Element Type)按钮，选择模型，单击鼠标中键，弹出"单元类型"(Element Type)对话框，在"单元库"(Element Library)中选择"Standard"(标准)，在"族"(Family)中选择"三维应力"(3D Stress)，在"几何阶次"(Geometric Order)中选择"二次"(Quadratic)，其余默认设置，如图 3-136 所示。单元类型为"C3D10"，即十结点二次四面体单元。单击"确定"(OK)按钮，完成单元类型的指派。

2）局部撒种子

单击工具箱区的"为边布种"(Seed Edges)按钮，窗口底部的提示区信息变为"选择要布置局部种子的区域-逐个"(Select the Regions to be Assigned Local Seeds-individually)，如图 3-137 所示。选择轴的边，如图 3-159 所示，在视图区单击鼠标中键，弹出"局部种子"(Local Seeds)对话框，在"近似单元尺寸"(Approximate Local Size)中输入"4"，其余选项接受默认设置，如图 3-160 所示，单击"确定"(OK)按钮，完成种子设置。

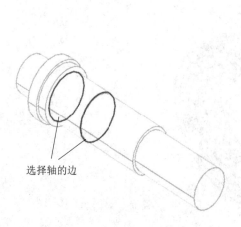

图 3-159　选择轴的边

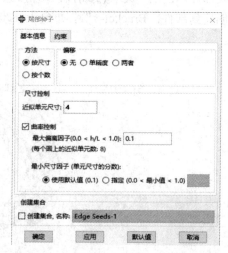

图 3-160　完成划分轴网格的局部撒种子设置

3) 全局撒种子

单击工具箱区的"种子部件"(Seed Part)按钮 ，弹出"全局种子"(Global Seeds)对话框，在"近似全局尺寸"(Approximate Global Size)栏内输入"8.3"，其余选项接受默认设置，如图 3-161 所示，单击"确定"(OK)按钮，完成种子设置，如图 3-162 所示。

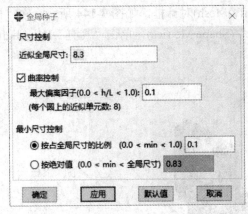

图 3-161 完成划分轴网格的全局撒种子设置

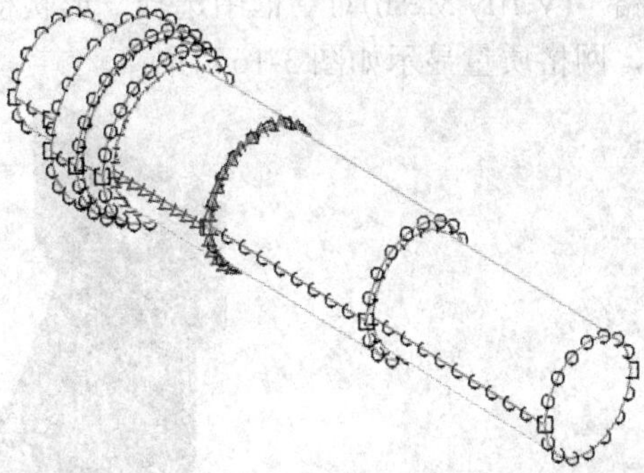

图 3-162 划分轴网格种子设置完成

4) 指派网格控制属性

单击工具箱区的"指派网格控制属性"(Assign Mesh Controls)按钮 ，在视图区选择模型，单击鼠标中键，弹出"网格控制属性"(Mesh Controls)对话框，在"单元形状"中选择"四面体"(Tet)，在"技术"(Technique)中选择"自由"(Free)，在"算法"(Algorithm)中选择"使用默认算法"(Use Default Algorithm)，如图 3-142 所示，单击"确定"(OK)按钮，完成网格属性指派。

5) 划分网格

单击工具箱区的"为部件划分网格"(Mesh Part)按钮 ，窗口底部的提示区信息变为"要为部件划分网格吗？"(OK to Mesh the Part ?)，在视图区中单击鼠标中键，或直接单击窗口底部提示区的"是"(Yes)按钮，得到如图 3-163 所示的网格。信息区显示"8968 个单元已创建到部件：Bracket-7"。重复上述步骤划分"bracket-8"轴网格，将轴与轴承接触表面局部网格大小设置为"4"，其余网格大小设置为"8.3"。

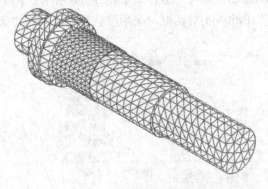

图 3-163 划分轴网格后的模型图

5. 检查网格

将"对象"(Object)选择切换到"装配"(Assembly)，单击工具箱区的"检查网格"(Verify Mesh)按钮 ，窗口底部的提示区域信息变为"选择待检查的区域按部件"(Select the Regions to Verify by Part)，选择全部模型，在视图区中单击鼠标中键，或直接单击窗口底部提示区的"完成"(Done)按钮，弹出"检查网格"(Verify Mesh)对话框，如图 3-144 所示。在"检查网格"(Verify Mesh)对话框中选择"形状检查"(Shape Metrics)，单击"高亮"(Highlight)按钮，网格质量显示如图 3-164 所示。

图 3-164　网格质量显示

3.2.9　提交分析作业

在环境栏的"模块"(Module)列表中选择"作业"(Job)，进入"作业"(Job)功能模块。

1. 创建分析作业

单击工具箱区的"作业管理器"(Job Manager)按钮 ，弹出"作业管理器"(Job Manager)对话框，如图 3-165 所示。在管理器中单击"创建…"(Create…)按钮，弹出"创建作业"(Create Job)对话框，在"名称"(Name)中输入"xz-1"，如图 3-166 所示。单击"继续…"(Continue…)按钮，弹出"编辑作业"(Edit Job)对话框，采用默认设置，单击"确定"(OK)按钮。

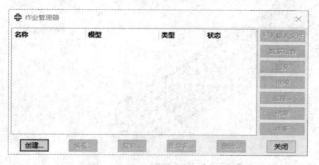

图 3-165　"作业管理器"对话框

图 3-166　"创建作业"对话框

2. 进行数据检查

单击"作业管理器"(Job Manager)的"数据检查"(Data Check)按钮，提交数据检查。数据检查完成后，管理器的"状态"(Status)栏显示为"检查已完成"(Completed)，如图 3-167 所示。

图 3-167 进行数据检查

3. 提交分析

单击"作业管理器"(Job Manager)的"提交"(Submit)按钮。对话框的"状态"(Status) 提示依次变为 Submitted，Running 和 Completed，这表明对模型的分析已经完成。单击此对话框的"结果"(Results)按钮，自动进入"可视化"(Visualization)模块。

信息区显示：

作业输入文件"xz-1.inp"已经提交分析。

Job xz-1: Analysis Input File Processor completed successfully.

Job xz-1: Abaqus/Standard completed successfully.

Job xz-1 completed successfully.

单击工具栏的"保存数据模型库"(Save Model Database)按钮 保存模型。

3.2.10 后处理

单击作业管理器的"结果"(Results)按钮，ABAQUS/CAE 随即进入"可视化"(Visualization) 功能模块，在视图区显示出模型未变形时的轮廓图，如图 3-168 所示。

图 3-168 支座未变形轮廓图

1. 编辑显示体的显示选项

选择菜单"选项"(Options)→"显示体..."(Display Body...)命令，弹出"显示体选项"(Display Body Options)对话框，如图 3-169(a)所示。在"基本信息"(Basic)页面中选择"无"(No Edges)；在"其它"(Other)页面内选择"半透明"(Translucency)，接着选择"应用透明"(Apply Translucency)项，调节"透明和不透明"(Transparent-Opaque)滑动到"0.6"，如图 3-169(b)所示，单击"确定"(OK)按钮。

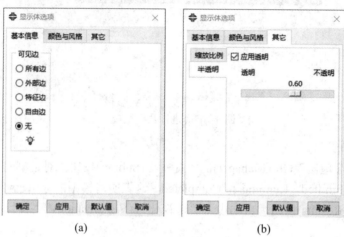

(a)　　　　　　　　　　　(b)

图 3-169　　"显示体选项"对话框

2. 显示支座的变形图

(1) 单击工具箱区的"绘制变形图"(Plot Deformed Shape)按钮，视图区绘制出模型的变形图，如图 3-170 所示。从图中可见，ABAQUS/CAE 自动选择的变形比例系数过大会导致模型出现夸张的变形。

图 3-170　　模型放大系数变形图

(2) 单击工具箱区的"通用选项"(Common Options)按钮，弹出"通用绘图选项"(Common Plot Options)对话框，选择"变形缩放系数"(Deformation Scale Factor)为"一致"(Uniform)，在"数值"(Value)中输入"1"，如图 3-171 所示。单击"确定"(OK)按钮，视图区显示模型放大系数为"1"的模型变形图，如图 3-172 所示。

图 3-171 "通用绘图选项"对话框

图 3-172 放大系数为"1"的模型变形图

3. 改变显示零件

单击工具箱区的"创建显示组"(Create Display Group)按钮，弹出"创建显示组"(Create Display Group)对话框，在"项"(Item)列表内选择"单元"(Elements)，在右侧的列表内选择"Bracket-9-1.set-1"，在"对视口内容和所选择执行一个 Boolean 操作"(Perform a Boolean on the Viewport Contents and the Selection)栏中单击"替换"(Replace)按钮，如图 3-173 所示。单击"关闭"(Dismiss)按钮，只显示支座，如图 3-174 所示。

图 3-173 改变支座显示零件

图 3-174 支座显示图

4. 显示应力云图

(1) 单击工具箱区的"云图选项"(Contours Options)按钮 ，弹出"云图绘制选项" (Contour Plot Options)对话框，选择"颜色与风格"(Color & Style)的"谱"(Spectrum)，在 "名称"(Name)列表内选择"Rainbow"(彩虹色)，在"越界值的颜色方案"(Color for Values Outside Limits)栏内选择"使用谱的最小/最大值"(Use Spectrum Min/Max)，如图 3-175(a) 所示。在"边界"(Limits)页面的"最大"(Max)栏内勾选"显示位置"(Show Location)项， 如图 3-175(b)所示，单击"应用"(Apply)按钮后单击"确定"(OK)按钮，完成设置。

(a)　　　　　　　　　　　　　　　(b)

图 3-175　　"云图绘制选项"对话框

(2) 选择菜单"结果"(Result)→"场输出..."(Field Output...)命令，弹出"场输出"(Field Output)对话框，在"输出变量"(Output Variable)列表中单击"S"，在"不变量"(Invariant) 列表中选择"Mises"，接着单击"应用"(Apply)按钮，如图 3-176 所示。然后单击工具箱区的"在变形图上绘制云图"(Plot Contours on Deformed Shape)按钮 ，视图区显示出模型的 Mises 应力云图，最大应力值为 5.487 MPa，如图 3-177 所示。

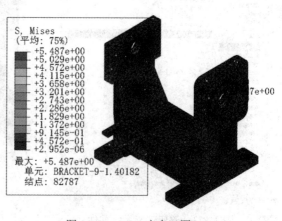

图 3-176　　"场输出"对话框　　　　　　　　图 3-177　　Miss 应力云图

3.2.11 加载第二工况载荷及查看结果

界面切换到"分析步"模块。在环境栏的"模块"(Module)列表中选择"分析步"(Step)功能模块。

1. 设置分析步

(1) 单击工具箱区的"创建分析步"(Create Step)按钮 ●▸■，弹出"创建分析步"(Create Step)对话框，如图 3-178 所示。采用默认设置，即选择"静力，通用"(Static，General)分析步。单击"继续..."(Continue...)按钮，弹出"编辑分析步"(Edit Step)对话框，全部采用默认选项，如图 3-179 所示，单击"确定"(OK)按钮，完成分析步的创建。

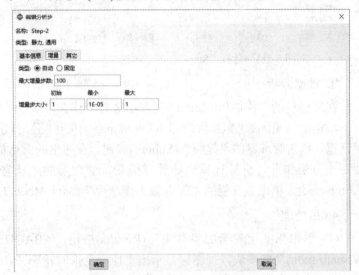

图 3-178 设置分析步   图 3-179 编辑分析步

(2) 单击工具箱区的"分析步管理器"(Step Manager)按钮 ▦，弹出"分析步管理器"对话框，如图 3-180 所示，单击"关闭"(Dismiss)按钮。

图 3-180 "分析步管理器"对话框

2. 定义载荷

在环境栏的"模块"(Module)列表中选择"载荷"(Load)，进入"载荷"(Load)功能模块。

单击工具箱区的"载荷管理器"(Load Manager)按钮 ▦，弹出"载荷管理器"(Load Manager)对话框，在载荷管理器中，选择"Step-2"的"传递"(Propagated)，如图 3-181 所示。单击"编辑"(Edit)按钮，弹出"编辑载荷"(Edit)对话框，修改参数如图 3-182 所示，单击"确定"(OK)按钮。最后单击"关闭"(Dismiss)按钮，完成载荷修改。

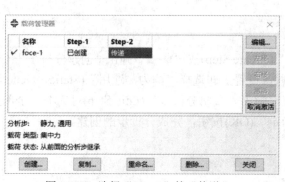

图 3-181　选择"Step-2"的"传递"　　　图 3-182　"编辑载荷"对话框

3. 提交分析

在环境栏的"模块"(Module)列表中选择"作业"(Job)，进入"作业"(Job)功能模块。

单击工具箱区的"作业管理器"(Job Manager)按钮，弹出"作业管理器"(Job Manager)对话框，单击管理器的"提交"(Submit)按钮，在弹出的对话框中，单击"是"(Yes)按钮继续提交分析作业，进行计算。计算完成后，管理器的"状态"(Status)栏显示为"完成"(Completed)。单击工具栏的"保存数据模型库"(Save Model Database)按钮保存模型。

4. 后处理

(1) 单击作业管理器的"结果"(Results)按钮，ABAQUS/CAE 随即进入"可视化"(Visualization)功能模块，视图区显示出支座未变形时轮廓图，如图 3-183 所示。

(2) 单击菜单"结果"(Result)→"分析步/帧(S)..."(Step/Frame…)，弹出"分析步/帧"(Step/Frame)对话框，在分析步名称内选中"Step-2"→"帧"(Frame)列表内选择"1"，如图 3-184 所示，单击"确定"(OK)按钮。

图 3-183　支座无变形轮廓图　　　　　图 3-184　"分析步/帧"对话框

(3) 单击工具箱区的"在变形图上绘制云图"(Plot Contours on Deformed Shape)按钮 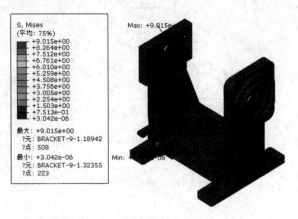，视图区显示出模型的 Mises 应力云图，最大应力值为 9.051 MPa，如图 3-185 所示。

图 3-185　支座最大/最小值应力云图

3.2.12　退出 ABAQUS/CAE

至此，对此例题的完整分析过程已经完成。单击窗口顶部工具栏的"保存模型数据库"(Save Model Database)按钮▣，保存最终的模型数据库。然后即可跟所有 Windows 程序一样单击窗口右上角的按钮✕，或者在主菜单中选择"文件"(File)→"退出"(Exit)退出 ABAQUS/CAE。

本 章 小 结

本章为读者介绍如何利用 ABAQUS/Standard/Explicit 分析接触问题。在相互作用模块中，可以定义包括接触、约束和链接器等的相互作用关系。注意：这里的约束是指刚体、显示耦合等约束关系。在载荷模块中的边界条件中，可以定义位置的约束、集中力和压强等。

在相互作用模块中，有一个技巧是注意集与表面的创建。即在进行创建相互作用之前，先创建作用对象的集或者表面，然后从对象对话框中选择，免去选择和修改不方便带来的麻烦。

至此读者基本了解了 ABAQUS 操作思想中的一个基本特点，即相互之间的关系是一个对象，关系的属性是一个对象，两者相互可以调用。基于其组合丰富的特点，用以模拟复杂的现实条件。

习 　 题

导入文件：\习题\3-1.step 文件，如图 3-186 所示。法兰外圆固定，轴在距离端面 70 mm 处两端的平面上受到集中载荷 F，求轴受载后的 Mises 应力和位移状态。

材料性质：轴承，轴和法兰，弹性模量 $E = 2.05 \times 10^5$，泊松比 $v = 0.28$。

载荷：$F = 5000$ N。

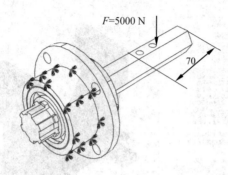

图 3-186　轴受力模型图

第 4 章　机箱结构静力学问题分析

知识要点:

- 巩固 ABAQUS 定义相互作用知识
- 巩固 ABAQUS 定义耦合知识
- 巩固 ABAQUS 定义载荷和边界条件知识
- 掌握 ABAQUS 的"特殊设置"(Special)和"点质量/惯性"(Point Mass/Interia)

本章导读:

　　线性静力学问题是简单且常见的有限元分析类型,不涉及任何非线性分析(材料非线性、几何非线性、接触等),也不考虑惯性及与时间相关的材料属性。在 ABAQUS 中,该类问题通常采用"静力,通用"(Static,General)分析步或"静力,线性摄动"(Static,Linear Perturbation)分析步进行分析。

　　虽然线性静力学问题很容易求解,但用户更关心计算精度和求解效率,他们希望在获得较高精度的前提下尽量缩短计算时间,特别是大型模型。计算精度和求解效率主要取决于网格的划分,包括种子的设置、网格控制和单元类型的选取。分析时应尽量选用精度和效率都较高的二次四边形/六面体单元,在主要的分析部位设置较密的种子。若主要分析部位的网格没有大的扭曲,则使用非协调单元(如 CPS4I、C3D8I)的性价比很高。对于复杂的模型,可以采用分割模型的方法划分二次四边形/六面体单元。有时分割过程过于繁琐,用户可以采用精度较高的二次三角形/四面体单元进行划分。

　　接触等相互作用的分析是很常见的工程问题,ABAQUS 提供了十分方便的相互作用定义的模块:选择"模块"(Module)列表中的"相互作用"(Interaction),即可进入"相互作用"(Interaction)功能模块。此模块主要用于定义装配件各部分之间的相互作用、约束和连接器,故在进入该模块之前,用户需要在"装配"(Assembly)功能模块中创建装配件并完成各部件实体的定位。用户可以通过主菜单中的"相互作用"(Interaction)菜单或工具区相应的工具定义接触、弹性基础、热传导、热辐射、入射波、声阻、传动/传感,通过"接触"(Constraint)菜单或工具区内相应的工具定义绑定约束、刚体约束、显示体约束、耦合约束、壳-实体耦合约束、嵌入区域约束和方程约束,通过"连接"(Connector)菜单或工具区相应的工具定义各种连接器,通过"特殊设置"(Special)菜单定义惯量、裂纹和弹簧/阻尼器等。

　　本章主要通过一个机箱结构静力学案例介绍线性静力学分析的全过程,并向读者展示如何将"特殊设置"(Special)里面的"点质量/惯性"(Point Mass/Inertia)和"载荷"(Load)里的"重力"(Gravity)载荷等赋予零件。

4.1　特殊设置和载荷功能简介

4.1.1　"特殊设置"菜单功能

　　"属性"(Property)模块除了能设置材料和截面属性外,还可以通过"特殊设置"(Special)菜单进行一些特殊的操作,下面对这些功能进行简单介绍。

1. "惯量"(Inertia)

　　根据需要可以定义各种惯量,选择菜单"特殊设置"(Special)→"惯量"(Inertia)→"创建"(Create)命令,弹出"创建惯量"(Create Inertia)对话框,在"名称"(Name)框中输入"Inertia-1",在"类型"(Type)列表内可以选择"点质量/惯性"(Point Mass/Inertia),在如图 4-1 所示。单击"继续..."(Continue...)按钮,在视图区选择对象进行相应惯量的设置。

图 4-1　"创建惯量"对话框

　　提示:惯量的详细设置见系统帮助文件《ABQUAS/CAE User's Manual》。

2. "蒙皮"(Skin)

　　在"属性"(Property)功能模块中,可以在视图模型的面或轴对称模型的边附上一层"蒙皮"(Skin),这适用于几何部件和网格部件。

　　提示:在创建 Skin 之前,需要定义材料和截面属性。"蒙皮"(Skin)的材料可以不同于其他部件的材料。"蒙皮"(Skin)的截面类型可以是"均匀壳截面"(Homogeneous)、"膜"(Membrane)、"复合壳截面"(Composite)、"表面"(Surface)和"垫圈"(Gasket)。

　　选择菜单"特殊设置"(Special)→"蒙皮"(Skin)→"创建..."(Create)命令创建"蒙皮"(Skin),详细见系统帮助文件《ABAQUS/CAE User's Manual》。

　　一般情况下,若不方便直接从模型中选取"蒙皮"(Skin),这时可以用"集合"(Set)工具,选择菜单"工具"(Tools)→"集(S)"(Set)→"创建"(Create)命令,在弹出的"创建集"

(Create Set)对话框中输入"名称"(Name)，单击"继续..."(Continue...)按钮，在视图区中选择"蒙皮"(Skin)作为构成集合的元素，单击窗口底部提示区信息的"完成"(Done)按钮，完成集合的定义。

　　单击工具栏中的"创建显示组"(Create Display Group)按钮，在"项"(Item)列表内选择"集"(Set)，在右侧的列表内选择包含"Skin"的集合，如图 4-2 所示。单击对话框下端的"相交"(Intersect)按钮，视图区即可显示用户定义的"蒙皮"(Skin)。

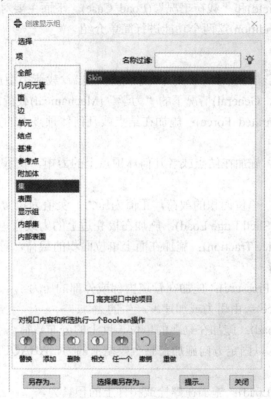

图 4-2　"创建显示组"对话框

　　提示：　"蒙皮"(Skin)不能重叠，仅一个"蒙皮"(Skin)能定义在部件的一个指定表面。对于实体和轴对称部件，在"网格"(Mesh)功能模块中对部件进行网格划分时，ABAQUS 会自动对位于表面的"蒙皮"(Skin)划分对应的网格，而不用单独对"蒙皮"(Skin)进行网格划分。

3. "弹簧/阻尼器"(Springs/Dashpots)

　　ABAQUS 可以定义各种惯量，选择"特殊设置"(Special)→"弹簧/阻尼器"(Springs/Dashpots)→"创建..."(Create...)命令，弹出"创建弹簧/阻尼器"(Create Springs/Dashpots)对话框，在"名称"(Name)框中输入名称，在"连接类型"(Connectivity Type)列表内可以选择"连接两点"(Connect Two Point)或"将点接地"(Connect Pointto Ground)(后者仅适用于 ABAQUS/Standard)，单击"继续..."(Continue...)按钮，在视图区选择对象进行相应的设置，使用时可以同时设置弹簧的刚度和阻尼器系数。

提示：相关内容可以参考系统帮助文件《ABAQUS/CAE User's Manual》及《ABAQUS Analysis User's Manual》。

4.1.2 载荷和边界条件介绍

"载荷"(Load)模块用于指定"载荷"(Load)、"边界条件"(Boundary Condition)、"预定义场"(Predefined Field)和"载荷工况"(Load Case)。下面主要对"载荷"(Load)和"边界条件"(Boundary Condition)这两个功能进行简单介绍。

1. 载荷(Load)

载荷只能加载于后续分析步中。对于不同的分析步，载荷类型也有所不同。此处介绍"静力，通用"(Static，General)情况下的"力学"(Mechanical)载荷。

① 集中力(Concentrated Force)：施加在结点或几何体顶点上的力，表示为力在三个方向上的分量。

② 弯矩(Moment)：施加在结点或者几何体顶点上的力矩，表示为力矩在三个方向上的分量。

③ 压强(Pressure)：单位面积的载荷，正值为压力，负值为拉力。

④ 壳的边缘载荷(Shell Edge Load)：施加在板壳边上的力或弯矩。

⑤ 表面载荷(Surface Traction)：施加在面上单位面积的载荷，可以是任意方向上的力，由向量来描述力的方向。

⑥ 管道压力(Pipe Pressure)：施加在管道内部或外部的压力。

⑦ 体力(Body Force)：由引力或加速度产生的力。

⑧ 线载荷(Line Load)：施加在梁上的单位长度上的分布载荷。

⑨ 重力(Gravity)：以固定方向施加在整个模型上的力，ABAQUS 根据材料属性中的密度计算响应的载荷。

⑩ 螺栓载荷(Bolt Load)：施加在螺栓或扣件上的预紧力。

⑪ 广义平面应变(Generalized Plane Strain)：施加在由广义平面应变单元所构成区域的参考点上。

⑫ 旋转体力(Rotational Body Force)：由于模型旋转造成的体力，需要指定角速度或角加速度以及旋转轴。

⑬ 科氏力(Coriolis Force)：自转偏向力。

⑭ 连接作用力(Connector Force)：施加在连接单元上的力。

⑮ 连接弯矩(Connector Moment)：施加在连接单元上的力矩。

⑯ 子结构载荷(Substructure Load)：施加在子结构上的载荷(子结构就是将一组单元组合为一个单位)。

⑰ 惯性释放(Inertia Relief)：在结构上施加一个虚假的约束反力来保证结构上合力的平衡。

2. 边界条件(Boundary Condition)

与载荷不同，边界条件可以在初始步中进行设置。此处仅介绍"力学"(Mechanical)类型的边界条件。

① 对称/反对称/完全固定(Symmetry/Antisymmetry/Encastre)：施加对称/反对称/端部固定边界条件约束。

② 位移/转角(Displacement/Rotation)：施加位移/旋转边界条件的约束。

③ 速度/角速度(Velocity/Angular Velocity)：施加速度/角速度边界条件的约束。

④ 连接位移(Connector Displacement)：施加连接器位移边界条件的约束。

⑤ 连接速度(Connector Velocity)：施加连接器速度边界条件的约束。

⑥ 连接加速度(Connector Acceleration)：施加连接器加速度边界条件的约束。

4.2 机箱结构静力学分析实例

本节将在 ABAQUS/CAE 中逐步演示机箱结构静力学分析实例，使读者进一步熟悉在 ABAQUS 中进行线性静力学分析的过程。

4.2.1 问题描述

本节详细讲解一个机箱静力学分析实例。如图 4-3 所示，机箱全部采用铝材料焊接而成，机箱底面固定，机箱受到自重、局部 15 kg 外载荷和 20 g 垂直冲击载荷共同作用，求机箱受载荷后的 Mises 应力和位移状态。

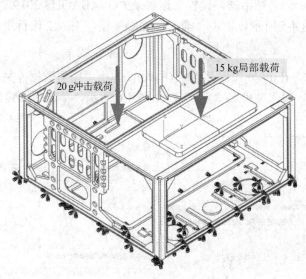

图 4-3 机箱受力模型

材料性质：铝，弹性模量 $E = 70\ 000$ MPa，泊松比 $v = 0.33$。

4.2.2 创建部件

双击桌面启动图标，打开 ABAQUS/CAE 的启动界面，如图 4-4 所示，单击"采用

Standard/Explicit 模型"(With Standard/Explicit Model)按钮，创建一个 ABAQUS/CAE 的模型
数据库，随即进入"部件"(Part)功能模块。

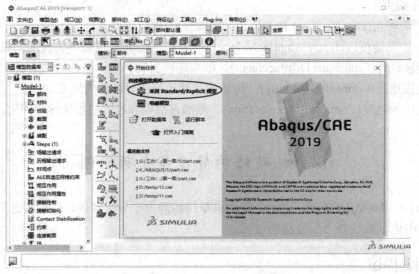

图 4-4　ABAQUS/CAE 启动界面

1. 设置工作路径

单击菜单"文件"(File)→"设置工作目录..."(Set Work Directory...)，弹出"设置工作
目录"(Set Work Directory)对话框，设置工作目录"G:/ABAQUS 2019 有限元分析工程实例
教程/案例 4"，如图 4-5 所示，单击"确定"(OK)按钮，完成工作目录设置。

2. 保存文件

单击菜单"文件"(File)→"保存(S)"(Save)，弹出"模型数据库另存为"(Save Model
Database As)对话框，输入文件名"fsjz"，如图 4-6 所示，单击"确定(O)"(OK)按钮，完
成文件保存。

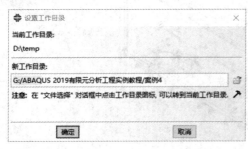

图 4-5　"设置工作目录"对话框　　　　图 4-6　"模型数据库另存为"对话框

3. 导入模型

单击菜单"文件"(File)→"导入"(Import)→"部件..."(Part...)，弹出"导入部件"(Import
Part)对话框，选择"zjfx.stp"，如图 4-7 所示。单击"确定"(OK)按钮，弹出"从 STEP 文
件创建部件"(Create Part from STEP File)对话框，如图 4-8 所示，单击"确定"(OK)按钮，

完成部件的导入，如图 4-9 所示。

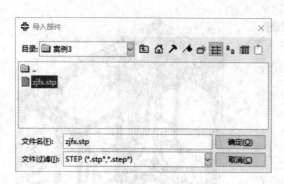

图 4-7 "导入部件"对话框

图 4-8 "从 STEP 文件创建部件"对话框

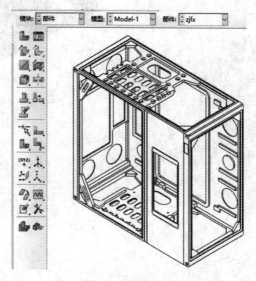

图 4-9 部件模型

4. 模型修复

(1) 单击工具箱区的"创建显示组"(Create Display Group)按钮，弹出"创建显示组"(Create Display Group)对话框，在"项"(Item)列表内选择"几何元素"(Cells)，如图 4-10 所示。单击"编辑选择集"(Edit Selection)按钮，窗口底部的提示信息区变为"为显示组选择几何元素"(Select Cells for the Display Group)，选择箱体，如图 4-11 所示，在视图区单击鼠标中键，返回到"创建显示组"(Create Display Group)对话框。在"对视口内容和所选择执行一个 Boolean 操作"(Perform a Boolean on the Viewport Contents and the Selection)栏中单击按钮，隐藏机箱，视图区仅显示 4 个多余的小圆柱，如图 4-12 所示。

(2) 单击工具箱区的"删除面"(Remove Faces)按钮，窗口底部的提示信息区显示"选择待删除的面-逐个"(Select the Faces to be Removed-individually)，按住鼠标左键框选 4 个小圆柱的所有表面，在视图区单击鼠标中键，弹出"删除面提示"对话框，如图 4-13 所示，单击"是"(Yes)按钮，删除四个小圆柱。单击按钮⬤显示所有零件。

图 4-10　创建显示组

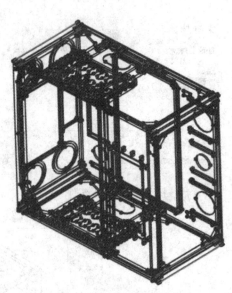

图 4-11　选择箱体

图 4-12　显示 4 个小圆柱

图 4-13　"删除面提示"对话框

4.2.3　创建材料和截面属性

在环境栏的"模块"(Module)列表中选择"属性"(Property)，进入"属性"(Property)功能模块。

1. 定义材料属性

单击工具箱区的"创建材料"(Create Material)按钮 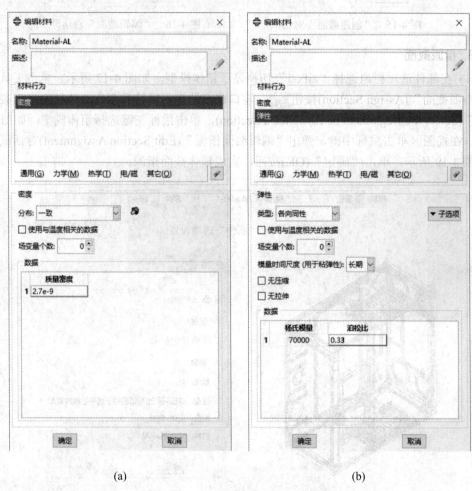，弹出"编辑材料"(Edit Material)对话框。在"名称"(Name)框中输入"Material-AL"，选择"通用(G)"(General)→"密度"(Density)命令，在"数据"(Data)框内输入"质量密度"(Mass Density)为"2.7e-9"，如图 4-14(a)所示。在"材料行为"(Material Behaviors)框中选择"力学"(Mechanical)→"弹性"(Elasticity)→"弹性"(Elastic)命令。在"数据"(Data)框内输入"杨氏模量"(Young's Modulus)为"70 000"，"泊松比"(Poisson's ratio)为"0.33"，如图 4-14(b)所示，单击"确定"(OK)按钮，完成材料的创建。

(a)　　　　　　　　　　　　　　　(b)

图 4-14　"编辑材料"对话框

2. 创建截面

单击工具箱区的"创建截面"(Create Section)按钮 ，弹出"创建截面"(Create Section)对话框。在"名称"(Name)框中输入"AL"，如图 4-15 所示，单击"继续..."(Continue...)按钮，弹出"编辑截面"(Edit Section)对话框，在"材料"(Material)框中选择"Material-AL"，如图 4-16 所示。单击"确定"(OK)按钮，完成截面的创建。

图 4-15　"创建截面"对话框　　　　　图 4-16　"编辑截面"对话框

3. 指派截面

(1) 在部件选项栏内选择"zjfx-1"切换显示箱体模型，如图 4-17 所示。单击工具箱区的"指派截面"(Assign Section)按钮，窗口底部的提示区信息变为"选择要指派截面的区域"(Select the Regions to be Assigned a Section)，单击鼠标左键选择箱体模型，如图 4-18 所示。在视图区单击鼠标中键，弹出"编辑截面指派"(Edit Section Assignment)对话框，设置如图 4-19 所示，单击"确定"(OK)按钮，完成箱体截面指派。

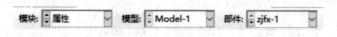

图 4-17　"部件"选项设置

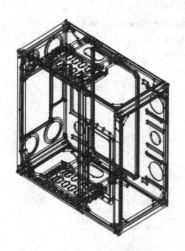

图 4-18　显示选择箱体模型　　　　　图 4-19　"编辑截面指派"对话框

(2) 在部件选项栏内选择"zjfx-2"切换显示加强板模型。单击工具箱区的"指派截面"(Assign Section)按钮，窗口底部的提示区信息变为"选择要指派截面的区域"(Select the Regions to be Assigned a Section)，选择加强板模型，如图 4-20 所示。在视图区单击鼠标中键，弹出"编辑截面指派"(Edit Section Assignment)对话框，设置如图 4-19 所示，单击"确定"(OK)按钮，完成加强板截面指派。

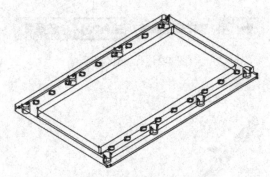

图 4-20　显示选择加强板模型

(3) 在部件选项栏内选择 "zjfx-3" 切换显示局部载荷板模型，单击工具箱区的 "指派截面"(Assign Section)按钮 ，窗口底部的提示区信息变为 "选择要指派截面的区域"(Select the Regions to be Assigned a Section)，单击鼠标左键选择载荷板模型，如图 4-21 所示，在视图区单击鼠标中键，弹出 "编辑截面指派"(Edit Section Assignment)对话框，设置如图 4-22 所示，单击 "确定"(OK)按钮，完成载荷板截面指派。

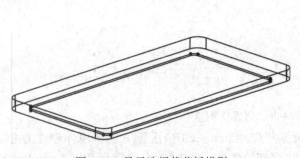

图 4-21　显示选择载荷板模型　　　　　图 4-22　指派载荷板截面

4. 添加质量属性

(1) 单击工具箱区的 "创建基准平面"(Create Datum Plane)按钮 ，窗口底部的提示区信息变为 "选择偏移所参照的平面"(Select a Plane From Which to Offset)，选择载荷板侧面，如图 4-23 所示，在视图区单击鼠标中键，窗口底部的提示区信息变为如图 4-24 所示的提示，单击 "输入大小"(Enter Value)按钮，弹出箭头所指偏移方向选择，如图 4-25 所示，单击 "确定"(OK)按钮，在弹出的对话框中输入 "240.5"，单击键盘回车键，创建基准平面(1)，如图 4-26 所示。

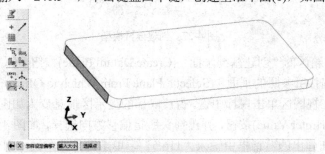

图 4-23　选择左侧面

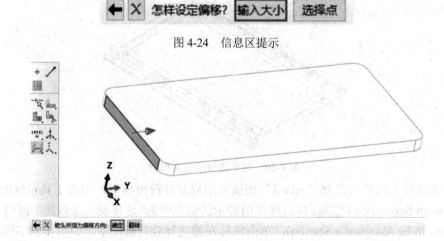

图 4-24　信息区提示

图 4-25　向右偏移

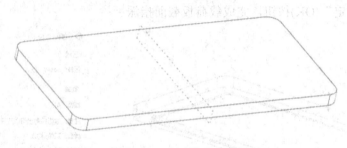

图 4-26　创建基准(1)

(2) 单击工具箱区的"拆分几何元素"(Partition Cell)按钮，选择刚才创建的基准平面，在视图区单击鼠标中键，或者在窗口底部的信息区单击"拆分几何元素"(Create Partition)按钮，完成模型分割，如图 4-28 所示。

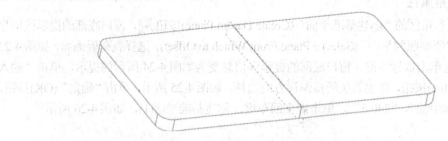

图 4-27　创建分析模型

(3) 单击工具箱区的"创建基准平面"(Create Datum Plane)按钮，窗口底部的提示区信息变为"选择偏移所参照的平面"(Select a Plane From Which to Offset)，选择载荷板侧面，如图 4-28 所示。在视图区单击鼠标中键，窗口底部的提示区信息变为如图 4-24 所示的提示，单击"输入大小"(Enter Value)按钮，弹出箭头所指偏移方向选择，如图 4-29 所示，单击"确定"(OK)按钮，在弹出的对话框中输入"116.5"，单击键盘回车键，创建基准平面(2)，如图 4-30 所示。

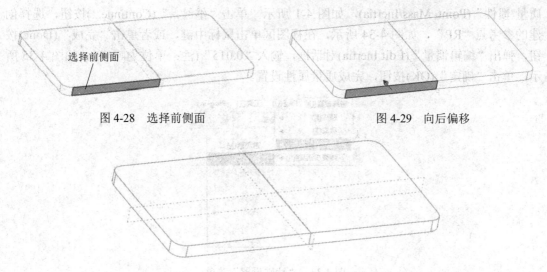

图 4-28　选择前侧面　　　　　　　　　　图 4-29　向后偏移

图 4-30　创建基准(2)

(4) 单击工具箱区的"拆分几何元素"(Partition Cell)按钮，选择刚才创建的基准平面，在视图区单击鼠标中键，或者在窗口底部的信息区单击"拆分几何元素"(Create Partition)按钮，选择全部模型后单击鼠标中键，完成模型分割，如图 4-31 所示。

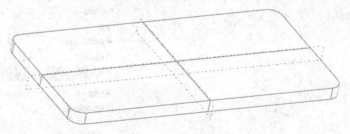

图 4-31　模型分割

(5) 单击菜单"工具"(Tools)→"参考点"(Reference Point)，鼠标选择载荷板中点，创建"RP"参考点，如图 4-32 所示。

图 4-32　创建参考点

(6) 单击菜单"特殊设置(L)"(Special)→"惯性(I)"(Inertia)→"创建(C)..."(Create...)，如图 4-33 所示，弹出"创建惯量"(Create Inertia)对话框，在"类型"(Type)列表内选择"点

质量/惯性"(Point Mass/Inertia)，如图 4-1 所示。单击"继续..."(Continue...)按钮，选择创建的参考点"RP"，如图 4-34 所示，在视图区单击鼠标中键，或者单击"完成"(Done)按钮，弹出"编辑惯量"(Edit Inertia)对话框，输入"0.015"(注：单位为吨(T))，如图 4-35 所示，单击"确定"(OK)按钮，完成质量属性设置。

图 4-33　"特殊设置"菜单

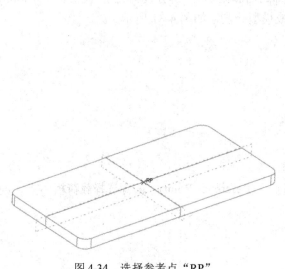

图 4-34　选择参考点"RP"

图 4-35　"编辑惯量"对话框

4.2.4　装配部件

在环境栏的"模块"(Module)列表中选择"装配"(Assembly)，进入"装配"(Assembly)功能模块。单击工具箱区的"创建实例"(Create Instance)按钮 ，弹出"创建实例"对话框，如图 4-36 所示，选择"zjfx-1、zjfx-2、zjfx-3"，在"实例类型"(Instance Type)中选择"非独立(网格在部件上)"(Dependent (Mesh on Part))，单击"确定"(OK)按钮，完成部件的实例化，如图 4-37 所示。

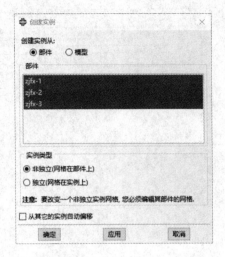

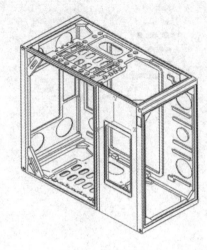

图 4-36　"创建实例"对话框　　　　　图 4-37　部件实例化

4.2.5　设置分析步和输出变量

在环境栏的"模块"(Module)列表中选择"分析步"(Step)，进入"分析步"(Step)功能模块。ABAQUS/CAE 会自动创建一个"初始分析步"(Initial Step)，可以在其中施加边界条件，用户需要自己创建后续"分析步"(Analysis Step)来施加载荷，具体操作步骤如下：

1. 定义分析步

单击工具箱区的"创建分析步"(Create Step)按钮，弹出"创建分析步"(Create Step)对话框，如图 4-38 所示。在"程序类型"(Procedure Type)列表内选择"静力，通用"(Static，General)，单击"继续..."(Continue...)按钮，弹出"编辑分析步"(Edit Step)对话框，采用默认设置，如图 4-39 所示。单击"增量"(Incrementation)选项，设置增量步的大小，如图 4-40所示，单击"确定"(OK)按钮，完成分析步的定义。

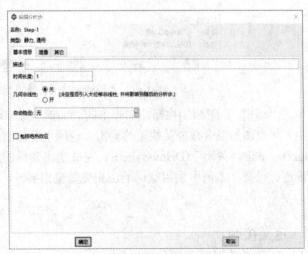

图 4-38　"创建分析步"对话框　　　　　图 4-39　"编辑分析步"对话框

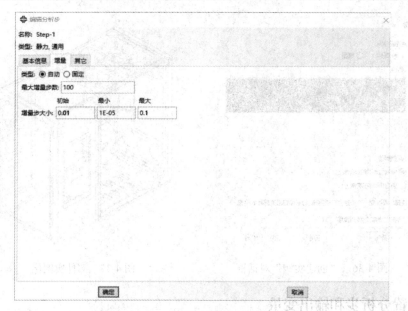

图 4-40　编辑分析步增量设置

2. 设置变量输出

单击工具箱区的"场输出管理器"(Field Output Manager)按钮，弹出"场输出请求管理器"(Field Output Requests Manager)对话框，可以看到 ABAQUS/CAE 已经自动生成了一个名为"F-Output-1"的历史输出变量，如图 4-41 所示。

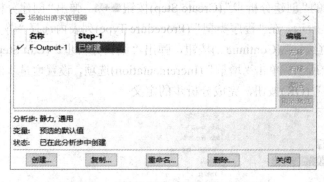

图 4-41　"场输出请求管理器"对话框

单击"编辑..."(Edit...)按钮，在弹出的"编辑场输出请求"(Edit Field Output Request)对话框中，可以增加或者减少某些量的输出，返回"场输出请求管理器"(Field Output Requests Manager)，单击"关闭"(Dismiss)按钮，完成输出变量的定义。用同样的方法，也可以对历史变量进行设置。本例中采用默认的历史变量输出要求，单击"关闭"(Dismiss)按钮关闭管理器。

4.2.6　定义接触

在环境栏的"模块"(Module)列表中选择"部件"(Part)，进入"部件"(Part)功能模块。

1. 创建接触面集

1) 创建机箱接触面集

(1) 分割机箱与载荷零件的接触面范围。单击工具箱区的"拆分面"(Partition Face)按钮 ，弹出选择面提示，选择如图 4-42 所示的面，在视图区单击鼠标中键，或单击"完成" (Done)按钮，选择一条参考边进入绘制草图界面，绘制草图，如图 4-43 所示。单击鼠标中键，或单击"完成"(Done)按钮，退出草图绘制界面，完成接触面范围的分割，如图 4-44 所示。

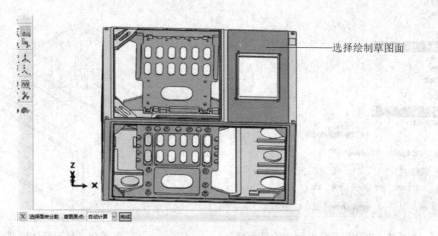

图 4-42 选择绘制草图面

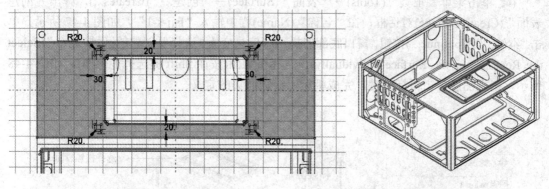

图 4-43 草图绘制　　　　　　　　图 4-44 完成接触面范围分割

(2) 在环境栏的"模块"(Module)列表中选择"相互作用"(Interaction)，进入"相互作用"(Interaction)功能模块。

(3) 单击工具箱区的"创建显示组"(Create Display Group)按钮 ，弹出"创建显示组"(Create Display Group)对话框，在"项"(Item)列表内选择"Part/Model instances"(实例部件)，在右侧的列表内选择"zjfx-1-1"，在"对视口内容和所选择执行一个 Boolean 操作"(Perform a Boolean on the Viewport Contents and the Selection)栏中单击"替换"(Replace)按钮 ，如图 4-45 所示。单击"关闭"(Dismiss)按钮，视图区仅显示箱体模型，如图 4-46 所示。

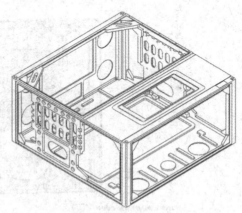

图 4-45 创建机箱接触面集的显示组　　　　　图 4-46 显示箱体模型

(4) 单击菜单"工具"(Tools)→"表面"(Surface)→"创建..."(Creates...)，弹出"创建表面"(Create Surface)对话框，在"名称"(Name)栏中输入"fsjj-s-1"，如图 4-47 所示。单击"继续..."(Continue...)按钮，窗口底部的提示区信息变为"选择要创建的区域-逐个"(Select the Regions for the Surface-individually)，选择接触面(按住 Shift 键选择多个面)，如图 4-48 所示，在视图区单击鼠标中键，完成机箱上接触面集的定义。

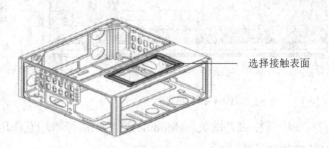

图 4-47 输入"fsjj-s-1"　　　　　图 4-48 选择机箱上接触表面

(5) 单击菜单"工具"(Tools)→"表面"(Surface)→"创建..."(Creates...)，弹出"创建表面"(Create Surface)对话框，在"名称"(Name)栏中输入"fsjj-x-1"，如图 4-49 所示。单击"继续..."(Continue...)按钮，窗口底部的提示区信息变为"选择要创建的区域-逐个"(Select the Regions for the Surface-individually)，选择接触面(按住 Shift 键选择多个面)，如图 4-50 所示，在视图区单击鼠标中键，完成机箱下接触面集的定义。

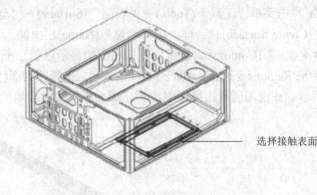

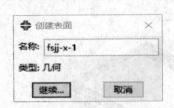

选择接触表面

图 4-49　输入"fsjj-x-1"　　　　　　　图 4-50　选择机箱下接触表面

2) 创建加强板接触面集

(1) 单击工具箱区的"创建显示组"(Create Display Group)按钮，弹出"创建显示组"(Create Display Group)对话框，在"项"(Item)列表内选择"Part/Model instances"(实例部件)，在右侧的列表内选择"zjfx-2-1"，在"对视口内容和所选择执行一个 Boolean 操作"(Perform a Boolean on the Viewport Contents and the Selection)栏中单击"替换"(Replace)按钮，如图 4-51 所示。单击"关闭"(Dismiss)按钮，视图区仅显示加强板模型，如图 4-52 所示。

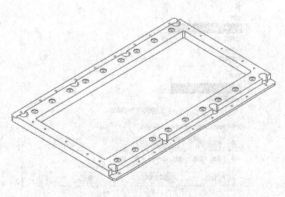

图 4-51　创建加强板接触面集的显示组　　　　　　图 4-52　显示加强板模型

(2) 单击菜单"工具"(Tools)→"表面"(Surface)→"创建..."(Creates...)，弹出"创建表面"(Create Surface)对话框，在"名称"(Name)栏中输入"xjqb-s-1"，如图 4-53 所示。单击"继续..."(Continue...)按钮，窗口底部的提示区信息变为"选择要创建的区域-逐个"(Select the Regions for the Surface-individually)，选择接触面(按住 Shift 键选择多个面)，如图 4-54 所示，在视图区单击鼠标中键，完成加强板接触面集的定义。

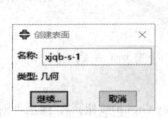
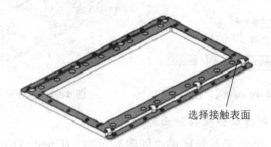

图 4-53　输入"xjqb-s-1"　　　　　图 4-54　选择加强板接触表面

3) 创建载荷板接触面集

(1) 单击工具箱区的"创建显示组"(Create Display Group)按钮，弹出"创建显示组"(Create Display Group)对话框，在"项"(Item)列表内选择"Part/Model instances"(实例部件)，在右侧的列表内选择"zjfx-3-1"，在"对视口内容和所选择执行一个 Boolean 操作"(Perform a Boolean on the Viewport Contents and the Selection)栏中单击"替换"(Replace)按钮，如图 4-55 所示。单击"关闭"(Dismiss)按钮，视图区仅显示载荷板模型，如图 4-56 所示。

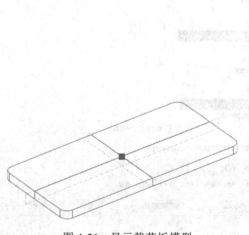

图 4-55　创建载荷板接触面集的显示组　　　　　图 4-56　显示载荷板模型

（2）单击菜单"工具"(Tools)→"表面"(Surface)→"创建..."(Creates...)，弹出"创建表面"(Create Surface)对话框，在"名称"(Name)栏中输入"zh-s-1"，如图 4-57 所示。单击"继续..."(Continue...)按钮，窗口底部的提示区信息变为"选择要创建的区域-逐个"(Select the Regions for the Surface-individually)，选择接触面(按住 Shift 键选择多个面)，如图 4-58 所示，在视图区单击鼠标中键，完成载荷板接触面集的定义。

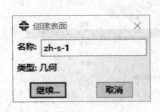
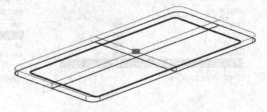

图 4-57　输入"zh-s-1"　　　　　　　图 4-58　选择载荷板接触表面

2. 创建耦合约束

单击工具箱区的"全部替换"(Replace All)按钮 ●，显示所有部件，如图 4-59 所示。

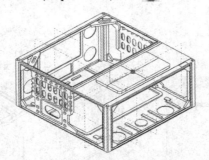

图 4-59　显示所有部件

1) 创建载荷板与机箱耦合

（1）单击工具箱区的"创建约束"(Create Constraint)按钮 ，弹出"创建约束"(Create Constraint)对话框，在"名称"(Name)栏中输入"zf-1"，在"类型"(Type)列表内选择"绑定"(Tie)，如图 4-60 所示，然后单击"继续..."(Continue...)按钮。

（2）此时窗口底部的提示区信息变为"选择主表面类型：表面或结点区域"(Choose the Master Type：Surface or Node Region)，如图 4-61 所示。单击"表面..."(Surface...)按钮，接着在窗口底部的提示信息区中也单击"表面"(Surface)按钮，弹出"区域选择"(Region Selection)对话框，选择"zh-s-1"，如图 4-62 所示。单击"继续..."(Continue...)按钮，在窗口底部的提示信息区中单击"表面"(Surface)按钮，弹出"区域选择"(Region Selection)对话框，选择"fsjj-s-1"，如图 4-63 所示。单击"继续..."(Continue...)按钮，弹出"编辑约束"(Edit Constraint)对话框，如图 4-64 所示，单击"确定"(OK)按钮，完成绑定约束，如图 4-65 所示。

图 4-60　"zf-1"的
"创建约束"对话框

图 4-61　窗口底部信息区

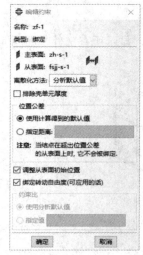

图 4-62　选择 "zh-s-1"　　　　　　图 4-63　选择 "fsjj-s-1"

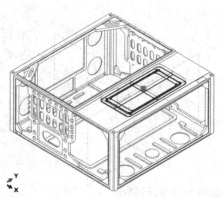

图 4-64　 "zh-1" 的 "编辑约束" 对话框　　　图 4-65　创建绑定约束

2) 创建加强板与机箱耦合

(1) 单击工具箱区的"创建约束"(Create Constraint)按钮，弹出"创建约束"(Create Constraint)对话框，在"名称"(Name)栏中输入"jf-1"，在"类型"(Type)列表内选择"绑定"(Tie)，如图 4-66 所示，然后单击"继续..."(Continue...)按钮。

(2) 此时窗口底部的提示区信息变为"选择主表面类型：表面或结点区域"(Choose the Master Type：Surface or Node Region)，如图 4-61 所示。单击"表面..."(Surface...)按钮，接着在窗口底部的提示信息区中也单击"表面"(Surface)按钮，弹出"区域选择"(Region Selection)对话框，选择"xjqb-s-1"，如图 4-67 所示。单击"继续..."(Continue...)按钮，在窗口底部的提示信息区中单击"表面"(Surface)按钮，弹出"区域选择"(Region Selection)对话框，选择"fsjj-x-1"，如图 4-68 所示。单击"继

图 4-66　 "jf-1" 的 "创建约束" 对话框

续..."(Continue...)按钮，弹出"编辑约束"(Edit Constraint)对话框，如图 4-69 所示，单击"确定"(OK)按钮，完成绑定约束，如图 4-70 所示。

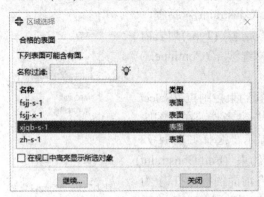

图 4-67　选择"xjqb-s-1"　　　　　　　　　图 4-68　选择"fsjj-x-1"

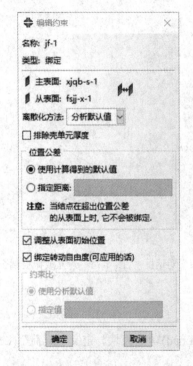

图 4-69　"jf-1"的"编辑约束"对话框

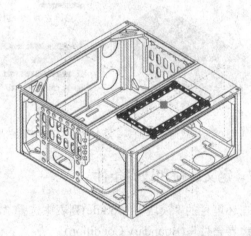

图 4-70　创建加强板与机箱绑定

3) 创建载荷板质量耦合

(1) 单击工具箱区的"创建显示组"(Create Display Group)按钮 📑，弹出"创建显示组"(Create Display Group)对话框，在"项"(Item)栏中选择"Part/Model instances"(实例部件)，在右侧的列表内选择"zjfx-3-1"，在"对视口内容和所选择执行一个 Boolean 操作"(Perform a Boolean on the Viewport Contents and the Selection)栏中单击"替换"(Replace)按钮 ◐，如图 4-85 所示。单击"关闭"(Dismiss)按钮，视图区仅显示载荷板模型，如图 4-56 所示。

(2) "耦合"(Coupling)约束用于将一个面的运动和一个约束控制点的运动约束在一起。单击工具箱区的"创建约束"(Create Constraint)按钮，弹出"创建约束"(Create Constraint)对话框，在"名称"(Name)栏中输入"foce-1"，在"类型"(Type)列表内选择"耦合的"(Coupling)，如图 4-71 所示，单击"继续..."(Continue...)按钮。

(3) 此时窗口底部的提示信息区变为"选择约束控制点"(Select Constraint Control Points)，在视图区选择"RP"参考点，在视图区单击鼠标中键，弹出选择"表面"(Surface)提示，选择如图 4-72 所示载荷板的表面，单击鼠标中键，弹出"编辑约束"(Edit Constraint)对话框，在"U1、U2、U3、UR1、UR2、UR3"前面的框中打钩(约束 6 个自由度)，如图 4-73 所示。单击"确定"(OK)按钮，完成耦合的设置，如图 4-74 所示。

图 4-71　"foce-1"的"创建约束"对话框

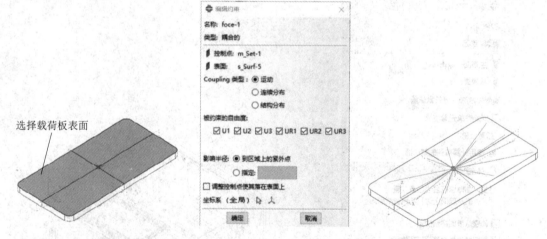

图 4-72　选择载荷板表面　图 4-73　"foce-1"的"编辑约束"对话框　图 4-74　建立载荷板耦合

4.2.7　定义载荷和边界条件

在环境栏的"模块"(Module)列表中选择"载荷"(Load)功能模块，定义"载荷"(Load)和"边界条件"(Boundary Condition)。

1. 施加载荷

(1) 单击工具箱区的"创建载荷"(Create Load)按钮，弹出"创建载荷"(Create Load)对话框。在"名称"(Name)栏中输入"Load-1"，在"分析步"(Step)栏中选择"Step-1"，在"类别"(Category)中选择"力学"(Mechanical)，在"可用于所选分析的类型"(Type for Selected Step)列表内选择"重力"(Gravity)，如图 4-75 所示。

(2) 单击"继续..."(Continue...)按钮，弹出"编辑载荷"(Edit Load)对话框，在"分量 3"(Component 3)栏中输入"−196200"(注意单位统一，负号是方向)，如图 4-76 所示，单击"确定"(OK)按钮，完成重力载荷创建。

图 4-75 "创建载荷"对话框 　　　图 4-76 "编辑载荷"对话框

2. 定义边界条件约束

(1) 单击工具箱区的显示所有图标 ⬤，显示所有零件。单击工具箱区的"创建边界条件"(Create Boundary Condition)按钮 ⬛，弹出"创建边界条件"(Create Boundary Condition)对话框，在"名称"(Name)栏中输入"fsjj-BC-1"，在"分析步"(Step)栏中选择"Initial"，在"可用于所选分析步的类型"(Types for Selected Step)列表内选择"位移/转角"(Displacement/Rotation)，如图 4-77 所示。

(2) 单击"继续..."(Continue...)按钮，窗口底部的提示区信息变为"选择要施加边界条件的区域"(Select Regions for the Boundary Condition)，按住 Shift 键选择箱体底面，ABAQUS/CAE 高亮显示选中的平面，如图 4-78 所示。在视图区单击鼠标中键，弹出"编辑边界条件"(Edit Boundary Condition)对话框，在"U1、U2、U3、UR1、UR2、UR3"前面的方框中打钩，如图 4-79 所示。单击"确定"(OK)按钮，完成固定边界条件的约束，如图 4-80 所示。

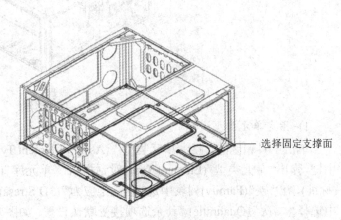

图 4-77 "创建边界条件"对话框 　　　图 4-78 选择固定支撑面

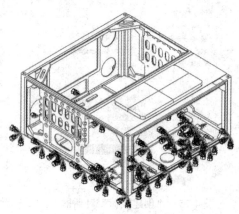

图 4-79　"编辑边界条件"对话框　　　图 4-80　创建固定约束

4.2.8　划分网格

在环境栏的"模块"(Module)列表中选择"网格"(Mesh)，进入"网格"(Mesh)功能模块。

1. 箱体划分网格

由于装配件由非独立实体构成，开始网格划分操作之前，需要将环境栏的"对象"(Object)选择为"部件"(Part)，并在"部件"(Part)列表中选择"zjfx-1"，如图 4-81 所示。

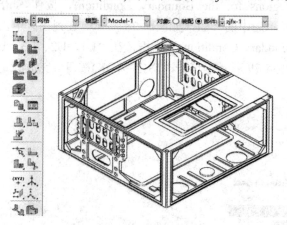

图 4-81　箱体模型

1) 指定单元类型

单击工具箱区的"指派单元类型"(Assign Element Type)按钮，选择模型，单击鼠标中键，弹出"单元类型"(Element Type)对话框，在"单元库"(Element Library)中选择"Standard"(标准)，在"族"(Family)列表中选择"三维应力"(3D Stress)，在"几何阶次"(Geometric Order)中选择"二次"(Quadratic)，其余选项接受默认设置，如图 4-82 所示，单元类型为"C3D10"，即十结点二次四面体单元。单击"确定"(OK)按钮，完成单元类型的指派。

图 4-82　"单元类型"对话框

2) 局部撒种子

单击工具箱区的"为边布种"(Seed Edges)按钮，窗口底部的提示区信息变为"选择要布置局部种子的区域-逐个"(Select the Regions to be Assigned Local Seeds-individually)，如图 4-83 所示。选择箱体表面，如图 4-84 所示，在视图区域单击鼠标中键，弹出"局部种子"(Local Seeds)对话框，在"近似单元尺寸"(Approximate Element Size)栏中输入"10"，其余选项接受默认设置，如图 4-85 所示，单击"确定"(OK)按钮，完成种子设置。

图 4-83　信息提示区

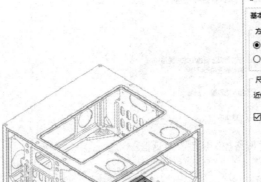

选择箱体表面

图 4-84　选择箱体表面

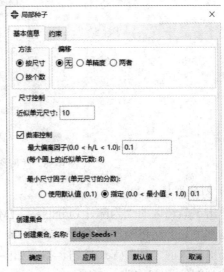

图 4-85　完成箱体划分网格的局部撒种子设置

3) 全局撒种子

单击工具箱区的"种子部件"(Seed Part)按钮 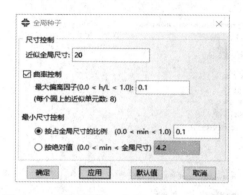，弹出"全局种子"(Global Seeds)对话框，在"近似全局尺寸"(Approximate Global Size)栏中输入"20"，其余选项接受默认设置，如图 4-86 所示，单击"确定"(OK)按钮，完成种子设置，如图 4-87 所示。

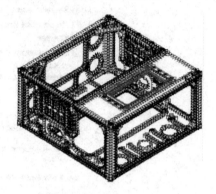

图 4-86   完成箱体划分网格的全局撒种子设置   图 4-87   箱体划分网格种子设置完成

4) 指派网格控制属性

单击工具箱区的"指派网格控制属性"(Assign Mesh Controls)按钮 ，在视图区选择模型，单击鼠标中键，弹出"网格控制属性"(Mesh Controls)对话框，在"单元形状"(Element Shape)选项里选择"四面体"(Tet)，在"算法"(Algorithm)中选择"使用默认算法"(Use Default Algorithm)，如图 4-88 所示，单击"确定"(OK)按钮，完成网格属性指派。

图 4-88   "网格控制属性"对话框

5) 划分网格

单击工具箱区的"为部件划分网格"(Mesh Part)按钮 ，窗口底部的提示区信息变为"要为部件划分网格吗？"(OK to Mesh the Part?)，在视图区单击鼠标中键，或直接单击窗口底部提示区的"是"(Yes)按钮，得到如图 4-89 所示的网格。信息区显示"75270 个单元已创建到部件：zjfx-1"。

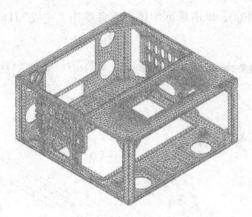

图 4-89　箱体划分网格后的模型图

2. 加强板划分网格

将环境栏的"对象"(Object)选择为"部件"(Part)，并在"部件"(Part)列表中选择"zjfx-2"加强板，如图 4-90 所示。

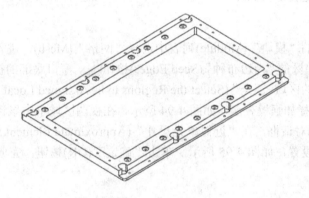

图 4-90　加强板模型

1) 指定单元类型

单击工具箱区的"指派单元类型"(Assign Element Type)按钮，选择模型，单击鼠标中键，弹出"单元类型"(Element Type)对话框，在"单元库"(Element Library)中选择"Standard"(标准)，在"族"(Family)列表中选择"三维应力"(3D Stress)，在"几何阶次"(Geometric Order)中选择"二次"(Quadratic)，其余选项接受默认设置，如图 4-82 所示，单元类型为"C3D10"，即十结点二次四面体单元。单击"确定"(OK)按钮，完成单元类型的指派。

2) 移除不影响分析结果的孔

在环境栏的"模块"(Module)列表中选择"部件"(Part)，进入"部件"(Part)功能模块。单击工具箱区的"修复面"(Replace Faces)按钮，弹出"选择待替换的连接面"(Select Connected Faces to be Replaced)选项，如图 4-91 所示。在选择待替换的连接面栏内选择"按面的夹角"(By Face Angle)，并在"延伸相连面"(Extend Neighboring Faces)前面的框内打钩。按住"Shift"键，选择要删除的孔，如图 4-92 所示(此处容易漏选面，导致不能删除，读者可以单个选择删除)，单击鼠标中键，或者单击"完成"(Done)按钮，结果如图 4-93 所示。

图 4-91　选择设置选项

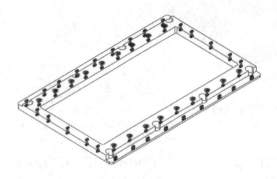

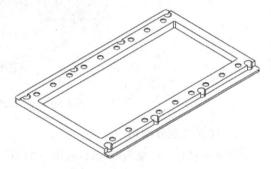

图 4-92　选择要删除的孔　　　　　　　　　　图 4-93　删除多余孔后的模型

3) 局部撒种子

在窗口左上角的"模块"(Module)列表中选择"网格"(Mesh)，进入"网格"(Mesh)功能模块。单击工具箱区的"为边布种"(Seed Edges)按钮，窗口底部的提示区信息变为"选择要布置局部种子的区域-逐个"(Select the Regions to be Assigned Local Seeds-Individually)，如图 4-83 所示。选择加强板表面，如图 4-94 所示，在视图区域单击鼠标中键，弹出"局部种子"(Local Seeds)对话框，在"近似单元尺寸"(Approximate Element Size)中输入"10"，其余选项接受默认设置，如图 4-95 所示，单击"确定"(OK)按钮，完成种子设置。

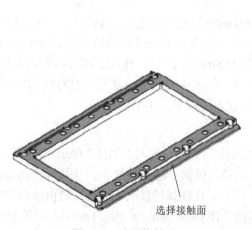

图 4-94　选择接触面

图 4-95　完成加强板划分网格的局部撒种子设置

4) 全局撒种子

单击工具箱区的"种子部件"(Seed Part)按钮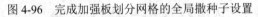，弹出"全局种子"(Global Seeds)对话框，在"近似全局尺寸"(Approximate Global Size)中输入"20"，其余选项接受默认设置，如图 4-96 所示，单击"确定"(OK)按钮，完成种子设置，如图 4-97 所示。

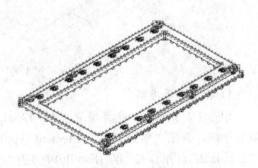

图 4-96　完成加强板划分网格的全局撒种子设置　　　　图 4-97　加强板划分网格种子设置完成

5) 指派网格控制属性

单击工具箱区的"指派网格控制属性"(Assign Mesh Controls)按钮，在视图区选择模型，单击鼠标中键，弹出"网格控制属性"(Mesh Controls)对话框，在"单元形状"(Element Shape)选项里选择"四面体"(Tet)，在"算法"(Algorithm)中选择"使用默认算法"(Use Default Algorithm)，如图 4-88 所示，单击"确定"(OK)按钮，完成网格属性指派。

6) 划分网格

单击工具箱区的"为部件划分网格"(Mesh Part)按钮，窗口底部的提示区信息变为"要为部件划分网格吗？"(OK to Mesh the Part?)，在视图区中单击鼠标中键，或直接单击窗口底部提示区的"是"(Yes)按钮，得到如图 4-98 所示的网格。信息区显示"10527 个单元已创建到部件：zjfx-2"。

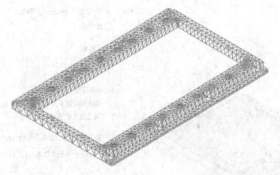

图 4-98　加强板划分网格后的模型图

3. 载荷板划分网格

将环境栏的"对象"(Object)选择为"部件"(Part)，并在"部件"(Part)列表中选择"zjfx-3"载荷板，如图 4-99 所示。

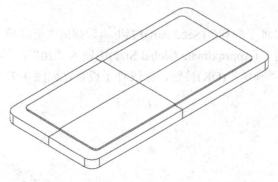

图 4-99　载荷板模型

1) 指定单元类型

单击工具箱区的"指派单元类型"(Assign Element Type)按钮，选择全部模型，单击鼠标中键，弹出"单元类型"(Element Type)对话框，在"单元库"(Element Library)中选择"Standard"(标准)，在"族"(Family)中选择"三维应力"(3D Stress)，在"几何阶次"(Geometric Order)中选择"二次"(Quadratic)，其余选项接受默认设置，如图 4-82 所示，单元类型为"C3D10"，即十结点二次四面体单元。单击"确定"(OK)按钮，完成单元类型的指派。

2) 局部撒种子

单击工具箱区的"为边布种"(Seed Edges)按钮，窗口底部的提示区信息变为"选择要布置局部种子的区域-逐个"(Select the Regions to be Assigned Local Seeds-Individually)，如图 4-83 所示。选择载荷板表面，如图 4-100 所示，在视图区域单击鼠标中键，弹出"局部种子"(Local Seeds)对话框，在"近似单元尺寸"(Approximate Element Size)中输入"10"，其余选项接受默认设置，如图 4-101 所示，单击"确定"(OK)按钮，完成种子设置。

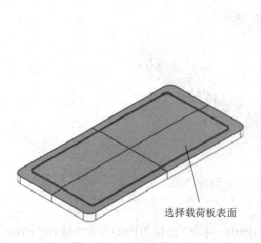

选择载荷板表面

图 4-100　选择载荷板表面

图 4-101　完成载荷板划分网格的局部撒种子设置

3)　全局撒种子

单击工具箱区的"种子部件"(Seed Part)按钮，弹出"全局种子"(Global Seeds)对话框，在"近似全局尺寸"(Approximate Global Size)中输入"20"，其余选项接受默认设置，如图 4-102 所示，单击"确定"(OK)按钮，完成种子设置，如图 4-103 所示。

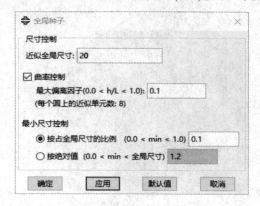
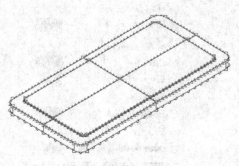

图 4-102　完成载荷板划分网格的全局撒种子设置　　　　图 4-103　载荷板划分网格种子设置完成

4)　指派网格控制属性

单击工具箱区的"指派网格控制属性"(Assign Mesh Controls)按钮，在视图区选择全部模型，单击鼠标中键，弹出"网格控制属性"(Mesh Controls)对话框，在"单元形状"(Element Shape)选项里选择"四面体"(Tet)，在"算法"(Algorithm)中选择"使用默认算法"(Use Default Algorithm)，如图 4-88 所示，单击"确定"(OK)按钮，完成网格属性指派。

5)　划分网格

单击工具箱区的"为部件划分网格"(Mesh Part)按钮，窗口底部的提示区信息变为"要为部件划分网格吗？"(OK to Mesh the Part?)，在视图区单击鼠标中键，或直接单击窗口底部提示区的"是"(Yes)按钮，得到如图 4-104 所示的网格。信息区显示"16371 个单元已创建到部件：zjfx-3"。

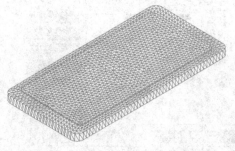

图 4-104　载荷板划分网格后的模型图

6)　检查网格

将"对象"(Object)选择切换到"装配"(Assembly)，单击工具箱区的"检查网格"(Verify Mesh)按钮，窗口底部的提示区信息变为"选择待检查的区域按部件"(Select the Regions to Verify by Part)，选择全部模型，在视图区单击鼠标中键，或直接单击窗口底部提示区的

"完成"(Done)按钮。弹出"检查网格"(Verify Mesh)对话框，如图 4-105 所示。在"检查网格"(Verify Mesh)对话框中选择"形状检查"(Shape Metrics)，单击"高亮"(Highlight)按钮，模型显示不同颜色，如图 4-106 所示。

图 4-105　"检查网格"对话框　　　　　图 4-106　网格质量显示

4.2.9　提交分析作业

在环境栏的"模块"(Module)列表中选择"作业"(Job)，进入"作业"(Job)功能模块。

1. 创建分析作业

单击工具箱区的"作业管理器"(Job Manager)按钮 ▦，弹出"作业管理器"(Job Manager)对话框，如图 4-107 所示。在管理器中单击"创建..."(Create...)按钮，弹出"创建作业"(Create Job)对话框，在"名称"(Name)框中输入"fsjj-1"，如图 4-108 所示。单击"继续..."(Continue...)按钮，弹出"编辑作业"(Edit Job)对话框，采用默认设置，单击"确定"(OK)按钮。

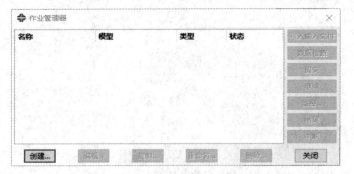

图 4-107　"作业管理器"对话框　　　　　图 4-108　"创建作业"对话框

2. 进行数据检查

单击"作业管理器"(Job Manager)的"数据检查"(Data Check)按钮，提交数据检查。数据检查完成后，管理器的"状态"(Status)栏显示为"检查已完成"(Completed)，如图 4-109 所示。

图 4-109　进行数据检查

3. 提交分析

单击"作业管理器"(Job Manager)的"提交"(Submit)按钮。对话框的"状态"(Status)提示依次变为 Submitted，Running 和 Completed，这表明对模型的分析已经完成。单击此对话框中的"结果"(Results)按钮，自动进入"可视化"(Visualization)模块。

信息区显示：

作业输入文件"fsjj-1.inp"已经提交分析。

Job fsjj-1: Analysis Input File Processor completed successfully.

Job fsjj-1: Abaqus/Standard completed successfully.

Job fsjj-1 completed successfully.

单击工具栏的"保存数据模型库"(Save Model Database)按钮 保存模型。

4.2.10　后处理

(1) 单击作业管理器的"结果"(Results)按钮，ABAQUS/CAE 随即进入"可视化"(Visualization)功能模块，在视图区显示出模型未变形时的轮廓图，如图 4-110 所示。

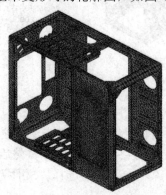

图 4-110　机箱未变形轮廓图

(2) 单击工具箱区的"通用选项"(Common Options)按钮 ，弹出"通用绘图选项"(Common Plot Options)对话框，选择"变形缩放系数"(Deformation Scale Factor)为"一致"(Uniform)，在"数值"(Value)框中输入"1"，如图 4-111 所示。

(3) 单击菜单"结果"(Result)→"分析步/帧(S)..."(Step/Frame...)，弹出"分析步/帧"(Step/Frame)对话框，在分析步列表内选择"Step-1"，在"帧"(Frame)列表内选择"15"，

如图 4-112 所示，单击"确定"(OK)按钮。接着，单击工具箱区的"在变形图上绘制云图"
(Plot Contours On Deformed Shape)按钮，显示应力云图结果，如图 4-113 所示。在"场输
出对话框"(Field Output Dialog)选项里切换到位移选项"U"，显示部件位移云图，如图 4-114
所示。

图 4-111　"通用绘图选项"对话框

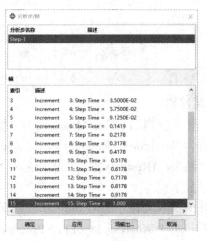

图 4-112　"分析步/帧"对话框

图 4-113　应力云图

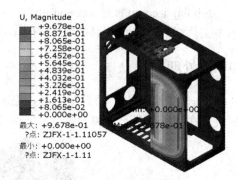

图 4-114　位移云图

4.2.11　退出 ABAQUS/CAE

至此，对此例题的完整分析过程已经完成。单击窗口顶部工具栏的"保存模型数据库"
(Save Model Database)按钮，保存最终的模型数据库。然后即可跟所有 Windows 程序一样
单击窗口右上角的按钮✕，或者在主菜单中选择"文件"(File)→"退出"(Exit)，退出
ABAQUS/CAE。

本 章 小 结

虽然线性静力学问题很容易求解，但用户更关心计算精度和求解效率。其关键点是如
何添加边界条件和载荷，例如，如何添加特殊质量点/惯性、重力载荷等。

习　　题

导入文件"\习题\4-1.step"，如图 4-115 所示。模型的 4 个支撑脚底面受到固定约束，载荷 $F = 10\,g$，材料为弹性模量 70 000 MPa，泊松比为 0.288，求模型受到冲击载荷后的 Mises 应力和位移状态。

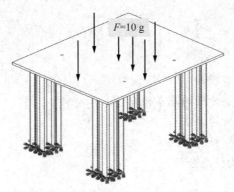

图 4-115　受力模型

第 5 章　结构动力学分析

知识要点：

- ◆ 了解动力学简介
- ◆ 掌握动力学分析基本理论
- ◆ 掌握不同类型动力学分析的基本概念
- ◆ 掌握线性动力学分析的方法
- ◆ 掌握非线性动力学分析的方法
- ◆ 掌握 ABAQUS 结构模态分析

本章导读：

在工程结构的设计工作中，动力学设计和分析是必不可少的一部分。静力学分析用于确保一个结构能够承受稳定载荷的条件，如果只对结构加载荷后的长期响应感兴趣，可以使用静力学分析。然而，如果加载时间很短，例如地震、冲击、碰撞等，或者载荷性质为动态，例如加工过程、来自旋转机械的载荷等，这时就必须采用动力学分析。

动力学分析在现实的生产和生活中很常见，进行动态分析是 ABAQUS 的一个重要优势。本章将重点介绍使用 ABAQUS 进行动力学分析的步骤和方法，使读者了解使用 ABAQUS 进行动力学分析的巨大优势。

5.1　动　力　学　简　介

动力学分析是用来确定惯量(质量/转动惯量)和阻尼起重要作用时，结构或构件的动力学行为。常见的动力学行为包括以下几种：

(1) 振动特性：结构如何振动及其振动频率。

(2) 载荷随时间变化的效应：如对结构的位移和应力的影响。

(3) 周期载荷激励：如振荡和随机载荷。

5.1.1　动力学有限元的基本原理

动力学分析是将惯性力包含在动力学平衡方程中，方程式为

$$M\ddot{u} + I - F = 0 \tag{5-1}$$

式中，M 是结构的质量；$\ddot{u}$ 是结构的加速度；I 是结构中的内力；F 是所施加的外力。公式

(5-1)的表述其实就是牛顿第二运动定律($F = ma$)的变化形式。

　　动力学分析和静力学分析最主要的不同之处在于平衡方程中包含惯性力项($M\ddot{u}$)，另一个不同之处在于内力 I 的定义。在静力学分析中，内力仅由结构的变形引起；而动力学分析中的内力包括运动(如阻尼)和结构变形的共同影响。

1. 固有频率和模态

最简单的动力问题是在弹簧上的质量振动，如图 5-1 所示。

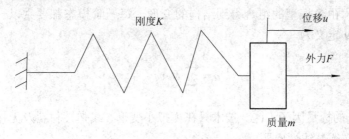

图 5-1　弹簧—质量系统

弹簧的内力为 ku，所以运动方程为

$$m\ddot{u} + ku - F = 0 \tag{5-2}$$

这个弹簧质量系统的固有频率(单位是弧度/秒)为

$$\omega = \sqrt{\frac{k}{m}} \tag{5-3}$$

　　如果质量块被移动后再释放，它将以这个频率振动。若按照此频率施加一个动态外力，位移的幅度将剧烈增加，即共振现象。

　　实际的结构和系统都具有多个固有频率。所以，在设计结构时避免各固有频率与可能的载荷频率过分接近就非常关键。固有频率可以通过分析结构在无载荷(动力平衡方程中的 $F = 0$)时的动态响应而得到。此时，运动方程变为

$$M\ddot{u} + I = 0 \tag{5-4}$$

对于无阻尼系统，$I = ku$，则上式变为

$$M\ddot{u} + ku = 0 \tag{5-5}$$

这个方程解的形式为

$$u = \phi\exp(i\omega t) \tag{5-6}$$

将上式代入方程中就会得到特征值问题方程：

$$k\phi = \lambda M\phi \tag{5-7}$$

式中，$\lambda = \omega^2$。

　　该系统具有 n 个特征值，此处 n 是有限元模型的自由度数。记 λ_i 为第 i 个特征值。它的

平方根 ω_i 是结构的第 i 阶固有频率，ϕ_i 是相应的第 i 阶特征向量。特征向量也就是模态(又称振型)，它是结构在第 i 阶振型下的变形状态。在 ABAQUS 中，频率提取程序用来求解结构的振型和频率。这个程序使用起来十分简单，只要给出所需振型的数目和所关心的最高频率即可。

2. 振型叠加

在线性问题中，结构在载荷作用下的动力响应可以用固有频率和振型来表示，即可以采用振型叠加技术由各振型的组合得到结构的变形，每一阶模态都要乘以一个标量因子。模型中位移矢量 $\boldsymbol{u}$ 定义为

$$u = \sum_{i=0}^{\infty} \beta_i \, \phi_i \tag{5-8}$$

式中，β_i 是振型 ϕ_i 的标量因子。这一技术只在模拟小变形、线弹性材料及无接触条件的情况下是有效的，即必须是线性问题。

在结构动力学分析中，结构的响应往往取决于相对较少的几阶振型，这使得振型叠加方法在计算这类系统的响应时特别有效。考虑一个含有 1000 个自由度的模型，则对运动方程的直接积分需要在每个时间点上求解 1000 个联立方程组。但若结构的响应采用 100 阶振型来描述，那么在每个时间步上只需求解 100 个方程。更重要的是，振型方程是解耦的，而原来的运动方程是耦合的。虽然在计算振型和频率时需要花费一些时间作为代价，但在计算响应时将节省大量的时间。

如果在模拟中存在非线性，在分析中固有频率会发生明显的变化，因此振型叠加法将不再适用。在这种情况下，需要对动力平衡方程直接积分，这将比振型分析花费的时间更多。具有下列特点的问题才适于进行线性瞬态动力学分析：① 系统应该是线性的。线性材料特性，无接触条件，无非线性几何效应。② 响应应该只受较少的频率支配。当响应中各频率成分增加时，例如撞击和冲击问题，振型叠加技术的有效性将大大降低。③ 载荷的主要频率应在所提取的频率范围内，以确保对载荷的描述足够精确。④ 任何突然加载所产生的初始加速度应该能用特征模态精确描述。⑤ 系统的阻尼不能过大。

3. 阻尼

如果一个无阻尼结构做自由振动，则它的振幅会保持恒定不变。然而，实际上由于结构运动而使能量耗散，振幅将逐渐减小直至振动停止，这种能量耗散称为阻尼。通常假定阻尼为黏滞的或正比于速度。式(5-1)可以写成包含阻尼的形式：

$$M\ddot{u} + (Ku + C\dot{u}) - F = 0 \tag{5-9}$$

式中，C 是结构的阻尼阵，u 是结构的速度。

能量耗散来自诸多因素，其中包括结构结合处的摩擦和局部材料的迟滞效应。阻尼概念对于无需顾及能量吸收过程的细节表征而言是一个很方便的方法。

ABAQUS 是针对无阻尼系统计算其振型的。然而，大多数工程问题还是包含阻尼的，尽管阻尼可能很小。有阻尼的固有频率和无阻尼的固有频率的关系为

$$\omega_d = \omega\sqrt{1-\zeta^2} \tag{5-10}$$

式中，ω_d 为阻尼特征值；$\zeta = c/c_0$ 为临界阻尼比，其中，c 为该振型的阻尼；c_0 为临界阻尼。

当 ζ 较小时($\zeta<0.1$)，有阻尼系统的特征频率非常接近于无阻尼系统的相应值；当 ζ 增大时，采用无阻尼系统的特征频率就不太正确；当 ζ 接近于 1 时，就不能采用无阻尼系统的特征频率了。

5.1.2　动力学分析的类型

动力学分析常用于下列物理现象：

(1) 振动：如由于旋转机械引起的振动。

(2) 冲击：如汽车的碰撞、冲压等。

(3) 变化载荷：如一些旋转机械的载荷。

(4) 地震载荷：如地震、冲击波等。

(5) 随机振动：如火箭发射、汽车的颠簸等。

每一种物理现象将按照一定类型的动力学分析来解决，在工程应用中，经常使用的动力学分析类型包括以下几项：

(1) 模态分析。模态分析用于确定结构的振动特性。如下问题可以使用模态分析来解决：汽车尾气排放管装配体，如果其固有频率和发动机的频率相同就会发生共振，可能导致其脱离。涡轮叶片在受到离心力时表现出不同的动力学特性。

(2) 瞬态动力学分析。瞬态动力学分析用于分析结构对随时间变化的载荷的响应。如下问题可以使用瞬态动力学分析来解决：汽车保险杠可以承受低速撞击，但是在较高的速度下撞击就可能变形。网球拍框架设计上应该保证其承受网球的冲击并且允许发生轻微的弯曲。

(3) 谐响应分析。谐响应分析用于确定结构对稳态简谐载荷的响应。如：对旋转机械的轴承和支撑结构施加稳定的交变载荷，这些作用力随着转速的不同而引起不同的偏转和应力。

(4) 频谱分析。频谱分析用于分析结构对地震等频谱载荷的响应。如：在地震多发区的房屋框架和桥梁设计中应使其能够承受地震载荷。

(5) 随机振动分析。随机振动分析用来分析部件结构对随机振动的响应。如：太空飞船和飞行器部件必须能够承受持续一段时间的变频载荷。

5.2　结构模态分析

模态分析是各种动力学分析类型中基础的内容，结构和系统的振动特性决定了结构和系统对于其他各种动力载荷的响应情况，所以，一般情况下，在进行其他动力学分析之前首先要进行模态分析。

1. 模态分析的功能

(1) 使用模态分析可以使结构设计避免振动或按照特定的频率进行振动。

(2) 使用模态分析可以认识到对于不同类型的动力载荷结构是如何响应的。

(3) 使用模态分析有助于在其他动力学分析中估算求解控制参数(如时间不长)。

2. 模态分析的步骤

模态分析中的四个主要步骤是建模，选择分析步类型并设置相应选项，施加边界条件、载荷并求解，结果处理。

(1) 建模。

① 必须定义密度。

② 只能使用线性单元和线性材料，非线性性质将被忽略。

(2) 定义分析步类型并设置相应选项。

① 定义一个"线性摄动步"(Linear Perturbation)的"频率提取分析步"(Frequency Extraction)。

② 模态提取选项和其他选项。

(3) 施加边界条件、载荷并求解。

① 施加边界条件。

② 施加外部载荷。因为振动被假定为自由振动，所以忽略外部载荷。然而，程序形成的载荷向量可以在随后的模态叠加分析中使用位移约束。

提示：不允许有非零位移约束；对称边界条件只产生对称的振型，所以将会丢失一些振型；施加必需的约束来模拟实际的固定情况；在没有施加约束的方向上将计算刚体振型。

(4) 求解，通常采用一个载荷步。

为了研究不同位移约束的效果，可以采用多载荷步(例如，对称边界条件采用一个载荷步，反对称边界条件采用另一个载荷步)。

(5) 结果处理。

提取所需要的分析结果，并且对结果进行相关的评价，指导实际的工程、科研应用。

5.3　机箱的模态分析实例

模态分析用于确定机箱的固有频率，可以使设计者在设计时避开这些频率或者最大限度地减少对这些频率上的激励，从而消除过度振动和噪声，本案例提供模态分析的基本步骤与方法，分析结果可以为机箱的设计提供重要的参数。

5.3.1　问题描述

如图 5-2 所示的机箱模型，机箱底部面受到固定约束，材料为铝，密度为 2700 kg/m³，弹性模量为 70 000 MPa，泊松比为 0.33，加强板与箱体采用绑定约束，求该机箱的前 30 阶频率和振型。

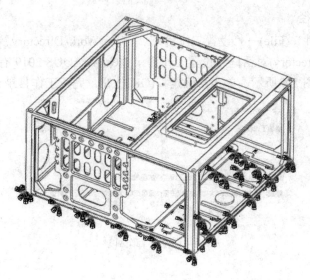

图 5-2　机箱模型

5.3.2　创建部件

双击桌面启动图标，打开 ABAQUS/CAE 的启动界面，如图 5-3 所示，单击"采用 Standard/Explicit 模型"(With Standard/Explicit Model)按钮，创建一个 ABAQUS/CAE 的模型数据库，随即进入"部件"(Part)功能模块。

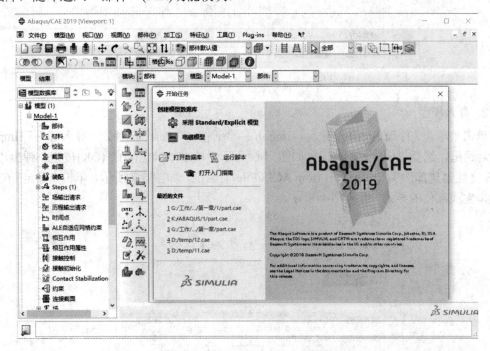

图 5-3　ABAQUS/CAE 启动界面

1. 设置工作路径

单击菜单"文件"(File)→"设置工作目录…"(Set Work Directory...)，弹出"设置工作目录"(Set Work Directory)对话框，设置工作目录"G:/ABAQUS 2019 有限元分析工程实例教程/案例 5"，如图 5-4 所示，单击"确定"(OK)按钮，完成工作目录设置。

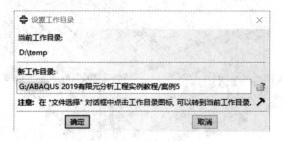

图 5-4　设置工作目录

2. 保存文件

单击菜单"文件"(File)→"保存(S)"(Save)，弹出"模型数据库另存为"(Save Model Database As)对话框，输入文件名"fsjjmold"，如图 5-5 所示，单击"确定(O)"(OK)按钮，完成文件保存。

图 5-5　"模型数据库另存为"对话框

3. 导入模型

单击菜单"文件"(File)→"导入"(Import)→"部件…"(Part...)，弹出"导入部件"(Import Part)对话框，选择"fsjjmold.sat"，如图 5-6 所示。单击"确定(O)"(OK)按钮，弹出"从 ACIS 文件创建部件"(Create Part from ACIS File)对话框，如图 5-7 所示，单击"确定"(OK)按钮，完成部件的导入，如图 5-8 所示。

图 5-6　"导入部件"对话框

图 5-7　"从 ACIS 文件创建部件"对话框

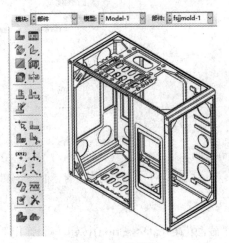

图 5-8　部件模型

5.3.3　创建材料和截面属性

在环境栏的"模块"(Module)列表中选择"属性"(Property)，进入"属性"(Property)功能模块。

1. 定义材料属性

单击工具箱区的"创建材料"(Create Material)按钮 ，弹出"编辑材料"(Edit Material)对话框。在"名称"(Name)框中输入"Material-AL"，单击"通用(G)"(General)→"密度"(Density)命令，在"数据"(Data)框内输入"质量密度"(Mass Density)为"2.7e-9"，如图 5-9(a)所示。在"材料行为"(Material Behaviors)中选择"力学"(Mechanical)→"弹性"(Elasticity)→"弹性"(Elastic)命令。在"数据"(Data)框内输入"杨氏模量"(Young's Modulus)为"70000"，"泊松比"(Poisson's ratio)为"0.33"，如图 5-9(b)所示，单击"确定"(OK)按钮，完成材料

的创建。

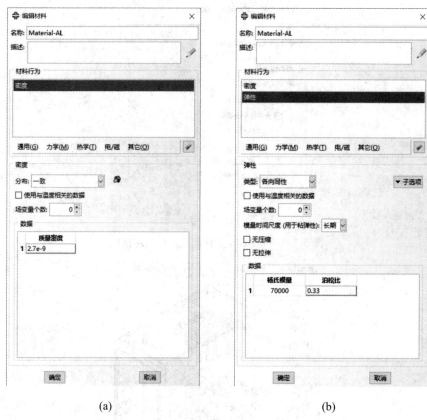

(a)　　　　　　　　　　　　　　　　(b)

图 5-9　"编辑材料"对话框

2. 创建截面

　　单击工具箱区的"创建截面"(Create Section)按钮 ，弹出"创建截面"(Create Section)对话框。在"名称"(Name)框中输入"AL"，如图 5-10 所示，单击"继续..."(Continue...)按钮，弹出"编辑截面"(Edit Section)对话框，在"材料"(Material)中选择"Material-AL"，如图 5-11 所示。单击"确定"(OK)按钮，完成截面的创建。

图 5-10　"创建截面"对话框　　　　图 5-11　"编辑截面"对话框

3. 指派截面

(1) 在部件选项栏内选择"fsjjmold-1"切换显示箱体模型，如图 5-12 所示。单击工具箱区的"指派截面"(Assign Section)按钮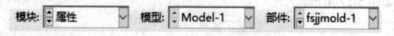，窗口底部的提示区信息变为"选择要指派截面的区域"(Select the Regions to be Assigned a Section)，鼠标左键选择箱体模型，如图 5-13 所示。在视图区单击鼠标中键，弹出"编辑截面指派"(Edit Section Assignment)对话框(1)，设置如图 5-14 所示，单击"确定"(OK)按钮，完成箱体截面指派。

模块: 属性　　模型: Model-1　　部件: fsjjmold-1

图 5-12　"部件"选项设置

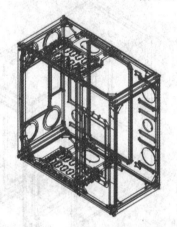

图 5-13　显示选择箱体模型　　　图 5-14　"编辑截面指派"对话框(1)

(2) 在部件选项栏内选择"fsjjmold-2"切换显示加强板模型，单击工具箱区的"指派截面"(Assign Section)按钮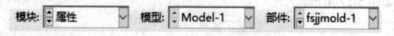，窗口底部的提示区信息变为"选择要指派截面的区域"(Select the Regions to be Assigned a Section)，选择加强板模型，如图 5-15 所示。在视图区单击鼠标中键，弹出"编辑截面指派"(Edit Section Assignment)对话框，设置如图 5-14 所示，单击"确定"(OK)按钮，完成加强板截面指派。

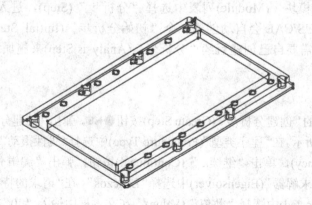

图 5-15　显示选择加强板模型

5.3.4　装配部件

在环境栏的"模块"(Module)列表中选择"装配"(Assembly)，进入"装配"(Assembly)功能模块。单击工具箱区的"创建实例"(Create Instance)按钮 ，弹出"创建实例"对话框，如图 5-16 所示，选择"fsjjmold-1、fsjjmold -2"，在"实例类型"(Instance Type)中选择"非独立(网格在部件上)"(Dependent(Mesh on Part))，单击"确定"(OK)按钮，完成部件的实例化，如图 5-17 所示。

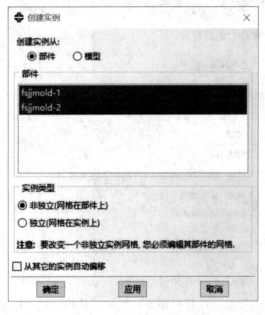

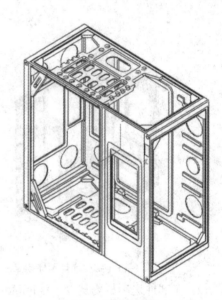

图 5-16　"创建实例"对话框　　　　　图 5-17　部件实例化

5.3.5　设置分析步和输出变量

在环境栏的"模块"(Module)列表中选择"分析步"(Step)，进入"分析步"(Step)功能模块。ABAQUS/CAE 会自动创建一个"初始分析步"(Initial Step)，可以在其中施加边界条件，用户需要自己创建后续"分析步"(Analysis Step)来施加载荷，具体操作步骤如下：

1. 定义分析步

单击工具箱区的"创建分析步"(Create Step)按钮 ，弹出"创建分析步"(Create Step)对话框，如图 5-18 所示。在"程序类型"(Procedure Type)中选择"线性摄动"(Linear Perturbation)→"频率"(Frequency)，单击"继续..."(Continue...)按钮，弹出"编辑分析步"(Edit Step)对话框，在"特征值求解器"(Eigensolver)中选择"Lanczos"，在"请求的特征值个数"(Number of Eigenvalues Requested)中选择"数值"(Value)，在文本框中输入"30"，其它选项接受默认设置，如图 5-19 所示，单击"确定"(OK)按钮，完成分析步的定义。

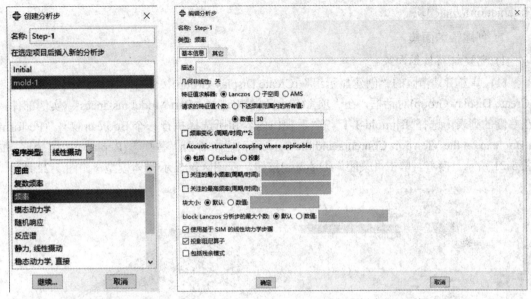

图 5-18　"创建分析步"对话框　　　　　图 5-19　"编辑分析步"对话框

2. 设置变量输出

单击工具箱区的"场输出管理器"(Field Output Manager)按钮 ，弹出"场输出请求管理器"(Field Output Requests Manager)对话框，可以看到 ABAQUS/CAE 已经自动生成了一个名为"F-Output-1"的历史输出变量，如图 5-20 所示。

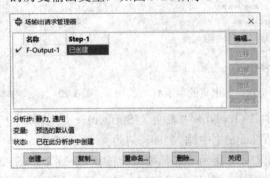

图 5-20　"场输出请求管理器"对话框

单击"编辑..."(Edit...)按钮，在弹出的"编辑场输出请求"(Edit Field Output Request)对话框中，可以增加或者减少某些量的输出，返回"场输出请求管理器"(Field Output Requests Manager)，单击"关闭"(Dismiss)按钮，完成输出变量的定义。用同样的方法，也可以对历史变量进行设置。本例中采用默认的历史变量输出要求，单击"关闭"(Dismiss)按钮，关闭管理器。

5.3.6　定义接触

在环境栏的"模块"(Module)列表中选择"相互作用"(Interaction)，进入"相互作用"

(Interaction)功能模块。

1. 创建接触面集

1) 创建机箱接触面集

(1) 单击工具箱区的"创建显示组"(Create Display Group)按钮 ，弹出"创建显示组"(Create Display Group)对话框，在"项"(Item)列表内选择"Part/Model instances"(实例部件)，在右侧的列表内选择"fsjjmold-1-1"，在"对视口内容和所选择执行一个 Boolean 操作"(Perform a Boolean on the Viewport Contents and the Selection)栏中单击"替换"(Replace)按钮 ，如图 5-21 所示。接着，单击"关闭"(Dismiss)按钮，视图区仅显示箱体模型，如图 5-22 所示。

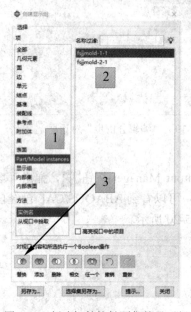
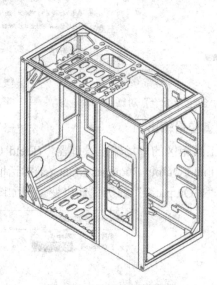

图 5-21　创建机箱接触面集的显示组　　　　图 5-22　显示箱体模型

(2) 单击菜单"工具"(Tools)→"表面"(Surface)→"创建..."(Creates...)，弹出"创建表面"对话框，在"名称"(Name)框中输入"fsjj-x-1"，如图 5-23 所示。单击"继续..."(Continue...)按钮，窗口底部的提示区信息变为"选择要创建的区域-逐个"(Select the Regions for the Surface-individually)，选择接触表面(按住 Shift 键选择多个面)，如图 5-24 所示，在视图区单击鼠标中键，完成机箱接触面集的定义。

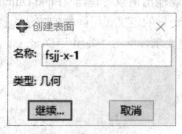
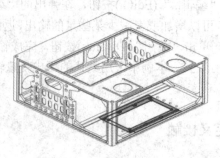

图 5-23　输入"fsjj-x-1"　　　　　　　图 5-24　选择机箱接触表面

2) 创建加强板接触面集

(1) 单击工具箱区的"创建显示组"(Create Display Group)按钮，弹出"创建显示组"(Create Display Group)对话框，在"项"(Item)列表内选择"Part/Model instances"(实例部件)，在右侧的列表内选择"fsjjmold-2-1"，在"对视口内容和所选择执行一个 Boolean 操作"(Perform a Boolean on the Viewport Contents and the Selection)栏中单击"替换"(Replace)按钮，如图 5-25 所示。单击"关闭"(Dismiss)按钮，视图区仅显示加强板模型，如图 5-26所示。

图 5-25　创建加强板接触面集的显示组　　　　图 5-26　显示加强板模型

(2) 单击菜单"工具"(Tools)→"表面"(Surface)→"创建... "(Creates...)，弹出"创建表面"对话框，在"名称"(Name)框中输入"xjqb-s-1"，如图 5-27 所示。单击"继续..."(Continue...)按钮，窗口底部的提示区信息变为"选择要创建的区域-逐个"(Select the Regions for the Surface-individually)，选择接触表面(按住 Shift 键选择多个面)，如图 5-28 所示，在视图区单击鼠标中键，完成加强板接触面集的定义。

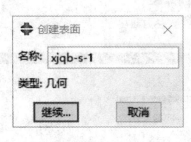

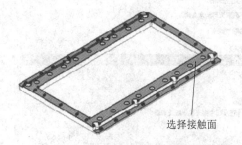

选择接触面

图 5-27　输入"xjqb-s-1"　　　　　　图 5-28　选择加强板接触表面

2. 创建耦合约束

单击工具条中的"全部替换"(Replace All)按钮 ⚪，显示所有部件，如图 5-29 所示。

单击工具箱区的"创建约束"(Create Constraint)按钮 ◀，弹出"创建约束"(Create Constraint)对话框，在"名称"(Name)框中输入"Constraint -1"，在"类型"(Type)列表内选择"绑定"(Tie)，如图 5-30 所示，然后单击"继续..."(Continue...)按钮。

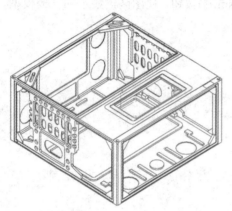

图 5-29　显示所有部件　　　　　　　　图 5-30　"创建约束"对话框

此时窗口底部的提示区信息变为"选择主表面类型：表面或结点区域"(Choose the Master Type：Surface or Node Region)，如图 5-31 所示。单击"表面..."(Surface...)按钮，接着在窗口底部的提示信息区中也单击"表面..."(Surface...)按钮，弹出"区域选择"(Region Selection)对话框，选择"fsjj-x-1"，如图 5-32 所示。单击"继续..."(Continue...)按钮，在窗口底部的提示信息区中单击"表面"(Surface)按钮，弹出"区域选择"(Region Selection)对话框，选择"xjqb-s-1"，如图 5-33 所示。单击"继续..."(Continue...)按钮，弹出"编辑约束"(Edit Constraint)对话框，如图 5-34 所示，单击"确定"(OK)按钮，完成绑定约束，如图5-35 所示。

图 5-31　窗口底部信息栏

图 5-32　选择"fsjj-x-1"　　　　　　　图 5-33　选择"xjqb-s-1"

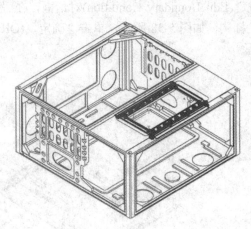

图 5-34　"编辑约束"对话框　　　　　　图 5-35　创建绑定约束

5.3.7　定义载荷和边界条件

在环境栏的"模块"(Module)列表中选择"载荷"(Load)功能模块。本例只需要定义"边界条件"(Boundary Condition)即可。

(1) 单击工具箱区的显示所有图标 ◯，显示所有零件。单击工具箱区的"创建边界条件"(Create Boundary Condition)按钮 ，弹出"创建边界条件"(Create Boundary Condition)对话框，在"名称"(Name)框中输入"BC-1"，在"分析步"(Step)中选择"Initial"，在"可用于所选分析步的类型"(Types for Selected Step)列表内选择"位移/转角"(Displacement/Rotation)，如图 5-36 所示。

图 5-36　"创建边界条件"对话框

(2) 单击"继续..."(Continue...)按钮，窗口底部的提示区信息变为"选择要施加边界条件的区域"(Select Regions for the Boundary Condition)，按住 Shift 键选择箱体底面，

ABAQUS/CAE 高亮显示选中的平面，如图 5-37 所示。在视图区中单击鼠标中键，弹出"编辑边界条件"(Edit Boundary Condition)对话框，在"U1、U2、U3、UR1、UR2、UR3"前面的方框中打钩，如图 5-38 所示，单击"确定"(OK)按钮，完成固定边界条件的约束，如图 5-39 所示。

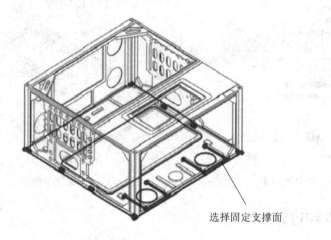

选择固定支撑面

图 5-37   选择固定支撑面

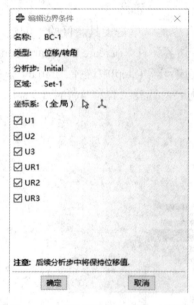
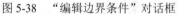

图 5-38   "编辑边界条件"对话框

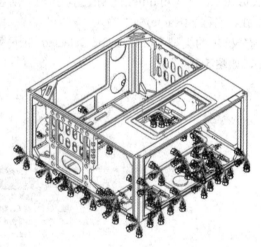

图 5-39   创建固定约束

5.3.8 划分网格

在环境栏的"模块"(Module)列表中选择"网格"(Mesh)，进入"网格"(Mesh)功能模块。

1. 箱体划分网格

由于本章的装配件由非独立实体构成，开始网格划分操作之前，需要将环境栏的"对象"(Object)选择为"部件"(Part)，并在"部件"(Part)列表中选择"fsjjmold-1"，如图 5-40 所示。

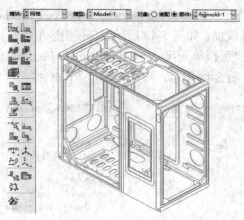

图 5-40　箱体模型

1) 指定单元类型

单击工具箱区的"指派单元类型"(Assign Element Type)按钮，选择模型，单击鼠标中键，弹出"单元类型"(Element Type)对话框，在"单元库"(Element Library)中选择"Standard"(标准)，在"族"(Family)中选择"三维应力"(3D Stress)，在"几何阶次"(Geometric Order)中选择"二次"(Quadratic)，其余选项接受默认设置，如图 5-41 所示，单元类型为"C3D10"，即十结点二次四面体单元。单击"确定"(OK)按钮，完成单元类型的指派。

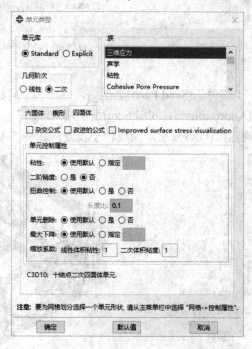

图 5-41　"单元类型"对话框

2) 局部撒种子

单击工具箱区的"为边布种"(Seed Edges)按钮 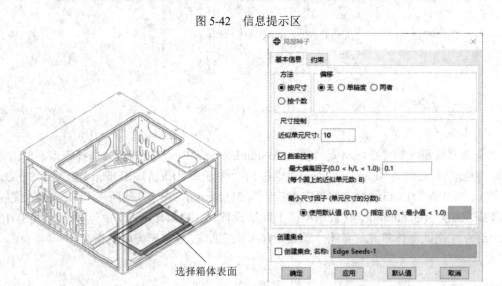，窗口底部的提示区信息变为"选择要布置局部种子的区域-逐个"(Select the Regions to be Assigned Local Seeds-Individually)，如图 5-42 所示。选择箱体表面，如图 5-43 所示，在视图区单击鼠标中键，弹出"局部种子"(Local Seeds)对话框，在"近似单元尺寸"(Approximate Element Size)框中输入"10"，其余选项接受默认设置，如图 5-44 所示，单击"确定"(OK)按钮，完成种子设置。

图 5-42　信息提示区

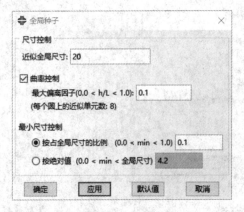

图 5-43　选择箱体表面

图 5-44　完成箱体划分网格的局部撒种子设置

3) 全局撒种子

单击工具箱区的"种子部件"(Seed Part)按钮 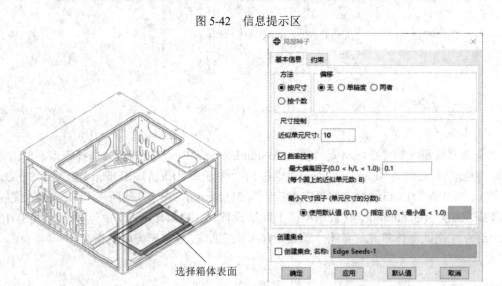，弹出"全局种子"(Global Seeds)对话框，在"近似全局尺寸"(Approximate Global Size)框中输入"20"，其余选项接受默认设置，如图 5-45 所示，单击"确定"(OK)按钮，完成种子设置，如图 5-46 所示。

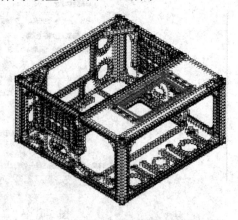

图 5-45　完成箱体划分网格的全局撒种子设置

图 5-46　箱体划分网格种子设置完成

4) 指派网格控制属性

单击工具箱区的"指派网格控制属性"(Assign Mesh Controls)按钮，在视图区选择模型，单击鼠标中键，弹出"网格控制属性"(Mesh Controls)对话框，在"单元形状"(Element Shape)选项里选择"四面体"(Tet)，在"算法"(Algorithm)中选择"使用默认算法"(Use Default Algorithm)，如图 5-47 所示，单击"确定"(OK)按钮，完成网格属性指派。

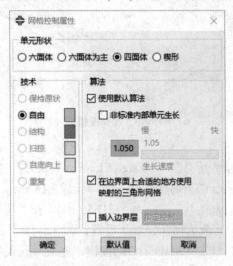

图 5-47　"网格控制属性"对话框

5) 划分网格

单击工具箱区的"为部件划分网格"(Mesh Part)按钮，窗口底部的提示区信息变为"要为部件划分网格吗？"(OK to Mesh the Part?)，在视图区单击鼠标中键，或直接单击窗口底部提示区的"是"(Yes)按钮，得到如图 5-48 所示的网格。信息区显示"75270 个单元已创建到部件：fsjjmold-1"。

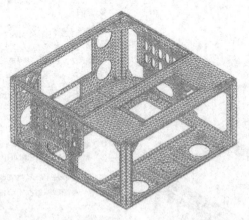

图 5-48　箱体划分网格后的模型图

2. 加强板划分网格

将环境栏的"对象"(Object)选择为"部件"(Part)，并在"部件"(Part)列表中选择

"fsjjmold-2"加强板，如图 5-49 所示。

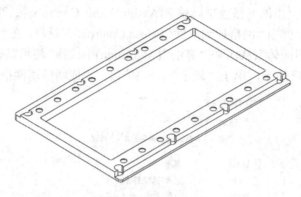

图 5-49　加强板模型

1) 指定单元类型

单击工具箱区的"指派单元类型"(Assign Element Type)按钮，选择模型，单击鼠标中键，弹出"单元类型"(Element Type)对话框，在"单元库"(Element Library)中选择"Standard"(标准)，在"族"(Family)中选择"三维应力"(3D Stress)，在"几何阶次"(Geometric Order)中选择"二次"(Quadratic)，其余选项接受默认设置，如图 5-41 所示，单元类型为"C3D10"，即十结点二次四面体单元。单击"确定"(OK)按钮，完成单元类型的指派。

2) 局部撒种子

单击工具箱区的"为边布种"(Seed Edges)按钮，窗口底部的提示区信息变为"选择要布置局部种子的区域-逐个"(Select the Regions to be Assigned Local Seeds-Individually)，如图 5-42 所示。选择加强板表面，如图 5-50 所示，在视图区域单击鼠标中键，弹出"局部种子"(Local Seeds)对话框，在"近似单元尺寸"(Approximate Element Size)中输入"10"，其余选项接受默认设置，如图 5-51 所示，单击"确定"(OK)按钮，完成种子设置。

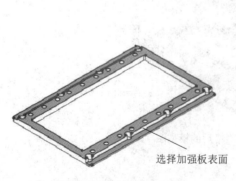

选择加强板表面

图 5-50　选择加强板表面

图 5-51　完成加强板划分网格的局部撒种子设置

3) 全局撒种子

单击工具箱区的"种子部件"(Seed Part)按钮 ，弹出"全局种子"(Global Seeds)对话框，在"近似全局尺寸"(Approximate Global Size)中输入"20"，其余选项接受默认设置，如图 5-52 所示，单击"确定"(OK)按钮，完成种子设置，如图 5-53 所示。

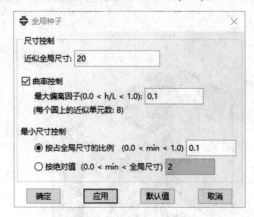

图 5-52　完成加强板划分网格的全局撒种子设置　　　　图 5-53　加强板划分网格种子设置完成

4) 指派网格控制属性

单击工具箱区的"指派网格控制属性"(Assign Mesh Controls)按钮 ，在视图区选择模型，单击鼠标中键，弹出"网格控制属性"(Mesh Controls)对话框，在"单元形状"(Element Shape)选项里选择"四面体"(Tet)，在"算法"(Algorithm)中选择"使用默认算法"(Use Default Algorithm)，如图 5-47 所示，单击"确定"(OK)按钮，完成网格属性指派。

5) 划分网格

单击工具箱区的"为部件划分网格"(Mesh Part)按钮 ，窗口底部的提示区信息变为"要为部件划分网格吗？"(OK to Mesh the Part ?)，在视图区中单击鼠标中键，或直接单击窗口底部提示区的"是"(Yes)按钮，得到如图 5-54 所示的网格。信息区显示"10541 个单元已创建到部件：fsjjmold-2"。

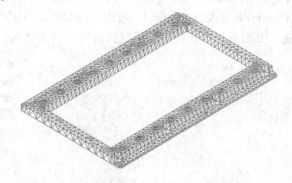

图 5-54　加强板划分网格后的模型图

3. 检查网格

将"对象"(Object)选择切换到"装配"(Assembly)，单击工具箱区的"检查网格"(Verify

Mesh)按钮 ，窗口底部的提示区信息变为"选择待检查的区域按部件"(Select the Regions to Verify by Part)，选择全部模型，在视图区单击鼠标中键，或直接单击窗口底部提示区的"完成"(Done)按钮。弹出"检查网格"(Verify Mesh)对话框，如图 5-55 所示。在"检查网格"(Verify Mesh)对话框中选择"形状检查"(Shape Metrics)，单击"高亮"(Highlight)按钮，模型显示不同颜色，如图 5-56 所示。

图 5-55　"检查网格"对话框

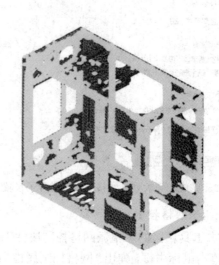

图 5-56　网格质量显示

5.3.9　提交分析作业

在环境栏的"模块"(Module)列表中选择"作业"(Job)，进入"作业"(Job)功能模块。

1.　创建分析作业

单击工具箱区的"作业管理器"(Job Manager)按钮，弹出"作业管理器"(Job Manager)对话框，如图 5-57 所示。在管理器中单击"创建..."(Create...)按钮，弹出"创建作业"(Create Job)对话框，在"名称"(Name)中输入"fsjjmold-1"，如图 5-58 所示。单击"继续..."(Continue...)按钮，弹出"编辑作业"(Edit Job)对话框，采用默认设置，单击"确定"(OK)按钮。

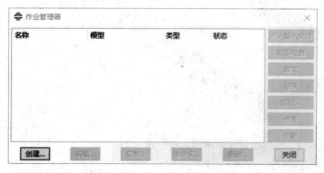

图 5-57　"作业管理器"对话框

图 5-58　"创建作业"对话框

2. 进行数据检查

单击"作业管理器"(Job Manager)的"数据检查"(Data Check)按钮，提交数据检查。数据检查完成后，管理器的"状态"(Status)栏显示为"检查已完成"(Completed)，如图 5-59 所示。

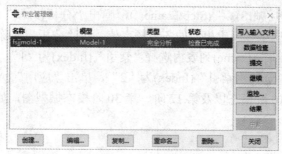

图 5-59　进行数据检查

3. 提交分析

单击"作业管理器"(Job Manager)中的"提交"(Submit)按钮，对话框的"状态"(Status)提示依次变为 Submitted，Running 和 Completed，这表明对模型的分析已经完成。单击此对话框的"结果"(Results)按钮，自动进入"可视化"(Visualization)模块。

信息区显示：

作业输入文件"fsjjmold-1.inp"已经提交分析。

Job fsjjmold -1: Analysis Input File Processor completed successfully.

Job fsjjmold: Abaqus/Standard completed successfully.

Job fsjjmold completed successfully.

单击工具栏的"保存数据模型库"(Save Model Database)按钮 保存模型。

5.3.10　后处理

单击作业管理器的"结果"(Results)，ABAQUS/CAE 随即进入"可视化"(Visualization)功能模块，视图区显示出模型未变形时的轮廓图，如图 5-60 所示。

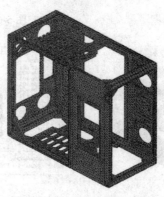

图 5-60　机箱未变形轮廓图

1. 彩色云图显示结果

单击工具箱区的"在变形图上绘制云图"(Plot Contours On Defromed Shape)按钮 ，以彩色云图显示结果。选择菜单"结果"→"场输出"(Result→Field Output)命令，弹出"场输出"(Field Output)对话框，如图 5-61 所示，单击"确定"(OK)按钮。接着，单击菜单"结果"(Result)→"分析步/帧(S)..."(Step/Frame...)，弹出"分析步/帧"(Step/Frame)对话框，如图 5-62 所示。对话框中显示出模型的各阶频率值，在"分析步名称"(Step Name)列表内选择"mold-1"，在"帧"(Frame)列表内选择"索引"(Index)为"1"，单击"应用"(Apply)按钮，显示一阶模态，选择"索引"(Index)为"2"，单击"应用"(Apply)按钮，显示二阶模态，显示模型的前 10 阶模态以及第 12 阶、第 30 阶模态振型图，如图 5-63 所示。

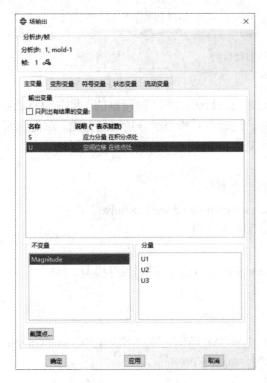

图 5-61　"场输出"对话框

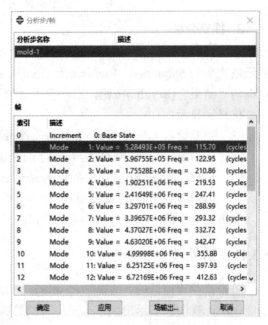

图 5-62　"分析步/帧"对话框

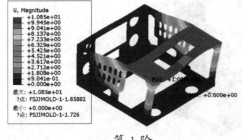

第 1 阶

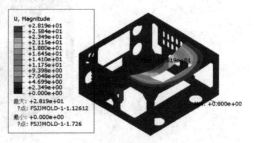

第 2 阶

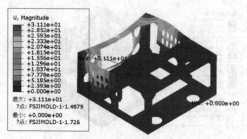

第 3 阶

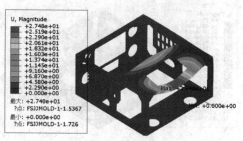

第 4 阶

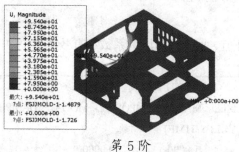

第 5 阶

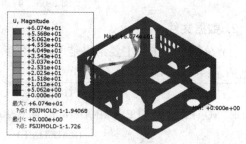

第 6 阶

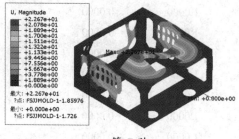

第 7 阶

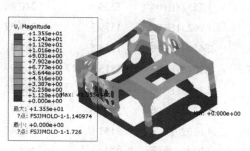

第 8 阶

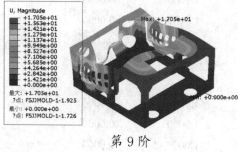

第 9 阶

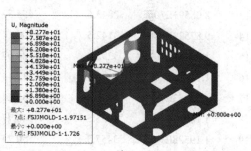

第 10 阶

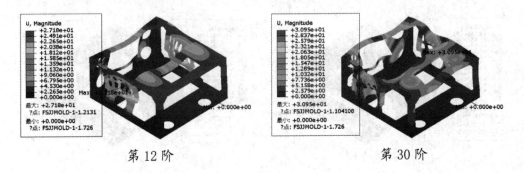

第 12 阶   第 30 阶

图 5-63   前 30 阶部分振型图

2. 数据文件

(1) 分析步骤 1 的主要结果是所提取的特征值、振型参与比例系数和有效质量，如以下数据所示：

MODE NO	EIGENVALUE	FREQUENCY (RAD/TIME)	GENERALIZED MASS (CYCLES/TIME)	COMPOSITE MODAL DAMPING	
1	5.28493E+05	726.98	115.70	1.0000	0.0000
2	5.96755E+05	772.50	122.95	1.0000	0.0000
3	1.75528E+06	1324.9	210.86	1.0000	0.0000
4	1.90251E+06	1379.3	219.53	1.0000	0.0000
5	2.41649E+06	1554.5	247.41	1.0000	0.0000
6	3.29701E+06	1815.8	288.99	1.0000	0.0000
7	3.39657E+06	1843.0	293.32	1.0000	0.0000
8	4.37027E+06	2090.5	332.72	1.0000	0.0000
9	4.63020E+06	2151.8	342.47	1.0000	0.0000
10	4.99998E+06	2236.1	355.88	1.0000	0.0000
11	6.25125E+06	2500.2	397.93	1.0000	0.0000
12	6.72169E+06	2592.6	412.63	1.0000	0.0000
13	8.05591E+06	2843.6	452.57	1.0000	0.0000
14	9.87522E+06	3142.5	500.14	1.0000	0.0000
15	1.08427E+07	3292.8	524.07	1.0000	0.0000
16	1.11918E+07	3345.4	532.44	1.0000	0.0000
17	1.12253E+07	3350.4	533.24	1.0000	0.0000
18	1.18024E+07	3435.5	546.77	1.0000	0.0000
19	1.19528E+07	3457.3	550.24	1.0000	0.0000
20	1.36070E+07	3688.8	587.09	1.0000	0.0000
21	1.53546E+07	3918.5	623.65	1.0000	0.0000

E I G E N V A L U E   O U T P U T

22	1.91843E+07	4380.0	697.10	1.0000	0.0000
23	1.99593E+07	4467.6	711.04	1.0000	0.0000
24	2.12663E+07	4611.5	733.95	1.0000	0.0000
25	2.28494E+07	4780.1	760.78	1.0000	0.0000
26	2.41646E+07	4915.8	782.37	1.0000	0.0000
27	2.56431E+07	5063.9	805.95	1.0000	0.0000
28	2.58298E+07	5082.3	808.87	1.0000	0.0000
29	2.91966E+07	5403.4	859.98	1.0000	0.0000
30	3.02298E+07	5498.2	875.06	1.0000	0.0000

(2) 振型参与系数表反映了振型主要在哪个自由度上起作用。例如第 1 阶第 2 方向和第 6 方向起作用，如以下数据所示：

PARTICIPATION FACTORS

MODE NO	X-COMPONENT	Y-COMPONENT	Z-COMPONENT	X-ROTATION	Y-ROTATION	Z-ROTATION
1	1.39939E-05	0.109 62	3.76059E-05	-16.558	1.15992E-02	21.407
2	5.37122E-03	1.49661E-04	-5.88616E-02	1.4328	10.934	0.173 64
3	6.99199E-02	-5.75360E-05	1.48567E-03	-3.42579E-02	9.6229	1.7774
4	-4.68718E-03	-1.08605E-04	-3.71239E-02	0.913 99	14.941	-0.143 74
5	9.54880E-03	2.64709E-04	1.04157E-03	-6.30407E-02	-5.6348	-0.26800
6	-2.70152E-04	-2.65738E-02	-8.06859E-05	5.0799	-0.12086	0.45472
7	7.71966E-04	3.29348E-02	2.41998E-05	-12.883	9.91465E-02	-8.7196
8	-0.11405	-1.49383E-03	3.27063E-04	-7.62354E-02	-20.966	-2.5747
9	3.36914E-03	-6.81081E-02	-8.72133E-06	4.3287	0.62235	24.123
10	1.13766E-02	7.60672E-04	-4.40724E-03	3.42574E-02	2.1309	0.10810
11	3.46068E-04	6.16534E-03	-2.77019E-05	-3.9200	6.35783E-02	40.380
12	-3.32552E-02	-8.09304E-04	1.64725E-03	0.44426	-6.8539	1.3538
13	6.78459E-04	-1.78137E-02	-6.35993E-05	11.250	0.18190	26.863
14	5.27468E-03	9.32801E-04	1.18062E-02	-0.14195	-1.3487	-1.2139
15	3.84752E-04	-2.39475E-03	5.34231E-04	-5.7186	-0.53670	15.845
16	-1.03091E-03	8.53322E-03	2.11814E-02	-4.1333	8.3411	2.4405
17	1.23604E-03	6.20036E-03	-3.13298E-02	-1.6394	-11.977	1.3673
18	3.86149E-03	-1.05457E-02	7.15877E-03	2.0648	-2.0040	2.0085
19	5.48229E-03	7.00848E-03	1.15112E-02	-1.6162	-2.2305	-1.4322
20	4.43763E-04	3.35391E-02	-1.41770E-04	-1.0887	-7.69023E-02	-12.085
21	1.15270E-02	-9.12374E-04	-5.60021E-03	0.13057	-1.1343	0.56872
22	-2.39620E-03	2.59362E-04	-6.61581E-03	0.13230	-2.2279	9.07219E-02
23	-5.52579E-03	1.01121E-04	-9.27596E-03	0.19181	-2.3572	-2.36540E-03
24	6.40531E-05	5.05313E-03	4.91772E-04	-0.87657	0.15740	6.2021

25	2.25955E-04	-7.64750E-04	1.88085E-05	-2.5519	4.49499E-03	3.1615
26	-3.26714E-04	-3.73616E-03	-1.73243E-04	-3.2528	-2.51800E-03	2.6913
27	5.88799E-03	-2.68826E-04	1.55021E-04	-0.340 08	-0.26380	-0.108 27
28	-4.38329E-04	-2.74131E-03	-1.93342E-04	-3.3767	7.11439E-02	-5.5547
29	-8.45888E-04	1.68608E-05	-2.41050E-02	0.623 75	6.2371	2.93084E-02
30	4.61030E-04	-6.42098E-03	-4.74025E-04	-0.104 20	9.04749E-02	-0.776 64

(3) 总体模型有效质量, 如以下数据所示:

TOTAL MASS OF MODEL	3.3634698E-02

有效质量表反映了任一个模态在每个自由度上所激活的质量的大小。从中可以看出,在方向 2 上具有显著质量的第 1 个模态是第 1 阶。该方向上总的模态有效质量为 1.20157E-2(单位是吨), 而模型给出的总重量为 3.3634698E-02(吨)。模态 1 与显著的质量作用如以下数据所示:

EFFECTIVE MASS					
MODE NO X-COMPONENT	Y-COMPONENT	Z-COMPONENT	X-ROTATION	Y-ROTATION	Z-ROTATION
1　1.95829E-10	1.20157E-02	1.41420E-09	274.18	1.34541E-04	458.27
2　2.88500E-05	2.23984E-08	3.46468E-03	2.0530	119.56	3.01515E-02
3　4.88879E-03	3.31039E-09	2.20722E-06	1.17360E-03	92.600	3.1591
4　2.19697E-05	1.17949E-08	1.37818E-03	0.835 38	223.24	2.06603E-02
5　9.11796E-05	7.00709E-08	1.08487E-06	3.97413E-03	31.751	7.18214E-02
6　7.29822E-08	7.06164E-04	6.51022E-09	25.805	1.46059E-02	0.206 77
7　5.95931E-07	1.08470E-03	5.85630E-10	165.97	9.83003E-03	76.032
8　1.30078E-02	2.23153E-06	1.06970E-07	5.81184E-03	439.55	6.6293
9　1.13511E-05	4.63871E-03	7.60615E-11	18.737	0.387 32	581.92
10　1.29426E-04	5.78622E-07	1.94237E-05	1.17357E-03	4.5409	1.16858E-02
11　1.19763E-07	3.80114E-05	7.67393E-10	15.367	4.04220E-03	1630.5
12　1.10591E-03	6.54973E-07	2.71345E-06	0.197 37	46.976	1.8328
13　4.60306E-07	3.17328E-04	4.04487E-09	126.57	3.30891E-02	721.61
14　2.78222E-05	8.70118E-07	1.39387E-04	2.01485E-02	1.8191	1.4736
15　1.48034E-07	5.73484E-06	2.85403E-07	32.702	0.288 04	251.07
16　1.06277E-06	7.28158E-05	4.48651E-04	17.084	69.575	5.9559
17　1.52779E-06	3.84445E-05	9.81557E-04	2.6875	143.45	1.8695
18　1.49111E-05	1.11211E-04	5.12480E-05	4.2633	4.0159	4.0339
19　3.00555E-05	4.91188E-05	1.32509E-04	2.6121	4.9752	2.0512
20　1.96926E-07	1.12487E-03	2.00988E-08	1.1853	5.91396E-03	146.06
21　1.32871E-04	8.32427E-07	3.13623E-05	1.70473E-02	1.2866	0.323 44
22　5.74177E-06	6.72689E-08	4.37690E-05	1.75044E-02	4.9636	8.23046E-03
23　3.05344E-05	1.02255E-08	8.60435E-05	3.67900E-02	5.5566	5.59512E-06

24	4.10279E-09	2.55341E-05	2.41840E-07	0.768 38	2.47759E-02	38.466
25	5.10555E-08	5.84842E-07	3.53760E-10	6.5121	2.02049E-05	9.9949
26	1.06742E-07	1.39589E-05	3.00133E-08	10.581	6.34033E-06	7.2429
27	3.46684E-05	7.22673E-08	2.40315E-07	0.115 65	6.95920E-02	1.17229E-02
28	1.92132E-07	7.51476E-06	3.73810E-08	11.402	5.06146E-03	30.855
29	7.15526E-07	2.84287E-10	5.81052E-04	0.38907	38.901	8.58982E-04
30	2.12549E-07	4.12290E-05	2.24699E-07	1.08566E-02	8.18570E-03	0.603 17
TOTAL	1.95673E-02	2.02970E-02	7.36486E-03	720.14	1233.6	3980.3

选择菜单"动画"(Animate)→"时间历程"(Time History)命令，可以动画形式显示模型振动情况。

3. 结果分析

从模型的振型图可以看出，当其振动频率达到其固有频率时，其振动幅度远远超过其允许的位移量，这将直接导致结构的破坏。所以对结构进行模态分析，尤其是分析其各阶频率和振型时，可以在实际应用中有效避免使结构长期处于共振频率下工作，从而避免结构的破坏。

5.3.11　退出 ABAQUS/CAE

至此，对此例题的完整分析过程已经完成。单击窗口顶部工具栏的"保存模型数据库"(Save Model Database)按钮███，保存最终的模型数据库。然后即可跟所有 Windows 程序一样单击窗口右上角的按钮✕，或者在主菜单中选择"文件"(File)→"退出"(Exit)，退出 ABAQUS/CAE。

本 章 小 结

如果加载时间很短，如冲击、碰撞、地震等，或者载荷性质为动态，如加工过程、来自旋转机械的载荷等，这时就必须采用动力学分析。动力学分析在现实的生产和生活中很常见，进行动态分析是 ABAQUS 的一个重要优势。本章介绍了 ABAQUS 进行动力学分析的步骤和方法，读者可了解 ABAQUS 进行动力学分析的巨大优势。

1. 动态分析的主要方法

(1) ABAQUS 中的动态分析包括两类基本方法：振型叠加法和直接积分分解法。

(2) 振型叠加法用于线性动态分析，使用 ABAQUS/Standard 来完成，其相应的分析步类型为线性摄动分析步，在建模时要定义一个频率提取分析步。

(3) 振型叠加法包括以下几种分析类型：瞬时模态动态分析、基于模态的稳态动态分析、反应谱分析、随机响应分析。

(4) 直接积分分解法主要用于非线性动态分析，它通过对系统进行直接积分来求解，包括以下分析类型：隐式动态分析、基于子空间的显式动态分析、基于直接解法的稳态动态分析、显式动态分析和基于子空间的稳态分析。

(5) 对于光滑的非线性问题，ABAQUS/Standard 更有效，而 ABAQUS/Explicit 适用于求解复杂非线性动力学问题，特别是用于模拟瞬时、短暂的动态事件，如爆炸问题。

(6) 对于复杂的接触问题，使用 ABAQUS/Standard 要进行大量的迭代，有时甚至可能难以收敛，而使用 ABAUQS/Explicit 就可以大大缩短计算时间。

2. 机箱的振动模态分析实例

实例主要介绍了 ABAQUS 的以下功能：

(1) "属性"(Property)功能模块：定义材料的密度。

(2) "分析步"(Step)功能模块：定义频率提取分析步。

(3) "可视化"(Visualization)功能模块：查看各阶固有频率和振型。

习　　　题

导入文件：\习题\5-1.step 文件，如图 5-64 所示。机架底面受到固定约束，材料为铝，密度为 2700 kg/m³，弹性模量为 70 000 MPa，泊松比为 0.3，其余无约束，求机架的前 30 阶频率和振型。

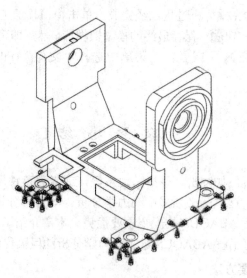

图 5-64　发射机架模型

第 6 章　汽车门内拉手接触非线性问题分析

知识要点：

- 熟悉汽车门内拉手接触分析实例
- 熟悉接触分析的一些关键问题
- 掌握非线性问题求解基本理论
- 掌握不同类型非线性问题的求解方法

本章导读：

　　前面各章介绍的实例分析均是线性分析(Linear Analysis)，在这些实例中，外载荷与系统的响应之间为线性关系。当然这种线性关系是一种理论上的理想近似。在真实的物理结构中，结构的刚度会随变形而发生改变，即"非线性分析"(Nonlinear Analysis)。被称为"国际上最先进的大型通用非线性有限元软件之一"的 ABAQUS 拥有世界最大的非线性力学用户群，并且非线性分析正是 ABAQUS 最具有优势的领域。

　　接触分析就是一种典型的非线性问题，它涉及较复杂的概念和综合技巧。本章主要介绍如何使用 ABAQUS/Standard/Explicit 分析接触问题。

6.1　非线性问题分类

　　非线性问题可以分成以下几种类型：

　　(1) 几何非线性(Geometric Nonlinearity)。即位移的大小对结构的响应发生影响，包括大转动、大位移、几何刚性化、初始应力和突然翻转(Snap Through)等问题。

　　(2) 材料非线性(Material Nonlinearity)。即材料的应力应变关系为非线性。

　　(3) 边界条件非线性(Boundary Nonlinearity)。即边界条件在分析过程中发生变化。接触问题就是一种典型的边界条件非线性问题，它的特点是边界条件不能在计算的开始就可以全部给出，而是在计算过程中确定的，接触物体之间的接触面积和压力分布随外载荷变化，此外，还可能需要考虑接触面之间的摩擦行为和接触传热。本章将重点讨论接触问题的分析模拟。

　　ABAQUS/Standard 是使用 Newton-Raphson 算法来求解非线性问题的，它把分析过程划分为一系列的载荷增量步，在每一个增量步内进行多次的迭代(Iteration)，得到合理的解后，再求解下一个增量步，所有增量响应的总和就是非线性分析的近似解。

ABAQUS/Explicit 在求解非线性问题时不需要进行迭代，而是显式地从上一个增量步的静力状态来推导出动力学平衡方程的解。ABAQUS/Explicit 的求解过程需要大量的增量步，但由于不进行迭代，不需要求解全体方程，并且它的每一个增量步的计算成本很小，可以高效地求解复杂的非线性问题。

6.2　汽车门内拉手接触分析实例

本节将在 ABAQUS/CAE 中逐步演示汽车门内拉手接触非线性问题分析实例，使读者进一步熟悉在 ABAQUS 中进行接触非线性分析的过程。

6.2.1　问题描述

本节详细讲解一个汽车门内拉手静力学接触分析实例，如图 6-1 所示。孔和底座端面受到固定约束，在手柄末端处受到集中力 F 的作用，求汽车门内拉手的 Mises 应力和位移状态。

(1) 手柄和底座材料性质：复合材料，弹性模量：2653 MPa，泊松比 $v = 0.394$。材料应力-应变属性见表 6-1。

表 6-1　手柄和底座材料应力—应变表

序号	屈服应力/MPa	塑性应变	序号	屈服应力/MPa	塑性应变
1	30	0	4	75	0.05
2	55	0.01	5	85	0.07
3	63	0.03			

(2) 转销材料性质：钢，弹性模量：205000 MPa，泊松比 $v = 0.28$。

(3) 第一工况载荷为：$F = 49\,\text{N}$。

(4) 第二工况载荷为：$F = 98\,\text{N}$。

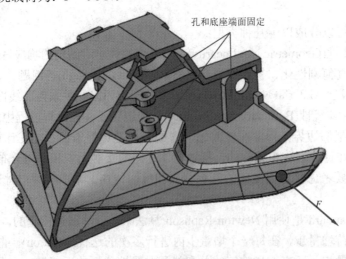

图 6-1　汽车门内拉手模型

6.2.2　创建部件

双击桌面启动图标 ，打开 ABAQUS/CAE 的启动界面，如图 6-2 所示，单击"采用 Standard/Explicit 模型"(With Standard/Explicit Model)按钮，创建一个 ABAQUS/CAE 的模型数据库，随即进入"部件"(Part)功能模块。

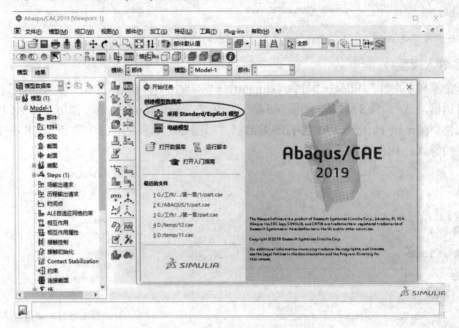

图 6-2　ABAQUS/CAE 启动界面

1. 设置工作路径

单击菜单"文件"(File)→"设置工作目录..."(Set Work directory...)，弹出"设置工作目录"(SetWork Directory)对话框，设置工作目录："G:/ABAQUS 2019 有限元分析工程实例教程/案例 6"，如图 6-3 所示，单击"确定"(OK)按钮，完成工作目录设置。

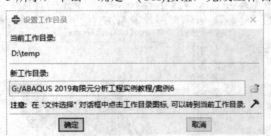

图 6-3　"设置工作目录"对话框

2. 保存文件

单击菜单"文件"(File)→"保存(S)"(Save)，弹出"模型数据库另存为"(Save Model Database As)对话框，输入文件名"LS-1"，如图 6-4 所示，单击"确定(O)"按钮，完成文件保存。

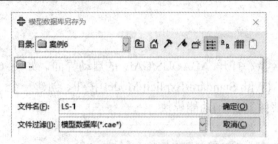

图 6-4　"模型数据库另存为"对话框

3. 导入模型

单击菜单"文件"(File)→"导入"(Import)→"部件..."(Part...)，弹出"导入部件"(Import Part)对话框，选择"LS.sat"，如图 6-5 所示。单击"确定(O)"按钮，弹出"从 ACIS 文件创建部件"(Create Part from ACIS File)对话框，如图 6-6 所示，单击"确定"(OK)按钮，完成部件的导入，如图 6-7 所示。

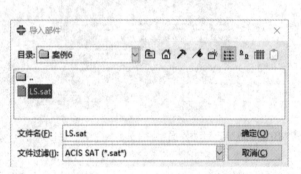

图 6-5　"导入部件"对话框　　　　　图 6-6　"从 ACIS 文件创建部件"对话框

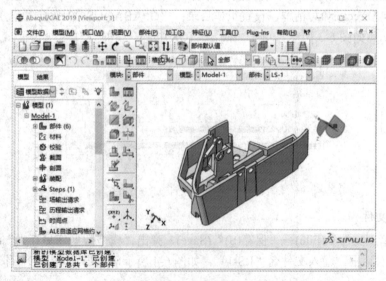

图 6-7　部件模型

6.2.3 创建材料和截面属性

在环境栏的"模块"(Module)列表中选择"属性"(Property)，进入"属性"(Property)功能模块。

1. 定义材料属性

(1) 单击工具箱区的"创建材料"(Create Material)按钮 ，弹出"编辑材料"(Edit Material)对话框。在"名称"(Name)中输入"steel-45"，在"材料行为"(Material Behaviors)中选择"力学"(Mechanical)→"弹性"(Elasticity)→"弹性"(Elastic)命令，在"数据"(Data)框内输入"杨氏模量"(Young's Modulus)为"205000"，"泊松比"(Poisson's Ratio)为"0.28"，如图 6-8 所示，单击"确定"(OK)按钮，完成材料的创建。

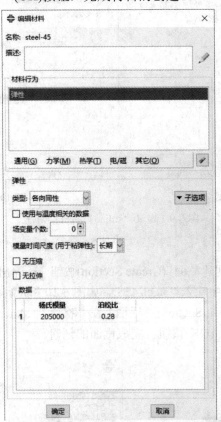

图 6-8 定义"steel-45"的材料属性

(2) 单击工具箱区的"创建材料"(Create Material)按钮 ，弹出"编辑材料"(Edit Material)对话框。在"名称"(Name)中输入"suliao"，在"材料行为"(Material Behaviors)中选择"力学"(Mechanical)→"弹性"(Elasticity)→"弹性"(Elastic)命令，在"数据"(Data)框内输入"杨氏模量"(Young's Modulus)为"3370"，泊松比为"0.394"，如图 6-9(a)所示。选择"力学"(Mechanical)→"塑性"(Plasticity)→"塑性"(Plasticity)，在"数据"(Data)框内输入屈服应力和塑性应变，如图 6-9(b)所示，单击"确定"(OK)按钮，完成材料的创建。

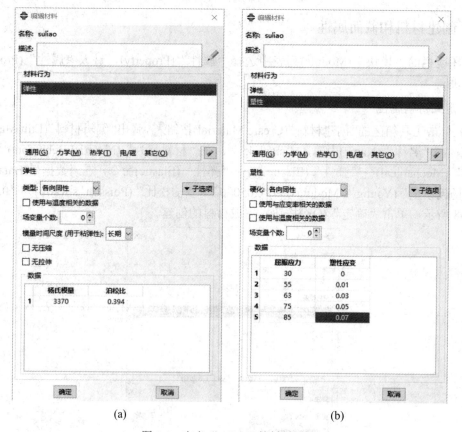

图 6-9　定义 "suliao" 的材料属性

2. 创建截面

(1) 单击工具箱区的"创建截面"(Create Section)按钮 ，弹出"创建截面"(Create Section)对话框。在"名称"(Name)中输入"steel-45"，如图 6-10 所示。单击"继续..."(Continue...)按钮，弹出"编辑截面"(Edit Section)对话框，在"材料"(Material)中选择"steel-45"，如图 6-11 所示。单击"确定"(OK)按钮，完成截面的创建。

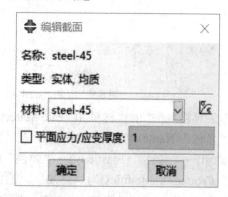

图 6-10　创建 "steel-45" 截面　　　　图 6-11　编辑 "steel-45" 截面

(2) 单击工具箱区的"创建截面"(Create Section)按钮 ，弹出"创建截面"(Create Section)

对话框。在"名称"(Name)中输入"suliao",如图 6-12 所示。单击"继续..."(Continue...)按钮,弹出"编辑截面"(Edit Section)对话框,如图 6-13 所示。单击"确定"(OK)按钮,完成截面的创建。

图 6-12　创建"suliao"截面

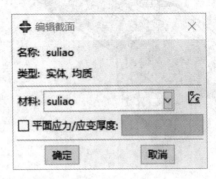

图 6-13　编辑"suliao"截面

3. 指派截面

(1) 在部件选项栏内选择"LS-1"切换显示拉手底座模型,如图 6-14 所示。单击工具箱区的"指派截面"(Assign Section)按钮，窗口底部的提示区信息变为"选择要指派截面的区域"(Select the Regions to be Assigned a Section),鼠标左键选择模型,如图 6-15 所示。在视图区单击鼠标中键,弹出"编辑截面指派"(Edit Section Assignment)对话框,设置如图6-16 所示,单击"确定"(OK)按钮,完成拉手底座截面指派。

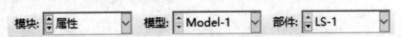

图 6-14　"部件"选项设置

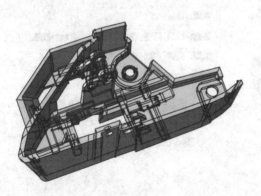

图 6-15　显示选择拉手底座模型

图 6-16　设置拉手底座截面指派

(2) 在部件选项栏内选择"LS-5"切换显示手柄模型。单击工具箱区中的"指派截面"(Assign Section)按钮，窗口底部的提示区信息变为"选择要指派截面的区域"(Select the Regions to be Assigned a Section),鼠标左键选择模型,如图 6-17 所示。在视图区单击鼠标中键,弹出"编辑截面指派"(Edit Section Assignment)对话框,设置如图 6-18 所示,单击"确定"(OK)按钮,完成手柄截面指派。

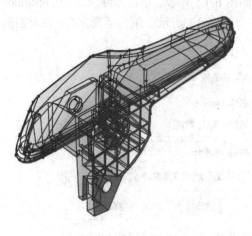
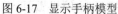

图 6-17　显示手柄模型　　　　　　　　　图 6-18　设置手柄截面指派

（3）在部件选项栏内选择"LS-6"切换显示转销模型。单击工具箱区的"指派截面"(Assign Section)按钮，窗口底部的提示区信息变为"选择要指派截面的区域"(Select the Regions to be Assigned a Section)，鼠标左键选择模型，如图 6-19 所示。在视图区单击鼠标中键，弹出"编辑截面指派"(Edit Section Assignment)对话框，设置如图 6-20 所示，单击"确定"(OK)按钮，完成转销截面指派。

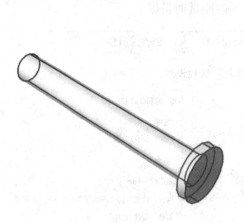

图 6-19　显示转销模型　　　　　　　　　图 6-20　设置转销截面指派

6.2.4　装配部件

在环境栏的"模块"(Module)列表中选择"装配"(Assembly)，进入"装配"(Assembly)功能模块。单击工具箱区的"创建实例"(Create Instance)按钮，弹出创建实例对话框，如图 6-21 所示，选择"LS-1、LS-2、LS-3、LS-4、LS-5、LS-6"，在"实例类型"(Instance Type)中选择"非独立(网格在部件上)"(Dependent (Mesh on Part))，单击"确定"(OK)按钮，完成部件的实例化，如图 6-22 所示。

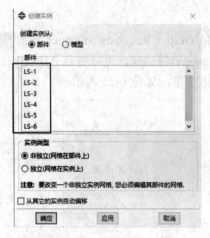

图 6-21　"创建实例"对话框

图 6-22　部件实例化

6.2.5　设置分析步和输出变量

在环境栏的"模块"(Module)列表中选择"分析步"(Step)，进入"分析步"(Step)功能模块。ABAQUS/CAE 会自动创建一个"初始分析步"(Initial Step)，可以在其中施加边界条件，用户需要自己创建后续"分析步"(Analysis Step)来施加载荷，具体操作步骤如下：

1. 定义分析步

单击工具箱区的"创建分析步"(Create Step)按钮 ，弹出"创建分析步"(Create Step)对话框，如图 6-23 所示。在"程序类型"(Procedure Type)中选择"静力，通用"(Static，General)，单击"继续..."(Continue...)按钮，弹出"编辑分析步"(Edit Step)对话框，采用默认设置，如图 6-24 所示，单击"确定"(OK)按钮，完成分析步的定义。

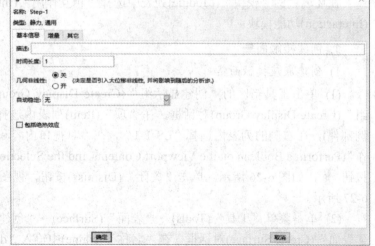

图 6-23　"创建分析步"对话框　　　　　　　图 6-24　"编辑分析步"对话框

2. 设置变量输出

单击工具箱区的"场输出请求管理器"(Field Output Requests Manager)按钮，弹出"场输出请求管理器"(Field Output Requests Manager)对话框，可以看到 ABAQUS/CAE 已经自动生成了一个名为"F-Output-1"的历史输出变量，如图 6-25 所示。

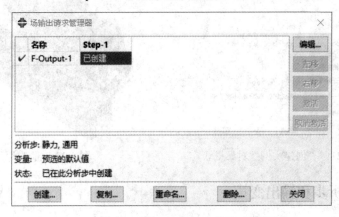

图 6-25　"场输出请求管理器"对话框

单击"编辑..."(Edit...)按钮，在弹出的"编辑场输出请求"(Edit Field Output Requests)对话框中，可以增加或者减少某些量的输出，返回"场输出请求管理器"(Field Output Requests Manager)，单击"关闭"(Dismiss)按钮，完成输出变量的定义。用同样的方法，也可以对历史变量进行设置。本例中采用默认的历史变量输出要求，单击"关闭"(Dismiss)按钮关闭管理器。

6.2.6　定义接触

在环境栏的"模块"(Module)列表中选择"相互作用"(Interaction)，进入"相互作用"(Interaction)功能模块。

1. 创建接触面集

1) 创建底座接触面集

(1) 单击工具箱区的"创建显示组"(Create Display Group)按钮，弹出"创建显示组"(Create Display Group)对话框，在"项"(Item)列表内选择"Part/Model instances"(实例部件)，在右侧的列表内选择"LS-1-1"，在"对视口内容和所选择执行一个 Boolean 操作"(Perform a Boolean on the Viewport Contents and the Selection)栏中单击"替换"(Replace)按钮，如图 6-26 所示。单击"关闭"(Dismiss)按钮，视图区仅显示底座的模型，如图 6-27 所示。

(2) 单击菜单"工具"(Tools)→"表面"(Surface)→"创建(C)..."(Create...)，弹出"创建表面"(Create Surface)对话框，在"名称"(Name)中输入"dizuo-T-1"，如图 6-28 所示。单击"继续..."(Continue...)按钮，窗口底部的提示区信息变为"选择要创建的区域-逐个"(Select the Regions for the Surface-individually)，选择接触面(按住 Shift 键选择多个面)，如图

6-29 所示，在视图区单击鼠标中键，完成底座接触面集的定义。

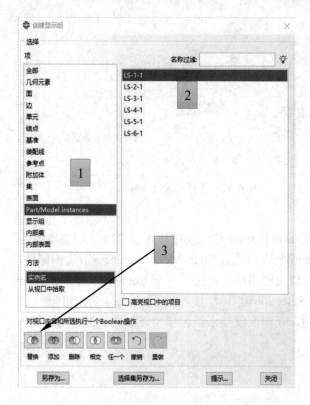

图 6-26　创建底座接触面集的显示组

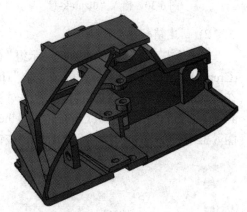

图 6-27　只显示底座模型

图 6-28　输入"dizuo-T-1"

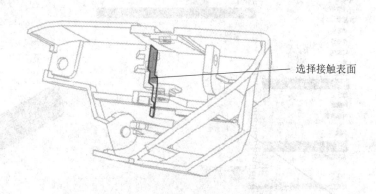

图 6-29　选择接触表面

（3）重复上述的步骤，单击菜单"工具"(Tools)→"表面"(Surface)→"创建"(Creates…)，弹出"创建表面"对话框，在"名称"(Name)中输入"dizuo-k-1"，如图 6-30 所示。单击"继续…"(Continue…)按钮，窗口底部的提示区信息变为"选择要创建的区域-逐个"(Select the Regions for the Surface-individually)，选择接触面(按住 Shift 键选择多个面)，如图 6-31 所示，单击"完成"(Done)按钮，完成底座孔接触面集的定义。

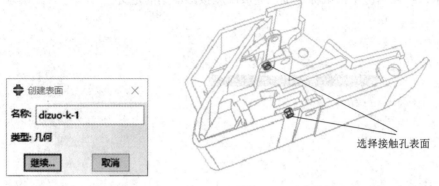

图 6-30　输入"dizuo-k-1"　　　　　　图 6-31　选择接触孔表面

2) 创建销轴接触面集

(1) 单击工具箱区的"创建显示组"(Create Display Group)按钮，弹出"创建显示组"(Create Display Group)对话框，在"项"(Item)列表内选择"Part/Model instances"(实例部件)，在右侧的列表内选择"LS-6-1"，在"对视口内容和所选择执行一个 Boolean 操作"(Perform a Boolean on the Viewport Contents and the Selection)栏中单击"替换"(Replace)按钮，如图 6-32 所示，单击"关闭"(Dismiss)按钮，视图区仅显示销轴模型，如图 6-33 所示。

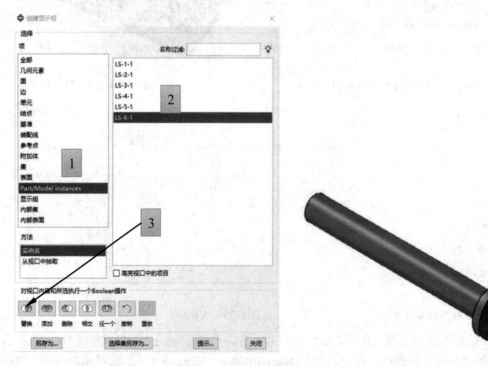

图 6-32　创建销轴接触面集的显示组　　　　图 6-33　显示转销模型

(2) 单击菜单"工具"(Tools)→"表面"(Surface)→"创建..."(Create...)，弹出"创建表面"(Create Surface)对话框，在"名称"(Name)中输入"xiaozhou-T-1"，如图 6-34 所示。

单击"继续..."(Continue...)按钮，窗口底部的提示区信息变为"选择要创建的区域-逐个"(Select the Regions for the Surface-Individually)，选择接触面(按住 Shift 键选择多个面)，如图 6-35 所示，在视图区单击鼠标中键，完成销轴接触面集的定义。

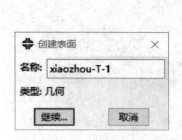

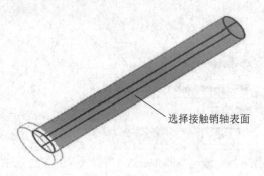

图 6-34　输入"xiaozhou-T-1"　　　　　　图 6-35　选择接触销轴表面

3) 创建手柄接触面集

(1) 单击工具箱区的"创建显示组"(Create Display Group)按钮，弹出"创建显示组"(Create Display Group)对话框，在"项"(Item)列表内选择"Part/Model instances"(实例部件)，在右侧的列表内选择"LS-5-1"，在"对视口内容和所选择执行一个 Boolean 操作"(Perform a Boolean on the Viewport Contents and the Selection)栏中单击"替换"(Replace)按钮，如图 6-36 所示。单击"关闭"(Dismiss)按钮，视图区仅显示手柄模型，如图 6-37 所示。

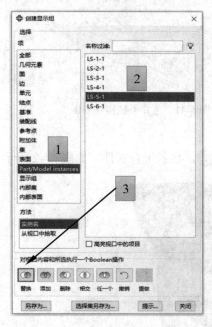

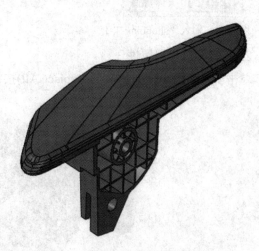

图 6-36　创建手柄接触面集的显示组　　　　　图 6-37　显示手柄模型

(2) 单击菜单"工具"(Tools)→"表面"(Surface)→"创建..."(Create...)，弹出"创建表面"(Create Surface)对话框，在"名称"(Name)中输入"shoubing-K-1"，如图 6-38 所示。

单击"继续..."(Continue...)按钮，窗口底部的提示区信息变为"选择要创建的区域-逐个"(Select the Regions for the Surface-Individually)，选择接触面(按住 Shift 键选择多个面)，如图 6-39 所示，在视图区单击鼠标中键，完成手柄孔接触面集的定义。

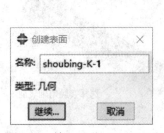

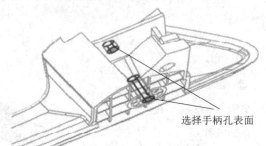

选择手柄孔表面

图 6-38　输入"shoubing-K-1"　　　　　　　图 6-39　选择手柄孔表面

(3) 重复上述步骤，单击菜单"工具"(Tools)→"表面"(Surface)→"创建..."(Create...)，弹出"创建表面"(Create Surface)对话框，在"名称"(Name)中输入"shoubing-T-1"，如图 6-40 所示。单击"继续..."(Continue...)按钮，窗口底部的提示区信息变为"选择要创建的区域-逐个"(Select the Regions for the Surface-Individually)，选择接触面(按住 Shift 键选择多个面)，如图 6-41 所示，在视图区单击鼠标中键，完成手柄与底座接触面集的定义。

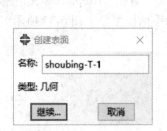

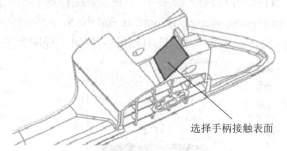

选择手柄接触表面

图 6-40　输入"shoubing-T-1"　　　　　　　图 6-41　选择手柄接触表面

2. 定义相互作用属性

单击工具条的"全部替换"(Replace All)按钮 ⬤ ，显示所有零件，如图 6-42 所示。

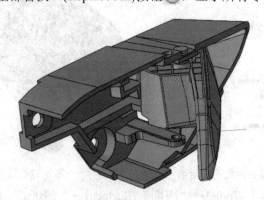

图 6-42　显示所有零件

(1) 单击工具箱区的"创建相互作用属性"(Create Interaction Property)按钮，或选择"相互作用"(Interaction)→"属性"(Property)→"创建..."(Create...)命令，弹出"创建相互作用属性"(Create Interaction Property)对话框，如图 6-43 所示。

图 6-43　"创建相互作用属性"对话框

(2) 在"名称"(Name)中输入"IntProp-1"，在"类型"(Type)列表内选择"接触"(Contact)，单击"继续..."(Continue...)按钮，弹出"编辑接触属性"(Edit Contact Property)对话框，如图 6-44 所示。该对话框与定义材料属性的"编辑材料"(Edit Material)对话框类似，包括"接触属性选项"(Contact Property Options)列表和各种接触参数的设置区域。

(3) 在如图 6-44 所示的"编辑接触属性"对话框中，单击"力学"(Mechanical)→"切向行为"(Tangential Behavior)→"摩擦公式"(Friction Formulation)→"罚"(Penalty)→"摩擦系数"(Friction)，在摩擦系数数据栏内输入"0.3"，如图 6-45 所示，单击"确定"(OK)按钮完成摩擦系数设置。

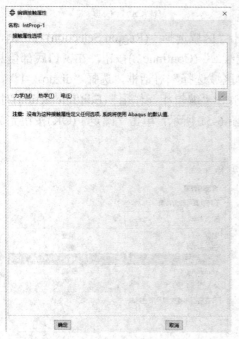

图 6-44　"编辑接触属性"对话框

图 6-45　设置摩擦系数

3. 创建部件之间的接触

1) 创建底座和销轴的接触

(1) 单击工具箱区的"创建相互作用"(Create Interaction)按钮 ，弹出"创建相互作用"(Create Interaction)对话框，在"名称"(Name)中输入"dizuo-xiaozhou-1"，在"分析步"(Step)中选择"Initial"，在"可用于所选分析步的类型"(Type for Selected Step)列表内选择"表面与表面接触"((Surface-to-surface Contact)Standard)，如图 6-46 所示。单击"继续..."(Continue...)按钮，窗口底部的提示区信息变为"选择主表面-逐个"(Select the Master Surface-Individually)，"表面"(Surfaces)，如图 6-47 所示。

图 6-46 为"dizuo-xiaozhou-1"创建相互作用   图 6-47 信息栏

(2) 单击"表面..."(Surfaces...)按钮，弹出"区域选择"(Region Selection)对话框，选择"xiaozhou-T-1"，如图 6-48 所示。单击"继续..."(Continue...)按钮，在窗口底部信息区显示栏中，单击"表面"(Surface)按钮，弹出"区域选择"对话框，选择"dizuo-k-1"，如图 6-49 所示。单击"继续..."(Continue...)按钮，弹出"编辑相互作用"(Edit Interaction)对话框，如图 6-50 所示，视图区显示接触区表面，如图 6-51 所示，单击"确定"(OK)按钮完成接触建立。

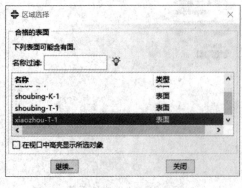 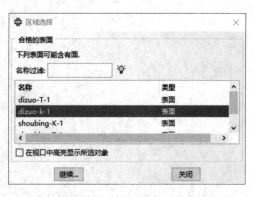

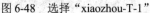

图 6-48 选择"xiaozhou-T-1"   图 6-49 选择"dizuo-k-1"

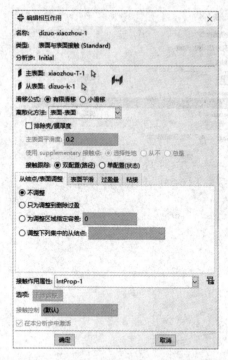

图 6-50　为"dizuo-xiaozhou-1"编辑相互作用

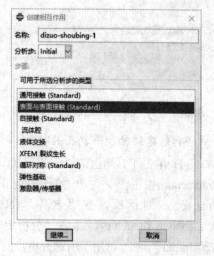

图 6-51　创建底座孔与销轴接触

2) 创建底座和手柄的接触

(1) 单击工具箱区的"创建相互作用"(Create Interaction)按钮，弹出"创建相互作用"(Create Interaction) 对 话 框 ， 在 " 名 称 " (Name) 中 输 入 "dizuo-shoubing-1"，在"分析步"(Step)中选择"Initial"，在 "可用于所选分析步的类型" (Type for Selected Step) 列 表 内 选 择 " 表 面 与 表 面 接 触 " (Surface-to-surface Contact(Standard))，如图 6-52 所示。单击"继续..." (Continue...)按钮，窗口底部的提示区信息变为"选择主 表面-逐个"(Select the Master Surface-Individual)，"表面" (Surfaces)。

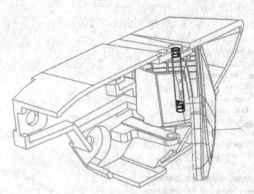

图 6-52　为"dizuo-shoubing-1"创建相互作用

(2) 单击"表面..."(Surfaces...)按钮，弹出"区域 选择"(Region Selection)对话框，选择"dizuo-T-1"，如图 6-53 所示。单击"继续..."(Continue...)按钮，在 窗口底部的提示区信息栏中单击"表面"(Surface)按钮，弹出"区域选择"(Region Selection)对话框，选择"shoubing-T-1"，如图 6-54 所示。单击 "继续..."(Continue...)按钮，弹出"编辑相互作用"(Edit Interaction)对话框，如图 6-55 所示。视图区域显示底座和手柄接触区表面，如图 6-56 所示。单击"确定"(OK)按钮完成接触定义。

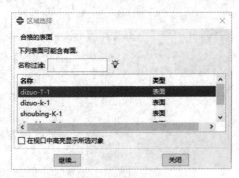

图 6-53　选择"dizuo-T-1"

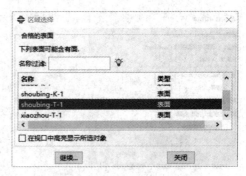

图 6-54　选择"shoubing-T-1"

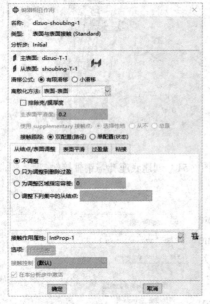

图 6-55　为"dizuo-shoubing-1"编辑相互作用

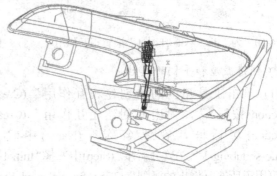

图 6-56　创建底座和手柄接触

3) 创建销轴和手柄孔的接触

(1) 单击工具箱区的"创建相互作用"(Create Interaction)按钮，弹出"创建相互作用"(Create Interaction)对话框，在"名称"(Name)中输入"xiaozhou-shoubing-1"，在"分析步"(Step)中选择"Initial"，在"可用于所选分析步的类型"(Type for Selected Step)列表内选择"表面与表面接触"(Surface-to-surface Contact(Standard))，如图 6-57 所示。单击"继续..."(Continue...)按钮，窗口底部的提示区域信息变为"选择主表面-逐个"(Select the Master Surface-individual)，"表面"(Surfaces)。

(2) 单击"表面..."(Surfaces...)按钮，弹出"区

图 6-57　为"xiaozhou-shoubing-1"创建相互作用

域选择"(Region Selection)对话框，选择"xiaozhou-T-1"，如图 6-58 所示。单击"继续…"
(Continue...)按钮，在窗口底部的提示区信息栏中，单击"表面"(Surface)按钮，弹出"区域
选择"对话框，选择"shoubing-K-1"，如图 6-59 所示。单击"继续…"(Continue...)按钮，
弹出"编辑相互作用"(Edit Interaction)对话框，如图 6-60 所示，视图区显示销轴和手柄接
触区表面，如图 6-61 所示，单击"确定"(OK)按钮完成接触定义。

图 6-58　选择"xiaozhou-T-1"

图 6-59　选择"shoubing-K-1"

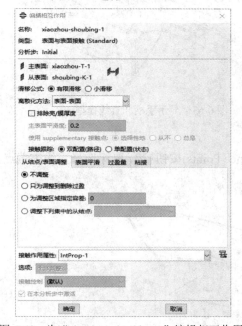

图 6-60　为"xiaozhou-shoubing-1"编辑相互作用

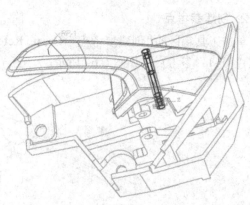

图 6-61　创建销轴和手柄孔接触

6.2.7　定义耦合约束

1. 改变显示零件

单击工具箱区的"创建显示组"(Create Display Group)按钮，弹出"创建显示组"(Create
Display Group)对话框，在"项"(Item)列表内选择"Part/Model instances"(实例部件)，在右
侧的列表内选择"LS-2-1、LS-3-1、LS-4-1、LS-5-1"，在"对视口内容和所选择执行一个
Boolean 操作"(Perform a Boolean on the Viewport Contents and the Selection)栏中单击"替换"

(Replace)按钮 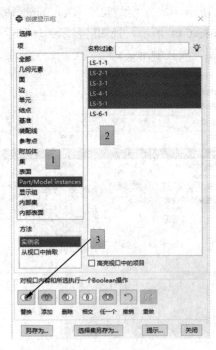，如图 6-62 所示。单击"关闭"(Dismiss)按钮，视图区仅显示手柄和直线，如图 6-63 所示。

图 6-62 改变显示零件

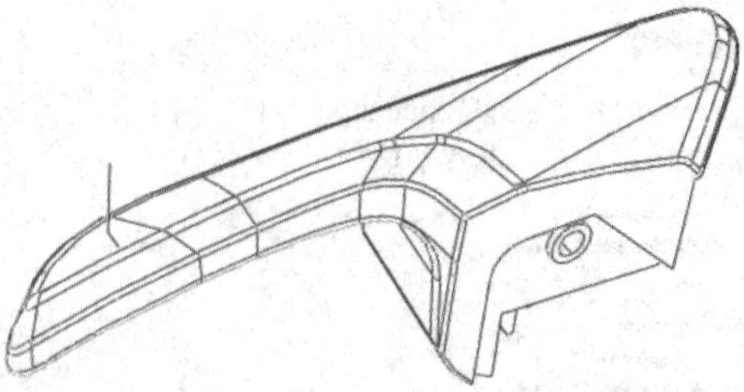

图 6-63 显示手柄和直线模型

2. 创建参考点

单击工具箱区的"创建参考点"(Create Reference Points)按钮 ⚡️，鼠标选择直线末端点，创建"RP-1"参考点，如图 6-64 所示。

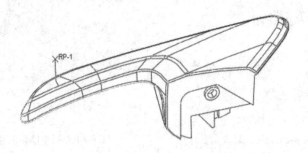

图 6-64 参考点创建

3. 创建耦合约束

"耦合"(Coupling)约束用于将一个面的运动和一个约束控制点的运动约束在一起。单击工具箱区的"创建约束"(Create Constraint)按钮 ◀️，弹出"创建约束"(Create Constraint)对话框，在"名称"(Name)输入"A"，在"类型"(Type)列表内选择"耦合的"(Coupling)，如图 6-65 所示，单击"继续..."(Continue...)按钮。

此时窗口底部的提示区信息变为"选择约束控制点"(Select Constraint Control Points)，

在视图区选择 RP-1 参考点，单击鼠标中键，弹出选择"表面"(Surface)，选择如图 6-66 所示手柄末端的表面，在视图区域单击鼠标中键，弹出"编辑约束"(Edit Constraint)对话框，在"U1、U2、U3、UR1、UR2、UR3"前面的框中打钩，如图 6-67 所示。单击"确定"(OK)按钮，完成耦合的设置，如图 6-68 所示。

图 6-65　"创建约束"对话框

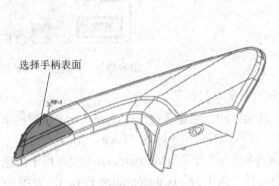

图 6-66　选择手柄表面

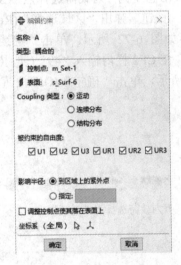

图 6-67　"编辑约束"对话框

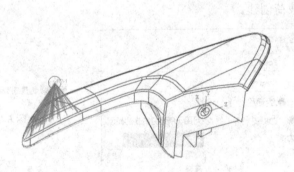

图 6-68　建立手柄耦合

6.2.8　定义载荷和边界条件

在环境栏的"模块"(Module)列表中选择"载荷"(Load)功能模块，定义"载荷"(Load)和"边界条件"(Boundary Condition)。

1. 施加载荷

1) 创建载荷"集"

单击菜单"工具(T)"(Tools)→"集(S)"(Set)→"创建(C)..."(Create...)，弹出"创建集"

(Create Set)对话框，输入“RP-1”，如图 6-69 所示。单击“继续...”(Continue...)按钮，在视图区选择“RP-1”参考点，单击鼠标中键，完成集的创建。

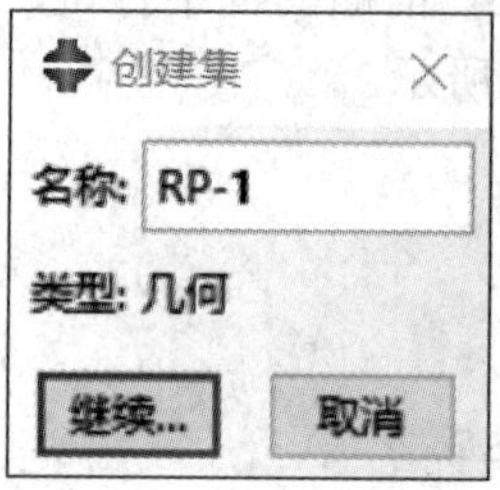

图 6-69　“创建集”对话框

2) 施加“集中力”载荷

单击工具箱区的“创建载荷”(Create Load)按钮，弹出“创建载荷”(Create Load)对话框。在“名称”(Name)中输入“Foce-1”，在“分析步”(Step)中选择“Step-1”，在“类别”(Category)中选择“力学”(Mechanics)，在“可用于所选分析步的类型”(Types for Selected Step)列表内选择“集中力”(Concentrated Force)，如图 6-70 所示。

单击“继续...”(Continue...)按钮，窗口底部的提示区信息变为“为载荷选择点”(Select Points for the Load)，如图 6-71 所示。单击“集...”(Set...)按钮，弹出“区域选择”(Region Selection)对话框，在区域选择对话栏内选择“rp-1”，如图 6-72 所示。单击“继续...”(Continue...)按钮，弹出“编辑载荷”(Edit Load)对话框，在 CF2 栏内输入“49”(注：CF1、CF2、CF3 分别对应 *X*、*Y*、*Z* 方向的受力)，如图 6-73 所示，单击“确定”(OK)按钮，完成载荷创建。

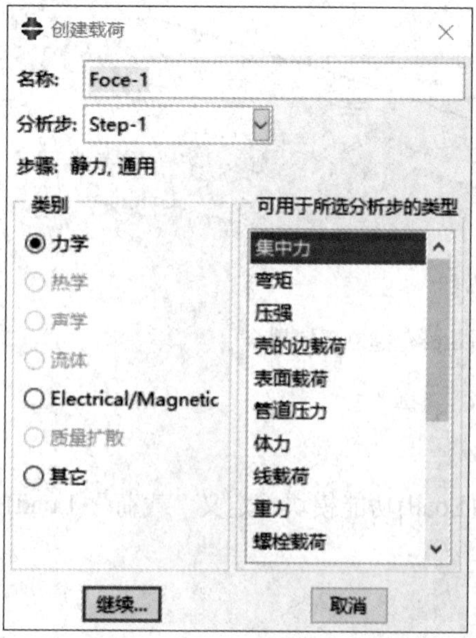

图 6-70　“创建载荷”对话框

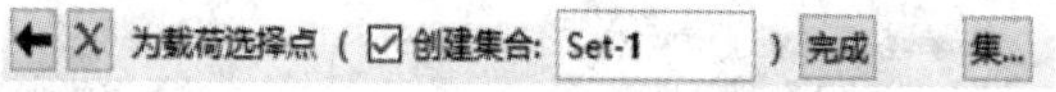

图 6-71　“为载荷选择点”对话框

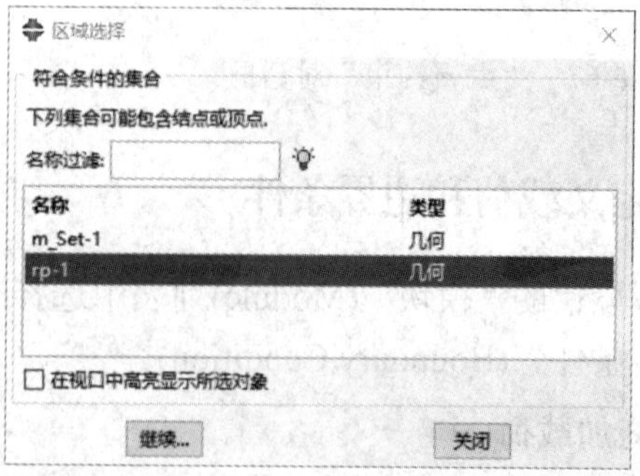

图 6-72　在“区域选择”对话框内选择“rp-1”

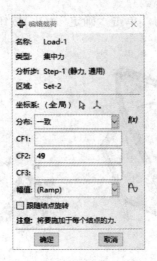

图 6-73　在 CF2 栏内输入"49"

2. 定义边界条件约束

(1) 单击工具箱区的显示所有图标 ，显示所有零件。单击工具箱区的 "创建边界条件" (Create Boundary Condition)按钮，弹出"创建边界条件" (Create Boundary Condition)对话框，在"名称" (Name)中输入"dizuo-BC-1"，在"分析步" (Step)列表内选择"Initial"，在"可用于所选分析步的类型" (Types for Selected Step)列表内选择"位移/转角" (Displacement/Rotation)，如图 6-74 所示。

图 6-74　为"dizuo-BC-1"创建边界条件

(2) 单击"继续..." (Continue...)按钮，窗口底部的提示区信息变为"选择要施加边界条件的区域" (Select Regions for the Boundary Condition)，按住 Shift 键选择安装表面和底座端面，ABAQUS/CAE 显示选中的平面，如图 6-75 所示。在视图区中单击鼠标中键，弹出"编辑边界条件" (Edit Boundary Condition)对话框，在"U1、U2、U3、UR1、

UR2、UR3"前面的方框中打钩,单击"确定"(OK)按钮,完成固定边界条件的约束,如图 6-76 所示。

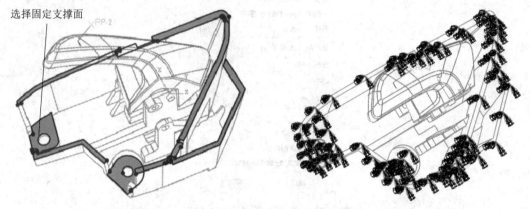

选择固定支撑面

图 6-75　选择固定支撑面　　　　　　　　　　　图 6-76　创建底座约束

(3) 单击工具箱区的"创建边界条件"(Create Boundary Condition)按钮，弹出"创建边界条件"(Create Boundary Condition)对话框，在"名称"(Name)中输入"RP-1-BC-2"，在"分析步"(Step)中选择"Initial"，在"可用于所选分析步的类型"(Types for Selected Step)列表内选择"位移/转角"(Displacement/Rotation)，如图 6-77 所示。

图 6-77　为"RP-1-BC-2"创建边界条件

(4) 单击"继续..."(Continue...)按钮，窗口底部的提示区信息变为"选择要施加边界的区域"(Select Regions for the Boundary Condition)，单击提示区右侧的"集..."(Set...)按钮，弹出"区域选择"(Region Selection)对话框，选择"rp-1"，如图 6-78 所示。单击"继续..."(Continue...)按钮，弹出"编辑边界条件"(Edit Boundary Condition)对话框，在"U1"前面的方框中打钩，约束"X"方向的自由度，如图 6-79 所示，单击"确定"(OK)按钮完成手柄的约束。

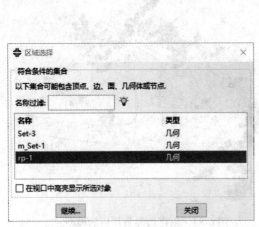

图 6-78 选择"rp-1" 图 6-79 约束"RP-1-BC-2" X 方向的自由度

(5) 单击工具箱区的"创建边界条件"(Create Boundary Condition)按钮 ，弹出"创建边界条件"(Create Boundary Condition)对话框，在"名称"(Name)中输入"xiaozhou-BC-3"，在"分析步"(Step)中选择"Initial"，在"可用于所选分析步的类型"(Types for Selected Step)列表内选择"位移/转角"(Displacement/Rotation)，如图 6-80 所示。单击"继续..."(Continue...)按钮，窗口底部的提示区信息变为"选择要施加边界的区域"(Select Regions for the Boundary Condition)，按住 Shift 键选择销轴两端面，如图 6-81 所示。单击"继续..."(Continue…)按钮，弹出"编辑边界条件"(Edit Boundary Condition)对话框，在"U1"前面的方框中打钩，约束"X"方向的自由度，如图 6-82 所示，单击"确定"(OK)按钮，完成销轴的约束，如图 6-83 所示。

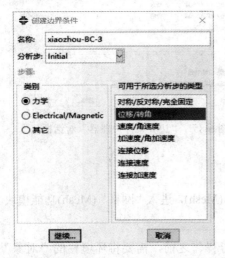

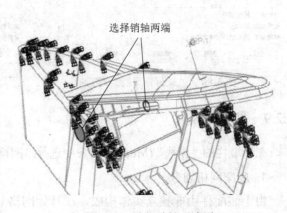

图 6-80 为"xiaozhou-BC-3"创建边界条件 图 6-81 选择销轴两端面

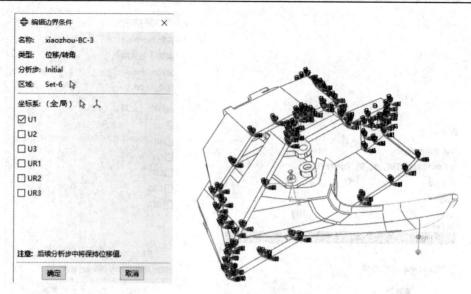

图 6-82　约束"xiaozhou-BC-3"X 方向的自由度　　　图 6-83　创建边界条件后的模型

3. 查看载荷和边界条件

(1) 单击工具箱区的"载荷管理器"(Load Manager)按钮，弹出"载荷管理器"对话框，如图 6-84 所示，单击"关闭"(Dismiss)按钮(注：该管理器可以对创建的边界条件进行编辑、重命名、删除等操作)。

(2) 单击工具箱区的"边界条件管理器"(Boundary Condition Manager)按钮，弹出"边界管理器"对话框，如图 6-85 所示，单击"关闭"(Dismiss)按钮(注：该管理器可以对创建的边界条件进行编辑、重命名、删除等操作)。

图 6-84　"载荷管理器"对话框

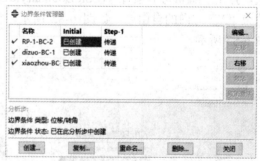

图 6-85　"边界条件管理器"对话框

6.2.9　划分网格

在环境栏的"模块"(Module)列表中选择"网格"(Mesh)，进入"网格"(Mesh)功能模块。

1. 底座网格划分

由于装配件由非独立实体构成，在开始网格划分操作之前，需要将环境栏的"对象"(Object)选择为"部件"(Part)，并在"部件"(Part)列表中选择"LS-1"底座，如图 6-86 所示。

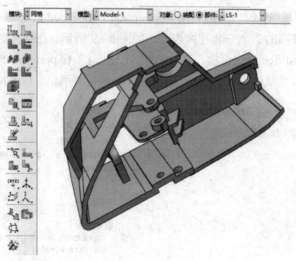

图 6-86　底座模型

1) 指定单元类型

单击工具箱区的"指派单元类型"(Assign Element Type)按钮，选择模型，单击鼠标中键，弹出"单元类型"(Element Type)对话框，在"单元库"(Element Library)中选择"Standard"(标准)，在"族"(Family)中选择"三维应力"(3D Stress)，在"几何阶次"(Geometric Order)中选择"二次"(Quadratic)，其余选项接受默认设置，如图 6-87 所示。单元类型为"C3D10"，即十结点二次四面体单元。单击"确定"(OK)按钮，完成单元类型的指派。

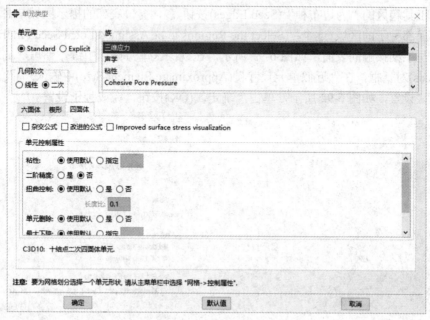

图 6-87　"单元类型"对话框

2) 局部撒种子

单击工具箱区的"为边布种"(Seed Edges)按钮，窗口底部的提示区信息变为"选择要布置局部种子的区域-逐个"(Select the Regions to be Assigned Local Seeds -individually)，如图 6-88 所示。选择底座的 2 个安装孔内表面，如图 6-89 所示。在视图区域单击鼠标中键，弹出"局部种子"(Local Seeds)对话框，在"近似单元尺寸"(Approximate Element size)中输入"0.5"，其余选项接受默认设置，如图 6-90 所示，单击"确定"(OK)按钮，完成种子设置。

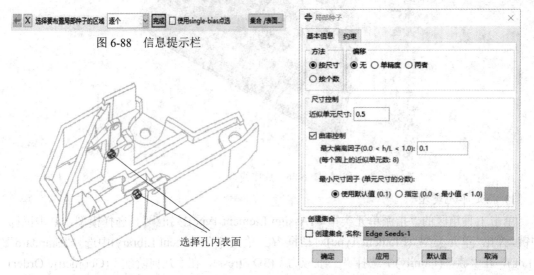

图 6-88　信息提示栏

图 6-89　选择孔内表面　　　　　图 6-90　完成底座的2个安装孔内表面的局部撒种子设置

3）设置底座与手柄接触面局部撒种子

单击工具箱区的"为边布种"(Seed Edges)按钮，窗口底部的提示区域信息变为"选择要布置局部种子的区域-逐个"(Select the Regions to be Assigned Local Seeds-individually)，选择底座与手柄接触的表面，如图 6-91 所示，在视图区单击鼠标中键，弹出"局部种子"(Local Seeds)对话框，在"近似单元尺寸"(Approximate Element Size)中输入"1"，其余选项接受默认设置，如图 6-92 所示，单击"确定"(OK)按钮，完成种子设置。

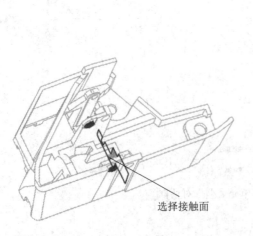

图 6-91　选择底座与手柄接触的表面　　　　图 6-92　完成底座与手柄接触面的局部撒种子设置

4) 全局撒种子

单击工具箱区的"种子部件"(Seed Part)按钮▐▌，弹出"全局种子"(Global Seeds)对话框，在"近似全局尺寸"(Approximate Global Size)中输入"4"，其余选项接受默认设置，如图 6-93 所示，单击"确定"(OK)按钮，完成种子设置，如图 6-94 所示。

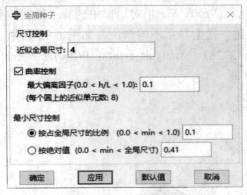

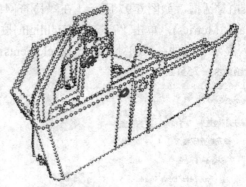

图 6-93　完成底座网格划分的全局撒种子设置　　　　图 6-94　底座网格划分种子设置完成

5) 指派网格控制属性

单击工具箱区的"指派网格控制属性"(Assign Mesh Controls)按钮▐▌，在视图区选择模型，单击鼠标中键，弹出"网格控制属性"(Mesh Controls)对话框，在"单元形状"(Element Shape)中选择"四面体"(Tet)，在"技术"(Technique)中选择"自由"(Free)，在"算法"(Algorithm)中选择"使用默认算法"(Use Default Algorithm)，如图 6-95 所示，单击"确定"(OK)按钮，完成网格属性的指派。

6) 划分网格

单击工具箱区的"为部件划分网格"(Mesh Part)按钮▐▌，窗口底部的提示区信息变为"要为部件划分网格吗？"(OK to Mesh the Part ?)，在视图区中单击鼠标中键，或直接单击窗口底部提示区的"是"(Yes)按钮，得到如图 6-96 所示的网格。信息栏显示"44899 个单元已创建到部件：LS-1"。

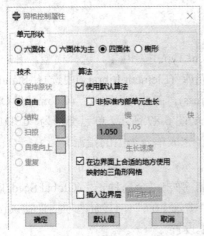

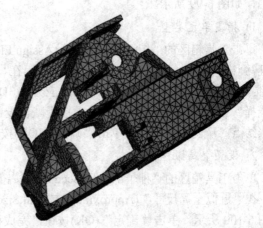

图 6-95　网格控制属性　　　　　　　　　图 6-96　底座网格划分后的模型图

7) 检查网格质量

单击工具箱区的"检查网格"(Verify Mesh)按钮，窗口底部的提示区信息变为"选择待检查的区域按部件"(Select the Regions to Verify by Part)，选择模型，在视图区中单击鼠标中键，或直接单击窗口底部提示区的"完成"(Done)按钮，弹出"检查网格"(Verify Mesh)对话框，如图 6-97 所示。在"检查网格"(Verify Mesh)对话框中选择"形状检查"(Shape Metrics)，单击"高亮"(Highlight)按钮，模型显示不同颜色，如图 6-98 所示。信息区显示"部件：LS-1 Number of elements：27281，Analysis errors：0(0%)，　Analysis warnings：755(2.76749%)"。

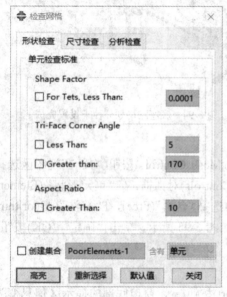

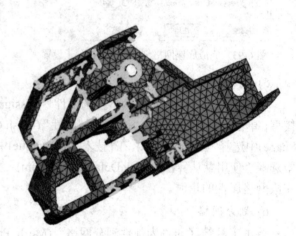

图 6-97　"检查网格"对话框　　　　　图 6-98　网格质量显示

2. 销轴划分网格

将环境栏的"对象"(Object)选择为"部件"(Part)，并在"部件"(Part)列表中选择"LS-2"销轴，如图 6-99 所示。

1) 指定单元类型

单击工具箱区的"指派单元类型"(Assign Element Type)按钮，选择模型，单击鼠标中键，弹出"单元类型"(Element Type)对话框，在"单元库"(Element Library)中选择"Standard"(标准)，在"族"(Family)中选择"三维应力"(3D Stress)，在"几何阶次"(Geometric Order)中选择"二次"(Quadratic)，其余选项接受默认设置，如图 6-87 所示。单元类型为"C3D10"，即十结点二次四面体单元。单击"确定"(OK)按钮，完成单元类型的指派。

2) 设置全局撒种子

单击工具箱区的"种子部件"(Seed Part)按钮，弹出"全局种子"(Global Seeds)对话框，在"近似全局尺寸"(Approximate Global Size)中输入"0.5"，其余选项接受默认设置，如图 6-100 所示，单击"确定"(OK)按钮，完成种子设置。

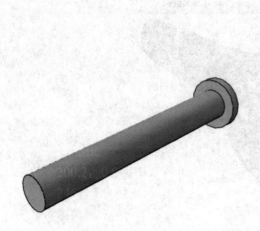

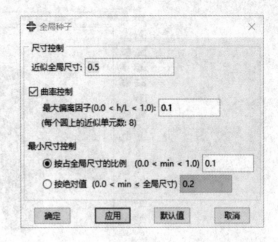

图 6-99　显示销轴模型　　　　　　图 6-100　完成销轴划分网格的全局撒种子设置

3) 指派网格控制属性

单击工具箱区的"指派网格控制属性"(Assign Mesh Controls)按钮 ，在视图区选择模型，单击鼠标中键，弹出"网格控制属性"(Mesh Controls)对话框，在"单元形状"(Element Shape)中选择"四面体"(Tet)，在"技术"(Technique)中选择"自由"(Free)，在"算法"(Algorithm)中选择"使用默认算法"(Use Default Algorithm)，如图 6-95 所示，单击"确定"(OK)按钮，完成网格属性的指派。

4) 划分网格

单击工具箱区的"为部件划分网格"(Mesh Part)按钮 ，窗口底部的提示区信息变为"要为部件划分网格吗？"(OK to Mesh the Part ?)，在视图区中单击鼠标中键，或直接单击窗口底部提示区的"是"(Yes)按钮，得到如图 6-101 所示的网格。信息栏显示"17189 个单元已创建到部件：LS-6"。

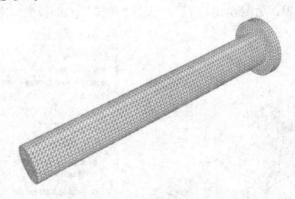

图 6-101　销轴划分网格后的模型图

3. 手柄划分网格

将环境栏的 Object(对象)选择为 Part(部件)，并在 Part(部件)列表中选择"LS-5"手柄，如图 6-102 所示。

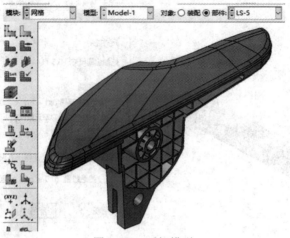

图 6-102　手柄模型

1) 指定单元类型

单击工具箱区的"指派单元类型"(Assign Element Type)按钮，选择模型，单击鼠标中键，弹出"单元类型"(Element Type)对话框，在"单元库"(Element Library)中选择"Standard"(标准)，在"族"(Family)中选择"三维应力"(3D Stress)，在"几何阶次"(Geometric Order)中选择"二次"(Quadratic)，其余选项接受默认设置，如图 6-87 所示。单元类型为"C3D10"，即十结点二次四面体单元。单击"确定"(OK)按钮，完成单元类型的指派。

2) 手柄孔局部撒种子

单击工具箱区的"为边布种"(Seed Edges)按钮，窗口底部的提示区信息变为"选择要布置局部种子的区域–逐个"(Select the Regions to be Assigned Local Seeds-individually)，选择手柄的 2 个安装孔内表面，如图 6-103 所示，在视图区域单击鼠标中键，弹出"局部种子"(Local Seeds)对话框，在"近似单元尺寸"(Approximate Element Size)中输入"0.5"，其余选项接受默认设置，如图 6-104 所示，单击"确定"(OK)按钮，完成种子设置。

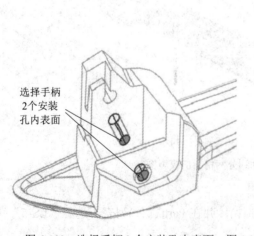

图 6-103　选择手柄 2 个安装孔内表面　　图 6-104　完成手柄的 2 个安装孔内表面的局部撒种子设置

3) 手柄与底座接触表面局部撒种子

单击工具箱区的"为边布种"(Seed Edges)按钮，窗口底部的提示区信息变为"选择要布置局部种子的区域-逐个"(Select the Regions to be Assigned Local Seeds-individually)，选择手柄与底座接触表面，如图 6-105 所示。在视图区域单击鼠标中键，弹出"局部种子"(Local Seeds)对话框，在"近似单元尺寸"(Approximate Element size)中输入"1"，其余选项接受默认设置，如图 6-106 所示，单击"确定"(OK)按钮，完成种子设置。

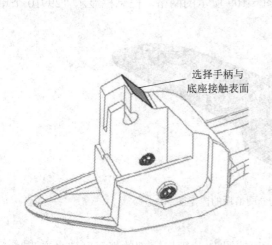
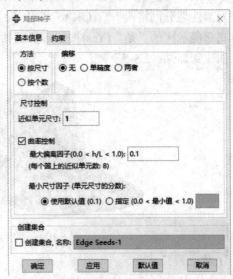

图 6-105　选择手柄与底座接触表面　　图 6-106　完成手柄与底座接触表面的局部撒种子设置

4) 全局撒种子

单击工具箱区的"种子部件"(Seed Part)按钮，弹出"全局种子"(Global Seeds)对话框，在"近似全局尺寸"(Approximate Global Size)中输入"3"，其余选项接受默认设置，如图 6-107 所示，单击"确定"(OK)按钮，完成种子设置，如图 6-108 所示。

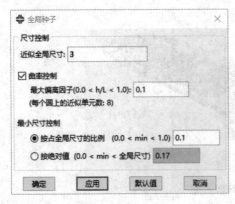
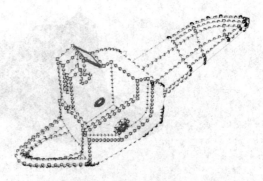

图 6-107　全局种子　　　　　图 6-108　手柄划分网格种子设置完成

5) 指派网格控制属性

单击工具箱区的"指派网格控制属性"(Assign Mesh Controls)按钮，在视图区选择模型，单击鼠标中键，弹出"网格控制属性"(Mesh Controls)对话框，在"单元形状"(Element Shape)中选择"四面体"(Tet)，在"技术"(Technique)中选择"自由"(Free)，在"算法"(Algorithm)中选择"使用默认算法"(Use Default Algorithm)，如图 6-95 所示，单击"确定"(OK)按钮，完成网格属性的指派。

6）划分网格

单击工具箱区的"为部件划分网格"(Mesh Part)按钮 ![icon]，窗口底部的提示区信息变为"要为部件划分网格吗？"(OK to Mesh the Part?)，在视图区中单击鼠标中键，或直接单击窗口底部提示区的"是"(Yes)按钮，得到如图 6-109 所示的网格。信息栏显示"29910 个单元已创建到部件：LS-5"。

图 6-109　手柄划分网格后的模型图

7）检查网格质量

单击工具箱区的"检查网格"(Verify Mesh)按钮 ![icon]，窗口底部的提示区信息变为"选择待检查的区域按部件"(Select the Regions to Verify by Part)，选择模型，在视图区中单击鼠标中键，或直接单击窗口底部提示区的"完成"(Done)按钮，弹出"检查网格"(Verify Mesh)对话框，如图 6-97 所示。在"网格检查"(Verify Mesh)对话框中选择"形状检查"(Shape Metrics)，单击"高亮"(Highlight)按钮，模型显示不同颜色，如图 6-110 所示。信息区显示"部件：LS-5 Number of elements：29910，Analysis errors：0(0%)，Analysis warnings：285(0.952859%)"。

图 6-110　检查网格质量

6.2.10　提交分析作业

在环境栏的"模块"(Module)列表中选择"作业"(Job)，进入"作业"(Job)功能模块。

1. 创建分析作业

单击工具箱区的"作业管理器"(Job Manager)按钮 ，弹出"作业管理器"(Job Manager)对话框，如图 6-111 所示。在管理器中单击"创建..."(Create...)按钮，弹出"创建作业"(Create Job)对话框，在"名称"(Name)中输入"LS-1"，如图 6-112 所示，单击"确定"(OK)按钮。

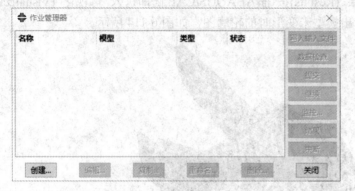

图 6-111 "作业管理器"对话框   图 6-112 在"名称"中输入"LS-1"

2. 进行数据检查

单击"作业管理器"(Job Manager)的"数据检查"(Data Check)按钮，提交数据检查。数据检查完成后，管理器的"状态"(Status)栏显示为"检查已完成"(Completed)，如图 6-113 所示。

图 6-113 进行数据检查

3. 提交分析

单击"作业管理器"(Job manager)的"提交"(Submit)按钮。对话框的"状态"(Status)提示依次变为 Submitted，Running 和 Completed，这表明对模型的分析已经完成。单击此对话框的"结果"(Results)按钮，自动进入"可视化"(Visualization)模块。

信息区显示：

作业输入文件"LS-1.inp"已经提交分析。

Job LS-1: Analysis Input File Processor completed successfully.

Job LS-1: Abaqus/Standard completed successfully.

Job LS-1 completed successfully.

单击工具栏的"保存数据模型库"(Save Model Database)按钮█保存模型。

6.2.11　后处理

单击作业管理器的"结果"(Results)按钮，ABAQUS/CAE 随即进入"可视化"(Visualization)功能模块，在视图区域显示出模型未变形时的轮廓图，如图 6-114 所示。

图 6-114　汽车门内拉手无变形轮廓图

1. 编辑显示体的显示选项

单击菜单"选项"(Options)→"显示体..."(Display Body...)命令，弹出"显示体选项"(Display Body Options)对话框，如图 6-115(a)所示。在"基本信息"(Basic)页面选择"无"(No Edges)；在"其它"(Other)页面内选择"半透明"(Translucency)页面，并选择"应用透明"(Apply Translucency)项，调节"透明和不透明"(Transparent & Opaque)为"0.6"，如图 6-115(b)所示，单击"确定"(OK)按钮。

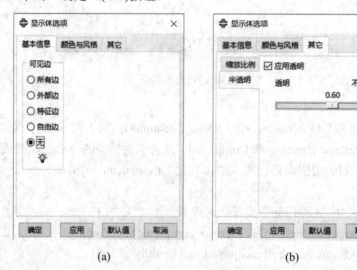

(a)　　　　　　　　　　　　(b)

图 6-115　"显示体选项"对话框

2. 显示汽车门内拉手的变形图

(1) 单击工具箱区的"绘制变形图"(Plot Deformed Shape)按钮，视图区绘制出汽车门内拉手变形图，如图 6-116 所示。从图中可见，ABAQUS/CAE 自动选择的变形比例系数过大，导致模型出现夸张的变形。

图 6-116 拉手总成变形图

(2) 单击工具箱区的"通用选项"(Common Options)按钮，弹出"通用绘图选项"(Common PlotOptions)对话框，在"变形缩放系数"(Deformation Scale Factor)中选择"一致"(Uniform)，在"数值"(Value)中输入"1"，如图 6-117 所示。单击"确定"(OK)按钮，视图区显示模型放大系数为"1"的模型变形图，如图 6-118 所示。

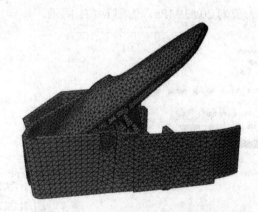

图 6-117 "通用绘图选项"对话框　　图 6-118 放大系数为"1"的模型变形图

3. 显示应力云图

(1) 单击工具箱区的"云图选项"(Contours Options)按钮，弹出"云图绘制选项"(Contour Plot Options)对话框，选择"颜色与风格"(Color & Style)页面中的"谱"(Spectrum)页面，在"名称"(Name)列表内选择"彩虹色"(Rainbow)，在"越界值的颜色方案"(Color for Values Outside Limits)栏内选择"使用谱的最小/最大值"(Use Spectrum Min/Max)，如图 6-119(a)所示。在"边界"(Limits)页面的"最大"(Max)栏内勾选"显示位置"(Show Location)

项，如图 6-119(b)所示，单击"应用"(Apply)按钮，最后，单击"确定"(OK)按钮，完成设置。

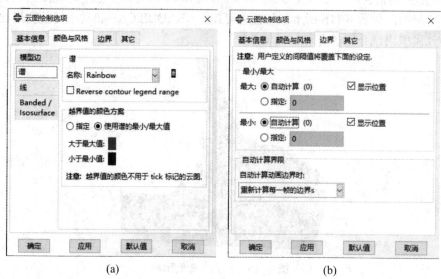

图 6-119　云图绘制选项

(2) 单击菜单"结果"(Result)→"场输出..."(Field Output...)命令，弹出"场输出"(Field Output)对话框，在"输出变量"(Output Variable)列表内选择"S"，在"不变量"(Invariant)列表中选择"Mises"，单击"应用"(Apply)按钮，如图 6-120 所示。单击工具箱区的"在变形图上绘制云图"(Plot Contours on Deformed Shape)按钮，视图区显示模型的应力云图，最大应力值为 20.83 MPa，如图 6-121 所示。

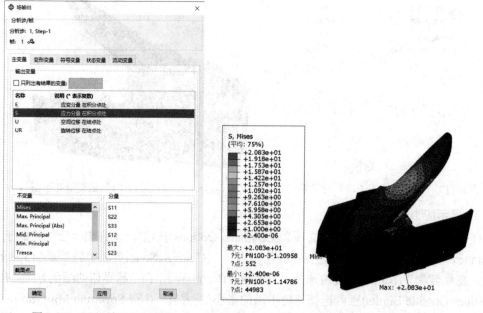

图 6-120　"场输出"对话框　　　　　图 6-121　Mises 应力分布图

4. 显示手柄的应力云图

单击工具箱区的"创建显示组"(Create Display Group)按钮，弹出"创建显示组"(Create Display Group)对话框，如图 6-122 所示，在"项"(Item)列表内选择"单元"(Elements)，在右侧的列表内选择"LS-5-1"，在"对视口内容和所选择执行一个 Boolean 操作"(Perform a Boolean on the Viewport Contents and the Selection)栏中单击"替换"(Replace)按钮，如图 6-122 所示。单击"关闭"(Dismiss)按钮，仅显示手柄应力云图，如图 6-123 所示，其余零件的独立云图显示，读者可以自己设置。

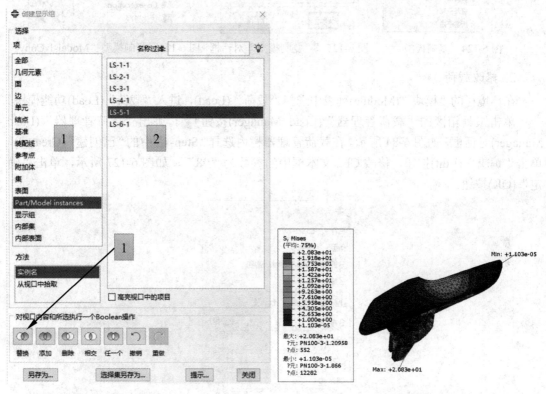

图 6-122　设置手柄的应力云图　　　　　　　图 6-123　手柄 Mises 应力分布图

6.2.12　加载第二工况载荷及查看结果

界面切换到"分析步"模块。在环境栏的"模块"(Module)列表中选择"分析步"(Step)功能模块。

1. 复制分析模型

在 ABAQUS/CAE 结构模型树里选择"Model-1"，鼠标右键弹出菜单列表，如图 6-124 所示。选择"复制模型"(Copy Model)，弹出"复制模型"对话框，如图 6-125 所示，单击"确定"按钮完成模型复制，当前工作模型在"Model-1-Copy"激活状态，如图 6-126 所示。

图 6-124　复制模型　　图 6-125　"复制模型"对话框　　图 6-126　复制模型"Model-1-Copy"

2. 修改载荷

在环境栏的"模块"(Module)列表中选择"载荷"(Load)，进入"载荷"(Load)功能模块。

单击工具箱区的"载荷管理器"(Load Manager)按钮，弹出"载荷管理器"(Load Manager)对话框，如图 6-84 所示。在载荷管理器栏内选择"Step-1"中的"已创建"(Created)，单击"编辑"(Edit)按钮，修改 CF2 文本框中的参数为"98"，如图 6-127 所示，单击"确定"(OK)按钮。

图 6-127　修改 CF2 文本框中的参数为"98"

3. 提交分析

在环境栏的"模块"(Module)列表中选择"作业"(Job)，进入"作业"(Job)功能模块。

(1) 单击工具箱区的"作业管理器"(Job Manager)按钮，弹出"作业管理器"(Job Manager)对话框，如图 6-128 所示。在管理器中单击"创建..."(Create...)按钮，弹出"创建作业"(Create Job)对话框，在名称中输入"LS-2"，在"来源"(Source)列表内选择"Model-1-Copy"，如图 6-129 所示。单击"继续..."(Continue...)按钮，弹出"编辑作业"(Edit

Job)对话框，采用默认设置，单击"确定"(OK)按钮，创建"LS-2"作业，如图 6-130 所示。

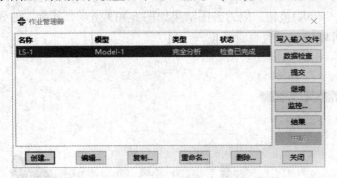 

图 6-128　"LS-1"的"作业管理器"对话框　　　　图 6-129　"创建作业"对话框

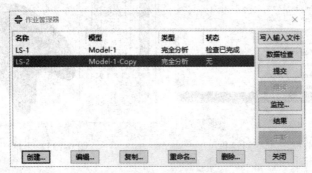

图 6-130　创建"LS-2"作业

(2) 在"作业管理器"(Job Manager)对话框中，选中"LS-2"，单击管理器的"提交" (Submit)按钮，在弹出的对话框中，单击"是"(Yes)按钮提交分析作业，进行计算。计算完成后，管理器的"状态"(Status)栏显示为"完成"(Completed)。单击工具栏的"保存数据模型库"(Save Model Database)按钮 ▥ 保存模型。

4. 后处理

(1) 单击作业管理器的"结果"(Results)按钮，ABAQUS/CAE 随即进入"可视化" (Visualization)功能模块，视图区显示手柄未变形时的轮廓图，如图 6-131 所示。

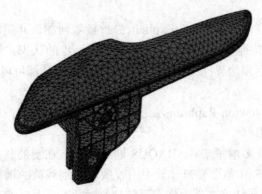

图 6-131　手柄无变形图

(2) 单击菜单"结果"(Result)→"分析步/帧(S)…"(Step/Frame)弹出"分析步/帧"

(Step/Frame)对话框，在分析步栏内选中"Step-1"，在"帧"(Frame)列表内选择"10"，如图 6-132 所示，单击"确定"(OK)按钮，应力云图结果如图 6-133 所示。其余零件分析结果重复上述步骤即可，读者可以自己设置查看结果。

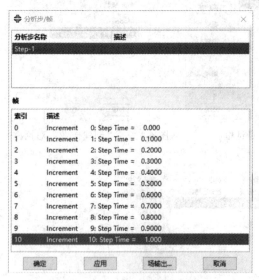

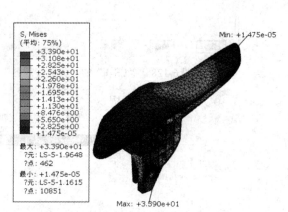

图 6-132　"分析步/帧"对话框　　　　　图 6-133　手柄应力云图

6.2.13　退出 ABAQUS/CAE

至此，对此例题的完整分析过程已经完成。单击窗口顶部工具栏的"保存模型数据库"(Save Model Database)按钮🖫，保存最终的模型数据库。然后即可跟所有 Windows 程序一样单击窗口右上角的按钮✕，或者在主菜单中选择"文件"(File)→"退出"(Exit)退出 ABAQUS/CAE。

本 章 小 结

本章主要介绍如何利用 ABAQUS/Explicit 分析接触问题，介绍汽车门内拉手接触分析实例，让读者对接触分析的非线性分析基本方法有进一步的认识。结构问题中存在着三种非线性来源：材料，几何和边界(接触)。这些因素的任意组合都可以出现在 ABAQUS 的分析中。

非线性问题是利用 Newton-Raphson 法进行迭代求解的，非线性问题比线性问题所需要的计算机资源要多许多倍。

非线性分析被分为许多增量步。ABAQUS 通过迭代，在新的载荷增量结束时近似地到达静力学平衡。ABAUQS 在整个模拟计算中用收敛来控制载荷的增量。

监控器(Job Monitor)或状态文件允许在系统运行时进行监控。在每个增量步结束时可以保存计算结果，这样结构响应的演变就可以在"可视化"(Visualization)模块中显示出来。

习　　题

导入文件：\习题\6-1.step 文件，如图 6-134 所示，工程铰链一段受拉伸载荷的响应分析。铰链的一端被固定夹住，另一端受到集中力 F，求接头受载后的 Mises 应力和位移状态。

材料性质：销轴，弹性模量 $E = 2.5×10^5$，泊松比 $v = 0.3$。

接头，弹性模量 $E = 2.05×10^5$，泊松比 $v = 0.28$。

载荷：$F = 5000$ N。

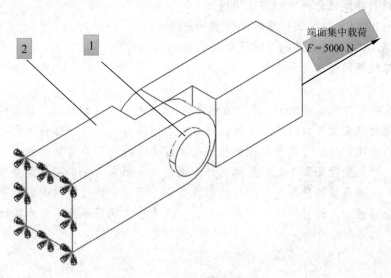

端面集中载荷
$F = 5000$ N

图 6-134　铰链受力模型图

第7章　橡胶密封圈材料非线性分析

知识要点:
- 了解材料非线性分析中的常见问题
- 熟悉利用 ABAQUS 进行橡胶的弹塑性分析
- 掌握 ABAQUS 进行单向压缩试验过程模拟
- 熟悉橡胶绳的受压变形分析

本章导读:

本章继续学习材料非线性——橡胶的超弹性,重点在于定义橡胶的超弹性并进行数据评估。塑性是指物体在受外力时产生变形,而在外力解除后,只有一部分变形可以恢复。对于大多数材料来说,当应力低于其比例极限时,应力—应变关系是线性的;当应力达到极限屈服点时,产生塑性变形,此时施加的外力撤出或者消失后变形不能完全恢复,而残留一部分变形,这种残留的变形是不可逆的塑性变形。而完全弹性材料表现为产生的变形在外力去除后全部消除,材料恢复为原来的形状,没有应力屈服现象。本章以橡胶的大变形为例分析材料的弹塑性行为。

7.1　材料非线性分析中的常见问题简介

ABAQUS 的材料库中包含了强大的材料非线性库,主要有延性金属的塑性、橡胶的超弹性、黏弹性等。

7.1.1　塑性

塑性是在某种给定载荷下材料产生永久变形的一种材料属性。在大多数工程材料加载时,当其应力低于比例极限时,应力—应变关系是线性的,而且大多数材料在其应力低于屈服点时,表现为弹性行为,即撤去载荷时,应变也完全消失。

这种材料非线性也许是人们最熟悉的,大多数金属在小应变时都具有良好的线性应力—应变关系,但在应变较大时材料会发生屈服特性,此时材料的响应变成了非线性和不可逆的,如图 7-1 所示。

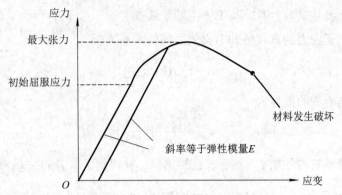

图 7-1　弹塑性材料轴向拉伸的应力—应变曲线

关于应力和应变需要说明如下问题：

金属的工程应力(利用未变形平面计算得到的单位面积上的力)称为名义应力，即 F/A_0，与之相对应的为名义应变(每单位未变形长度的伸长量)，即 $\Delta l/l_0$。在单向拉伸/压缩试验中得到的数据通常都是以名义应力和名义应变给定的。

在仅考虑 $\Delta l \rightarrow \mathrm{d}t \rightarrow 0$ 的情况下，拉伸和压缩应变是相同的，即

$$\mathrm{d}\varepsilon = \frac{\mathrm{d}l}{l} \tag{7-1}$$

$$\varepsilon = \int_0^t \frac{\mathrm{d}l}{l} = \ln\left(\frac{l}{l_0}\right) \tag{7-2}$$

式中，l_0 是原始长度，l 是当前长度，ε 是真实应变。与真实应变对应的真实应力为 $\sigma = \dfrac{F}{A}$(其中，F 为材料受力，A 是当前面积)。

提示：在 ABAQUS 中必须用真实应力和真实应变定义塑性。ABAQUS 需要这些值并对应地在输入文件中解释这些数据。然而，大多数实验数据常常是用名义应力和名义应变给出的。这时，必须应用公式将塑性材料的名义应力、应变转换为真实值。

由于塑性变形的不可压缩性，真实应力与名义应力之间的关系为

$$l_0 A_0 = lA \tag{7-3}$$

可以看出，当前面积与原始面积的关系为

$$A = \frac{l_0 A_0}{l} \tag{7-4}$$

将 A 的表达式代入真实应力的定义式中，得到

$$\sigma = \frac{F}{A} = \frac{F}{A_0}\frac{l}{l_0} = \sigma_{\mathrm{nom}}\left(\frac{l}{l_0}\right) \tag{7-5}$$

式中，$\dfrac{l}{l_0}$ 也可以写为 $1+\varepsilon_{\mathrm{nom}}$。

提示：对于拉伸试验，ε_{nom} 是正值；对于压缩试验，ε_{nom} 为负值。

这样就得到了应力的真实值和名义值之间的关系为

$$\sigma = \sigma_{\text{nom}}(1 + \varepsilon_{\text{nom}}) \tag{7-6}$$

此外，名义应变的推导为

$$\varepsilon_{\text{nom}} = \frac{l - l_0}{l_0} = \frac{l}{l_0} - 1 \tag{7-7}$$

式(7-7)中等号左右各加 1，然后求自然对数，就得到了二者的关系为

$$\varepsilon = \ln(1 + \varepsilon_{\text{nom}}) \tag{7-8}$$

在 ABAQUS 中，读者可以使用 *PLASTIC 选项来定义大部分金属的后屈服属性。ABAQUS 用连接给定数据点的一系列直线来逼近材料光滑的应力—应变曲线。由于可以用任意多数据点来逼近实际的材料性质，所以，可以非常逼真地模拟材料的真实性质。*PLASTIC 选项中的数据将材料的真实屈服应力定义为真实塑性应变的函数。选项的第一个数据定义材料的初始屈服应力，因此塑性应变值应该为 0。

提示：关键词*PLASTIC 下面的第一行中的第二项数据必须为 0，其含义为在屈服点处的塑性应变为 0。如果此处的值不为 0，在运行中会出现下面的错误信息："***ERROR：THE PLASTIC STRANIN AT FIRST YIELD MUST BE ZERO"。

在用来定义塑性性能的材料试验数据中，提供的应变不仅包含材料的塑性应变，而且包括材料的弹性应变，二者之和是材料的总体应变。所以必须将总体应变分解为弹性应变分量和塑性应变分量。弹性应变等于真实应力与弹性模量的比值，从总体应变中减去弹性应变就得到了塑性应变，其关系表达式为

$$\varepsilon^{pl} = \varepsilon^t - \varepsilon^{el} = \varepsilon^t - \frac{\sigma}{E} \tag{7-9}$$

式中，ε^{pl} 是真实塑性应变，ε^t 是总体真实应变，ε^{el} 是真实弹性应变。

下面举一个实验数据转换为 ABAQUS 输入数据的示例。

以表 7-1 中的应力—应变数据为例，它示范了如何将定义材料塑性特性的实验数据转换为 ABAQUS 适用的输入格式。真正应力—应变的 6 对数据将成为*PLASTIC 选项中的数据。

表 7-1　应力和应变名义值与真实值的转化

名义应力/MPa	名义应变	真实应力/MPa	真实应变	塑性应变
200	0.000 95	200.2	0.000 95	0
240	0.025	246	0.0247	0.0235
280	0.050	294	0.0488	0.0474
340	0.100	374	0.0953	0.0935
380	0.150	437	0.1398	0.1377
400	0.200	480	0.1823	0.1800

首先，用公式将名义应力和名义应变转化为真实应力和应变。得到这些值后，就可以

用公式确定与屈服应力相关联的塑性应变。转换后的数据见表 7-1，可以看出：在小应变时，真实应变和名义应变的差别很小；而在大应变时，二者间会有明显的差别。因此，如果模拟的应变比较大，就一定要向 ABAQUS 提供正确的应力—应变数据。

对应 ABAQUS 中的语句如下：

*Material，name=Material-1
*Elastic
210000，0.3
*Plastic
200.2，0.00095
246，0.0247
294，0.0488
374，0.0953
437，0.1398
480，0.1823

ABAQUS 在提供的材料相应数据点之间进行线性插值，并假设在输入数据范围之外的响应为常数。因此，这种材料的应力不会超过 480 MPa，如果材料的应力达到 480 MPa，材料将持续变形直至应力降至此值以下。

7.1.2　超弹性

材料的非线性也可能与应变以外的其他因素有关。应变率相关材料的材料参数和材料失效都是材料非线性的表现形式。当然，材料性质也可以是温度和其他预先设定的场变量的函数。超弹性的性质包括应力和应变的关系，如图 7-2 所示，它不是直线，并且还有大应变，卸载时沿着加载路径的反向返回，载荷回到 0，则应变(变形)也为 0。从变形返回原来的样子来说是弹性的，而超弹性模量所依赖的应变在这一点上却是非线性的。具有这种性质的材料用超弹性分析，多数场合下伴随着大变形或大应变。

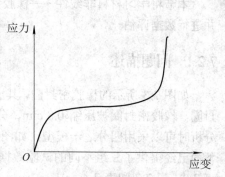

图 7-2　橡胶类材料的应力—应变曲线

橡胶可以近似认为是具有非线性的、可逆的(弹性)响应的材料，属于超弹性材料中的一种。橡胶的泊松比约为 0.5。橡胶材料制成的 O 形环、垫圈、衬套、密封垫、轮胎等，在大变形场合，都可以利用 ABAQUS 的大变形、大应变性能来分析。

7.1.3　黏弹性

蠕变是在恒定应力作用下，材料的应变随时间增加而逐渐增大的材料特性。ABAQUS 提供了三种标准的黏弹性材料模型，即时间硬化模型、应变硬化模型、双曲正弦模型。

时间硬化模型：

$$\dot{\bar{\varepsilon}}_{cr} = A \bar{q}^n t^m \tag{7-10}$$

式中：$\dot{\bar{\varepsilon}}_{cr}$ 是单轴等效蠕变应变速率；$\bar{q}$ 是等效单轴偏应力，它是 Mises 等效应力 Hill's 各向异性等效偏应力；t 是总时间；A、n 和 m 是材料常数。

应变硬化模型：

$$\dot{\bar{\varepsilon}}_{cr} = \left(A \bar{q}^{-n} \left[(m+1) \bar{\varepsilon}^{cr} \right]^m \right)^{\frac{1}{m+1}} \tag{7-11}$$

双曲正弦模型：

$$\dot{\bar{\varepsilon}}_{cr} = A (\sinh B \bar{q})^n \exp \left(-\frac{\Delta H}{R(\theta - \theta^z)} \right) \tag{7-12}$$

式中：θ 是温度；θ^z 是用户定义温标的绝对零度；ΔH 是激活能；R 是普适气体常数；A、B 和 n 是材料常数。

提示：ABAQUS 还提供了描述不锈钢黏弹性的橡树岭国家实验室本构模型和由用户子程序来定义黏弹性的材料模型。

7.2 橡胶密封圈弹塑性分析实例

本节将学习材料非线性——橡胶的超弹性。ABAQUS 模拟重点在于定义橡胶的超弹性，并进行数据评估。

7.2.1 问题描述

如图 7-3 所示的橡胶密封圈，其上下表面与铝板贴合，通过铝板把载荷均匀传给橡胶密封圈。橡胶密封圈被压缩 0.8 mm，分析橡胶密封圈受载后的变形情况。部件是对称零件，分析时可以采用四分之一模型，如图 7-4 所示。应用在密封圈中的橡胶材料是不可压缩的，下面已经提供了三组不同的试验数据：单轴拉伸试验、双轴拉伸试验和平面剪切试验，见表 7-2、表 7-3 和表 7-4。

材料性质：铝板，弹性模量 $E = 70\,000$ MPa，泊松比 $\nu = 0.33$。

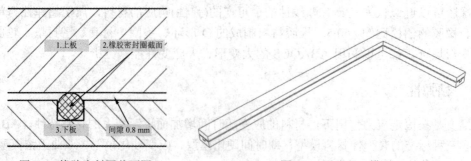

图 7-3　橡胶密封圈截面图　　　　　　图 7-4　四分之一模型

表 7-2　单轴拉伸试验数据	
应力/MPa	应变/10^{-6}
0.054	38 000
0.152	133 800
0.254	221 000
0.362	345 000
0.459	460 000
0.583	624 200
0.656	851 000
0.730	1 426 800

表 7-3　双轴拉伸试验数据	
应力/MPa	应变/10^{-6}
0.089	20 000
0.255	140 000
0.503	420 000
0.958	1 490 000
1.703	2 750 000
2.413	3 450 000

表 7-4　平面剪切试验数据	
应力/MPa	应变/10^{-6}
0.055	69 000
0.342	282 800
0.758	1 386 200
1.269	3 034 500
1.779	4 062 100

7.2.2　创建部件

双击桌面启动图标 ![icon]，打开 ABAQUS/CAE 的启动界面，如图 7-5 所示，单击"采用 Standard/Explicit 模型"(With Standard/Explicit Model)按钮，创建一个 ABAQUS/CAE 的模型数据库，随即进入"部件"(Part)功能模块。

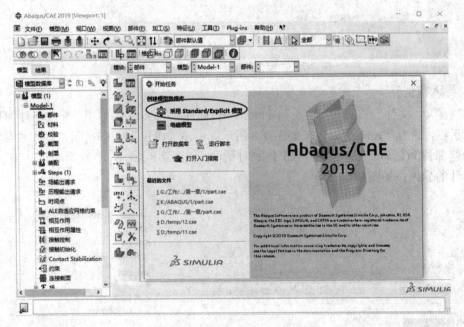

图 7-5　ABAQUS/CAE 启动界面

1. 设置工作路径

单击菜单"文件"(File)→"设置工作目录…"(Set Work Directory…)，弹出"设置工作目录"(Set Work Directory)对话框，设置工作目录："G:/ABAQUS 2019 有限元分析工程实例教程/案例 7"，如图 7-6 所示，单击"确定"(OK)按钮，完成工作目录设置。

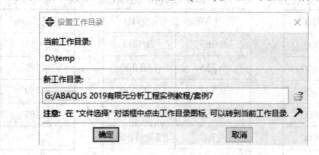

图 7-6　"设置工作目录"对话框

2. 保存文件

单击菜单"文件"(File)→"保存(S)"(Save)，弹出"模型数据库另存为"(Save Model Database As)对话框，输入文件名"rubber"，如图 7-7 所示，单击"确定"(OK)按钮，完成文件保存。

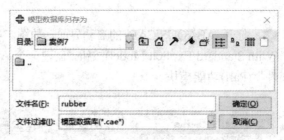

图 7-7　"模型数据库另存为"对话框

3. 导入模型

单击菜单"文件"(File)→"导入"(Import)→"部件..."(Part...)，弹出"导入部件"(Import Part)对话框，选择"rubber.stp"，如图 7-8 所示。单击"确定"(OK)按钮，弹出"从 STEP 文件创建部件"(Create Part from STEP File)对话框，如图 7-9 所示，单击"确定"(OK)按钮，完成部件的导入，如图 7-10 所示。

图 7-8　"导入部件"对话框　　　　图 7-9　"从 STEP 文件创建部件"对话框

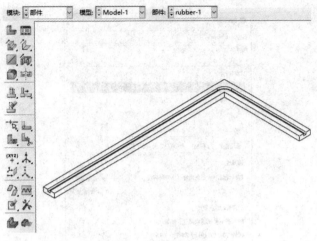

图 7-10　部件模型

7.2.3　创建材料和截面属性

在环境栏的"模块"(Module)列表中选择"属性"(Property)，进入"属性"(Property)
功能模块。

1. 定义材料属性

1) 定义板材料属性

单击工具箱区的"创建材料"(Create Material)
按钮 ，弹出"编辑材料"(Edit Material)对话框。
在"名称"(Name)中输入"Material-AL"，在"材料
行为"(Material Behaviors)中选择"力学"(Mechanical)
→"弹性"(Elasticity)→"弹性"(Elastic)命令。在"数
据"(Data)框内输入"杨氏模量"(Young's Modulus)
为"70000"，"泊松比"(Poisson's Ratio)为"0.33"，
如图 7-11 所示，单击"确定"(OK)按钮，完成材料的
创建。

2) 定义橡胶材料属性

(1) 单击工具箱区的"创建材料"(Create Material)
按钮 ，弹出"编辑材料"(Edit Material)对话框，在
"名称"(Name)中输入"rubber"，在"材料行为"
(Material Behaviors)中选择"力学"(Mechanical)→"弹
性"(Elasticity)→"超弹性"(Hyperelastic)命令。在"应
变势能"(Strain Energy Potential)中选择"多项式"
(Polynomial)，如图 7-12 所示。单击按钮 试验数据，
选择"单轴实验数据"(Uniaxial Test Data)命令。

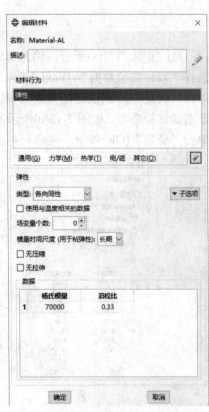

图 7-11　定义"Material-AL"的材料属性

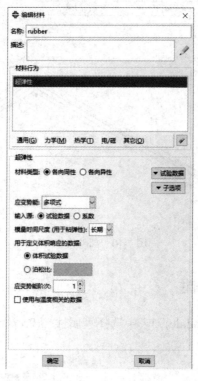

图 7-12　定义"rubber"的材料属性

（2）如图 7-13(a)所示，输入单轴拉伸实验数据，单击"确定"(OK)按钮，完成操作。选择"双轴实验数据"(Biaxial Test Data)命令，输入双轴拉伸试验数据，如图 7-13(b)所示，单击"确定"(OK)按钮，完成操作。选择"平面实验数据"(Planar Test Data)命令，输入平面剪切试验数据，如图 7-13(c)所示，单击"确定"(OK)按钮，返回如图 7-14 所示的对话框，单击"确定"(OK)按钮，完成材料的创建。

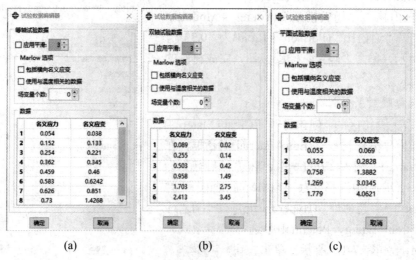

(a)　　　　　　　　　(b)　　　　　　　　　(c)

图 7-13　超弹性材料数据

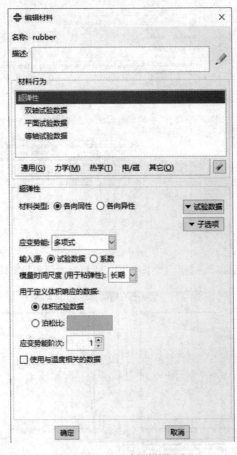

图 7-14　完成材料的创建

(3) 单击工具箱区的"材料管理器"(Material Manager)按钮，弹出"材料管理器"对话框，如图 7-15 所示。选择"rubber"，单击"评估..."(Evaluate...)按钮，弹出"Evaluate Material"(材料评估)对话框，如图 7-16 所示，单击"确定"(OK)按钮。弹出"Material Parameters and Stability Information"(材料参数和稳定性限制信息)对话框，如图 7-17 所示。在主窗口中可看到三组实验的拟合结果和输入结果的对比，如图 7-18 所示。

图 7-15　"材料管理器"对话框

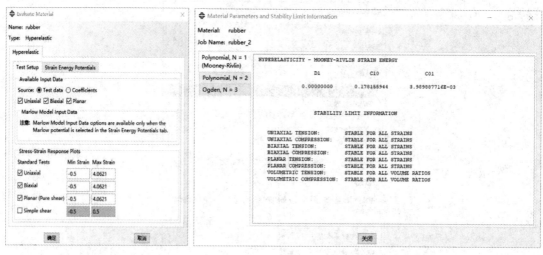

图 7-16　"材料评估"对话框　　　　图 7-17　"材料参数和稳定性限制信息"对话框

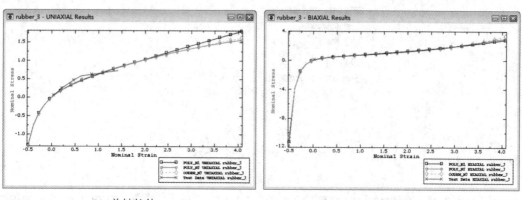

(a) 单轴拉伸　　　　　　　　　　　　(b) 双轴拉伸

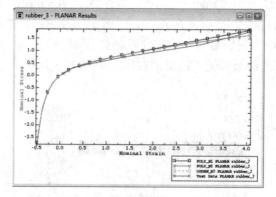

(c) 平面剪切

图 7-18　材料参数的拟合结果与输入数据对比

2. 创建截面

(1) 单击工具箱区的"创建截面"(Create Section)按钮 ，弹出"创建截面"(Create Section)

对话框。在"名称"(Name)中输入"AL",如图 7-19 所示,单击"继续"(Continue...)按钮,弹出"编辑截面"(Edit Section)对话框,在"材料"(Material)中选择"Material-AL",如图 7-20 所示。单击"确定"(OK)按钮,完成截面的创建。

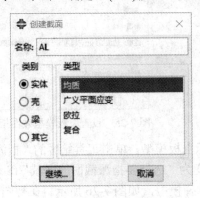
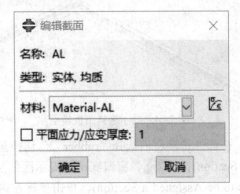

图 7-19　创建"AL"截面　　　　　　　　图 7-20　编辑"AL"截面

(2) 单击工具箱区的"创建截面"(Create Section)按钮 ，弹出"创建截面"(Create Section)对话框。在"名称"(Name)中输入"rubber",如图 7-21 所示。单击"继续..."(Continue...)按钮,弹出"编辑截面"(Edit Section)对话框,在"材料"(Material)中选择"rubber",如图 7-22 所示。单击"确定"(OK)按钮,完成截面的创建。

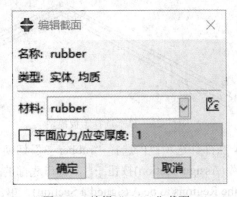

图 7-21　创建"rubber"截面　　　　　　图 7-22　编辑"rubber"截面

3. 指派截面

(1) 在部件选项栏内选择"rubber-1"切换显示下板模型,如图 7-23 所示。单击工具箱区的"指派截面"(Assign Section)按钮 ，窗口底部的提示区信息变为"选择要指派截面的区域"(Select the Regions to be Assigned a Section),鼠标左键选择模型,如图 7-24 所示。在视图区单击鼠标中键,弹出"编辑截面指派"(Edit Section Assignment)对话框,设置如图 7-25 所示,单击"确定"(OK)按钮,完成截面指派。

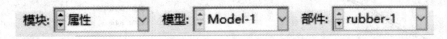

图 7-23　"部件"选项设置

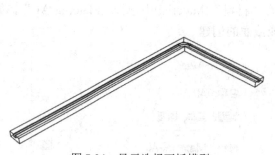

图 7-24　显示选择下板模型

图 7-25　设置下板模型截面指派

（2）在部件选项栏内选择"rubber -2"切换显示上板模型。单击工具箱区的"指派截面"(Assign Section)按钮，窗口底部的提示区信息变为"选择要指派截面的区域"(Select the Regions to be Assigned a Section)，单击鼠标左键选择模型，如图 7-26 所示。在视图区单击鼠标中键，弹出"编辑截面指派"(Edit Section Assignment)对话框，设置如图 7-27 所示，单击"确定"(OK)按钮，完成截面指派。

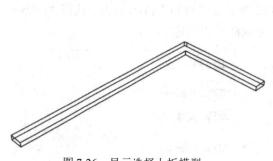

图 7-26　显示选择上板模型

图 7-27　设置上板模型截面指派

（3）在部件选项栏内选择"rubber -3"切换显示橡胶密封圈模型。单击工具箱区的"指派截面"(Assign Section)按钮，窗口底部的提示区信息变为"选择要指派截面的区域"(Select the Regions to be Assigned a Section)，单击鼠标左键选择模型，如图 7-28 所示。在视图区单击鼠标中键，弹出"编辑截面指派"(Edit Section Assignment)对话框，设置如图 7-29 所示，单击"确定"(OK)按钮，完成截面指派。

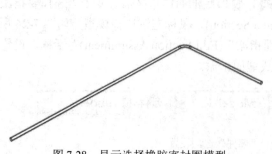

图 7-28　显示选择橡胶密封圈模型

图 7-29　设置橡胶密封圈模型截面指派

7.2.4　装配部件

在环境栏的"模块"(Module)列表中选择"装配"(Assembly)，进入"装配"(Assembly)功能模块。单击工具箱区的"创建实例"(Create Instance)按钮，弹出"创建实例"对话框，如图 7-30 所示，选择"rubber-1、rubber-2、rubber-3"，在"实例类型"(Instance Type)中选择"非独立(网格在部件上)"(Dependent (Mesh on Part))，单击"确定"(OK)按钮，完成实例化，如图 7-31 所示。

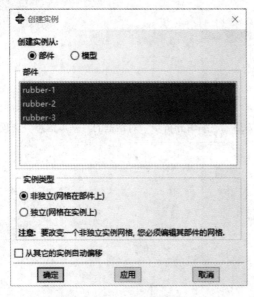
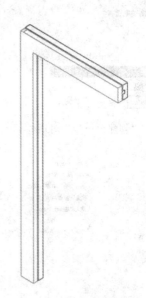

图 7-30　"创建实例"对话框　　　　图 7-31　部件实例化

7.2.5　设置分析步和输出变量

在环境栏的"模块"(Module)列表中选择"分析步"(Step)，进入"分析步"(Step)功能模块。ABAQUS/CAE 会自动创建一个"初始分析步"(Initial Step)，可以在其中施加边界条件，用户需要自己创建后续"分析步"(Analysis Step)来施加载荷，具体操作步骤如下：

1. 定义分析步

单击工具箱区的"创建分析步"(Create Step)按钮，弹出"创建分析步"(Create Step)对话框，如图 7-32 所示。在"程序类型"(Procedure Type)列表内选择"静力，通用"(Static，General)，单击"继续..."(Continue...)按钮，弹出"编辑分析步"(Edit Step)对话框，打开几何非线性开关，即选择"几何非线性"(Nlgeom)为"开"(On)，其余采用默认选项，如图 7-33 所示。单击"增量"(Incrementation)选项卡，把"增量步大小"(Increment Size)调成"0.01"和"0.1"，其余各项采用默认设置，如图 7-34 所示，单击"确定"(OK)按钮完成分析步的定义。

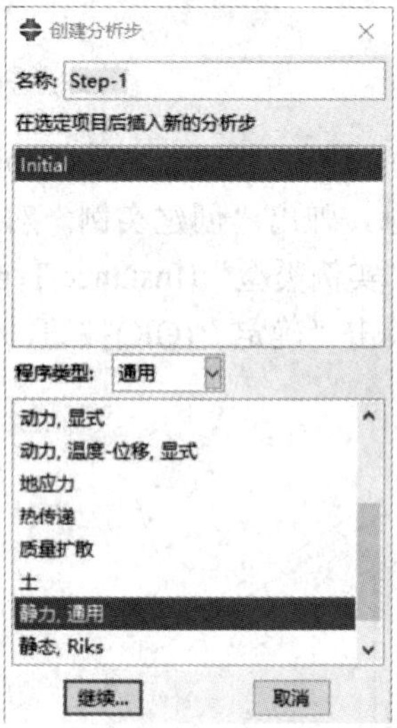

图 7-32　"创建分析步"对话框 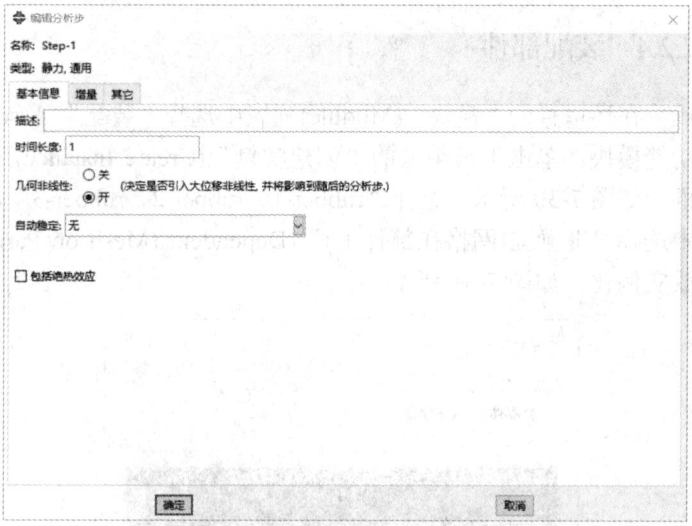　　　　图 7-33　"编辑分析步"对话框的"基本信息"选项卡

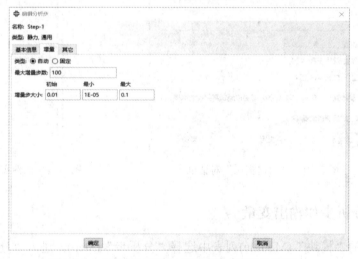

图 7-34　"编辑分析步"对话框的"增量"选项卡

2. 设置变量输出

单击工具箱区的"场输出管理器"(Field Output Manager)按钮![按钮]，弹出"场输出请求管理器"(Field Output Requests Manager)对话框，可以看到 ABAQUS/CAE 已经自动生成了一个名为"F-Output-1"的历史输出变量，如图 7-35 所示。

单击"编辑..."(Edit...)按钮，弹出"编辑场输出请求"(Edit Field Output Requests)对话框，如图 7-36(a)所示。单击"输出变量"(Output Variables)列表内"应力"(Stress)前的▶，在展开的列表中选择"S"和"MISESMAX，最大 Mises 等效应力"；单击列表中"应变"(Strains)前的▶，选择"EE, Elastic strain components"，不选择"PE, Plastic strain components、PEEQ，Equivalent plastic strain、PEMAG，Plastic strain magnitude"；单击"接触"(Contact)前的■，取消对接触变量的输出；单击列表内"位移/速度/加速度"(Displacement/Velocity/Acceleration)

前的▶，在展开的列表中选择"U"，如图 7-36(b)所示。单击"确定"(OK)按钮，完成场变量输出要求的设置，单击"关闭"(Dismiss)按钮关闭管理器。

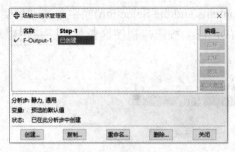

图 7-35　"场输出请求管理器"对话框

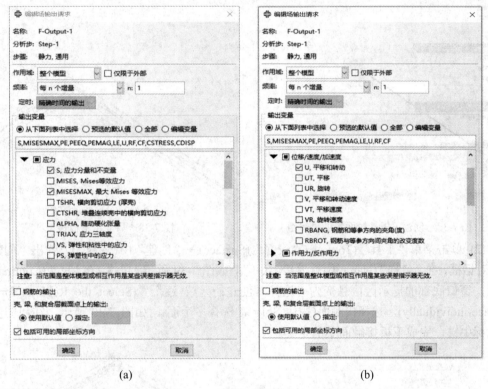

(a)　　　　　　　　　　　　　　　(b)

图 7-36　"编辑场输出请求"对话框

7.2.6　定义接触

在环境栏的"模块"(Module)列表中选择"相互作用"(Interaction)，进入"相互作用"(Interaction)功能模块。

1. 创建接触面集

1) 创建下板接触面集

(1) 单击工具箱区的"创建显示组"(Create Display Group)按钮，弹出"创建显示组"

(Create Display Group)对话框，在"项"(Item)列表内选择"Part/Model instances"，在右侧的列表内选择"rubber-1-1"，在"对视口内容和所选执行一个 Boolean 操作"(Perform a Boolean on the Viewport Contents and the Selection)栏中单击"替换"(Replace)按钮，如图 7-37 所示。单击"关闭"(Dismiss)按钮，视图区仅显示下板的模型，如图 7-38 所示。

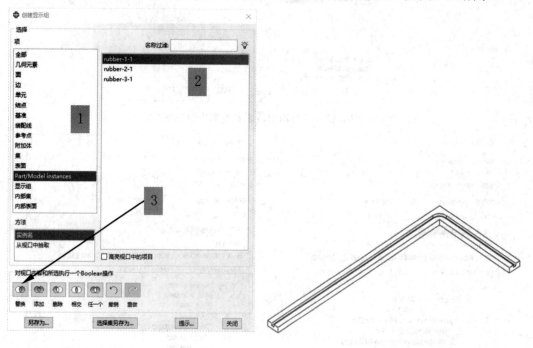

图 7-37　创建下板接触面集的显示组　　　　图 7-38　只显示下板模型

(2) 单击菜单"工具"(Tools)→"表面"(Surface)→"创建"(Creates...)，弹出"创建表面"对话框，在"名称"(Name)中输入"xt-x-1"，如图 7-39 所示。单击"继续..."(Continue...)按钮，窗口底部的提示区信息变为"选择要创建的区域-逐个"(Select the Regions for the Surface-individually)，选择接触面(按住 Shift 键选择多个面)，如图 7-40 所示，在视图区单击鼠标中键，完成下板接触面集的定义。

图 7-39　输入"xt-x-1"　　　　图 7-40　选择下板接触表面

2) 创建上板接触面集

(1) 单击工具箱区的"创建显示组"(Create Display Group)按钮，弹出"创建显示组"(Create Display Group)对话框，在"项"(Item)列表内选择"Part/Model instances"，在右侧

的列表内选择 "rubber-2-1"，在 "对视口内容和所选择执行一个 Boolean 操作"(Perform a Boolean on the Viewport Contents and the Selection)栏中单击 "替换"(Replace)按钮 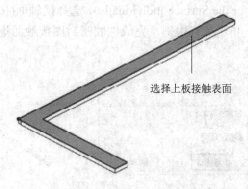，如图 7-41 所示。单击 "关闭"(Dismiss)按钮，视图区仅显示上板的模型，如图 7-42 所示。

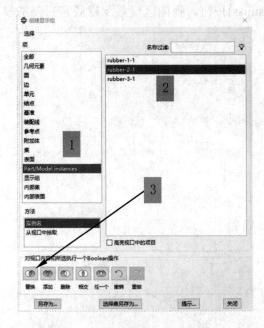

图 7-41　创建上板接触面集的显示组

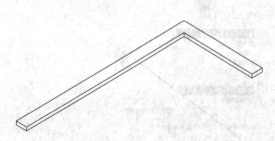

图 7-42　显示上板模型

　(2) 单击菜单 "工具"(Tools)→ "表面"(Surface)→ "创建"(Creates…)，弹出 "创建表面"(Create Surface)对话框，在 "名称"(Name)中输入 "s-x-1"，如图 7-43 所示。单击 "继续..."(Continue...)按钮，窗口底部的提示区信息变为 "选择要创建的区域–逐个"(Select the Regions for the Surface-individually)，选择接触面(按住 Shift 键选择多个面)，如图 7-44 所示，在视图区单击鼠标中键，完成上板接触面集的定义。

图 7-43　输入 "s-x-1"

图 7-44　选择上板接触表面

选择上板接触表面

3) 创建橡胶密封圈接触面集

(1) 单击工具箱区的 "创建显示组"(Create Display Group)按钮 ，弹出 "创建显示组"(Create Display Group)对话框，在"项"(Item)列表内选择"Part/Model instances"，在右侧的列表内选择"rubber-3-1"，在"对视口内容和所选择执行一个 Boolean 操作"(Perform a Boolean on the Viewport Contents and the Selection)栏中单击"替换"(Replace)按钮◯◯，如图 7-45 所示。单击"关闭"(Dismiss)按钮，视图区仅显示橡胶密封圈的模型，如图 7-46 所示。

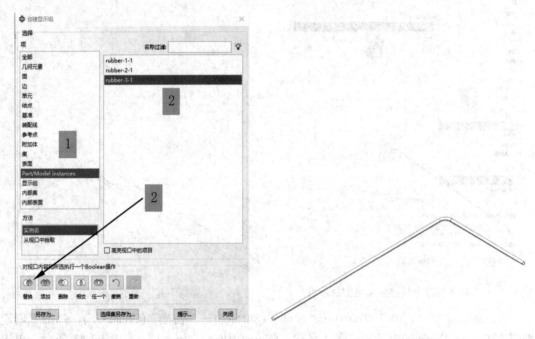

图 7-45　创建橡胶密封圈接触面集的显示组　　　　图 7-46　显示橡胶密封圈模型

(2) 单击菜单"工具"(Tools)→"表面"(Surface)→"创建"(Creates…)，弹出"创建表面"(Create Surface)对话框，在"名称"(Name)中输入"x-j-1"，如图 7-47 所示。单击"继续..."(Continue...)按钮，窗口底部的提示区信息变为"选择要创建的区域-逐个"(Select the Regions for the Surface-individually)，选择接触面(按住 Shift 键选择多个面)，如图 7-48 所示，在视图区单击鼠标中键，完成橡胶密封圈接触面集的定义。

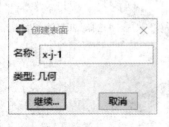 

图 7-47　输入"x-j-1"　　　　图 7-48　选择橡胶密封圈接触表面

2. 定义相互作用属性

单击工具条的"全部替换"(Replace All)按钮⬤，显示所有部件，如图 7-49 所示。

(1) 单击工具箱区的"创建相互作用属性"(Create Interaction Property)按钮，或选择"相互作用"(Interaction)→"属性"(Property)→"创建..."(Create...)命令，弹出"创建相互作用属性"(Create Interaction Property)对话框，如图 7-50 所示。

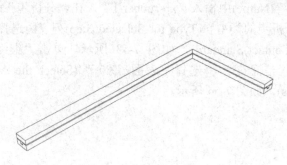

图 7-49　显示所有部件　　　　　　　　　图 7-50　"创建相互作用属性"对话框

(2) 在"名称"(Name)中输入"IntProp-1"，在"类型"(Type)列表内选择"接触"(Contact)，单击"继续..."(Continue...)按钮，弹出"编辑接触属性"(Edit Contact Property)对话框，如图 7-51 所示。

(3) 在如图 7-51 所示的"编辑接触属性"对话框中，单击"力学"(Mechanical)→"切向行为"(Tangential Behavior)→"摩擦公式"(Friction Formulation)→"罚"(Penalty)→"摩擦系数"(Friction)，在摩擦系数框内输入"0.5"，如图 7-52 所示，单击"确定"(OK)按钮完成摩擦系数设置。

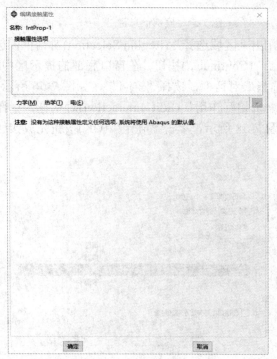

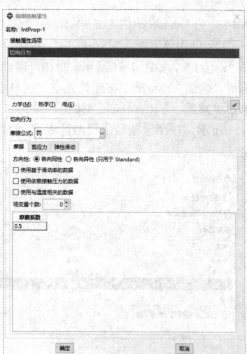

图 7-51　"编辑接触属性"对话框　　　　　　　图 7-52　设置摩擦系数

3. 创建部件之间的接触

1) 创建下板和橡胶密封圈的接触

(1) 单击工具箱区的"创建相互作用"(Create Interaction)按钮 ，弹出"创建相互作用"(Create Interaction)对话框，在"名称"(Name)中输入"xb-rubber-1"，在"分析步"(Step)中选择"Initial"，在"可用于所选分析步的类型"(Type for Selected Step)列表内选择"表面与表面接触"((Surface-to-surface Contact)Standard)，如图 7-53 所示。单击"继续..."(Continue...)按钮，窗口底部的提示区信息变为"选择主表面-逐个"(Select the Master Surface-Individual)，"表面"(Surfaces)，如图 7-54 所示。

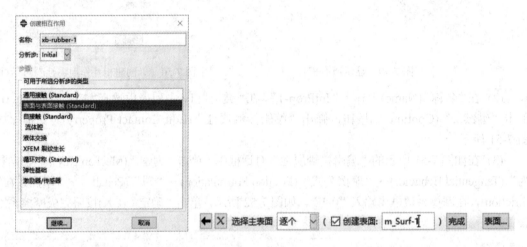

图 7-53　为"xb-rubber-1"创建相互作用　　　　　图 7-54　底部信息栏

(2) 单击"表面..."(Surfaces...)按钮，弹出"区域选择"(Region Selection)对话框，选择"xt-x-1"，如图 7-55 所示。单击"继续..."(Continue...)按钮，在窗口底部的提示区中，单击"表面"(Surface)按钮，弹出"区域选择"对话框，选择"x-j-1"，如图 7-56 所示。单击"继续..."(Continue...)按钮，弹出"编辑相互作用"(Edit Interaction)对话框，如图 7-57 所示，视图区域显示接触区表面，如图 7-58 所示，单击"确定"(OK)按钮完成接触定义。

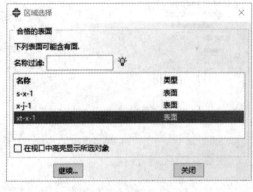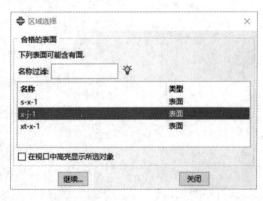

图 7-55　选择"xt-x-1"　　　　　　　　　　　图 7-56　选择"x-j-1"

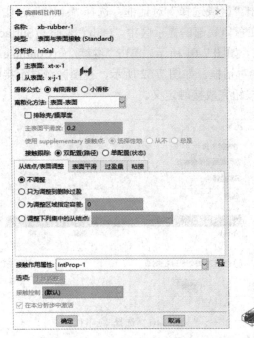

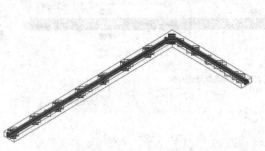

图 7-57　为"xb-rubber-1"编辑相互作用　　　　图 7-58　创建下板与橡胶密封圈接触

2) 创建上板和橡胶密封圈的接触

(1) 单击工具箱区的"创建相互作用"(Create Interaction)按钮，弹出"创建相互作用"(Create Interaction)对话框，在"名称"(Name)中输入"sb-rubber-1"，在"分析步"(Step)中选择"Initial"，在"可用于所选分析步的类型"(Type for Selected Step)列表内选择"表面与表面接触"((Surface-to-surface Contact)Standard)，如图 7-59 所示。单击"继续..."(Continue...)按钮，窗口底部的提示区信息变为"选择主表面-逐个"(Select the Master Surface-individual)，"表面"(Surfaces)。

图 7-59　为"sb-rubber-1"创建相互作用

(2) 单击"表面…"(Surfaces…)按钮，弹出"区域选择"对话框，选择"s-x-1"，如图 7-60 所示。单击"继续…"(Continue…)按钮，在窗口底部的提示区中，单击"表面"(Surface) 按钮，弹出"区域选择"对话框，选择"x-j-1"，如图 7-61 所示。单击"继续…"(Continue…) 按钮，弹出"编辑相互作用"(Edit Interaction)对话框，如图 7-62 所示，视图区域显示接触 区表面，如图 7-63 所示，单击"确定"(OK)按钮完成接触定义。

图 7-60　选择"s-x-1"　　　　　　　图 7-61　选择"x-j-1"

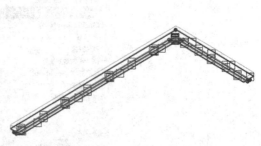

图 7-62　为"sb-rubber-1"编辑相互作用　　　图 7-63　创建上板与橡胶密封圈接触

7.2.7　定义载荷和边界条件

在环境栏的"模块"(Module)列表中选择"载荷"(Load)功能模块，定义"载荷"(Load)和"边界条件"(Boundary Condition)。

1. 施加边界条件约束

(1) 单击工具箱区的显示所有图标，显示所有零件。单击工具箱区的"创建边界条件"(Create Boundary Condition)按钮，弹出"创建边界条件"(Create Boundary Condition)对话框，在"名称"(Name)中输入"xb"，在"分析步"(Step)中选择"Initial"，在"可用于所选分析步的类型"(Types for Selected Step)列表内选择"位移/转角"(Displacement/Rotation)，如图 7-64 所示。

图 7-64　为"xb"创建边界条件

(2) 单击"继续..."(Continue...)按钮。窗口底部的提示区域信息变为"选择要施加边界条件的区域"(Select Regions for the Boundary Condition)，按住 Shift 键选择下板底面，ABAQUS/CAE 显示选中的平面，如图 7-65 所示。在视图区中单击鼠标中键，弹出"编辑边界条件"(Edit Boundary Condition)对话框，在"U1、U2、U3、UR1、UR2、UR3"前面的方框中打钩，如图 7-66 所示。单击"确定"(OK)按钮，完成固定边界条件的约束，如图 7-67 所示。

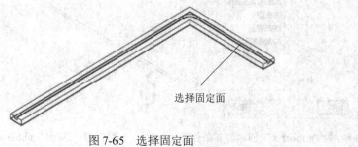

选择固定面

图 7-65　选择固定面

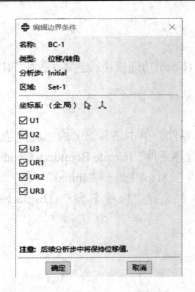

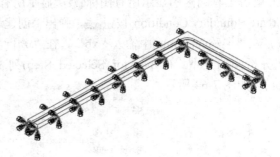

图 7-66　约束固定边界条件　　　　　　　图 7-67　创建固定约束

2. 设置橡胶对称约束

(1) 单击工具箱区的"创建边界条件"(Create Boundary Condition)按钮，弹出"创建边界条件"(Create Boundary Condition)对话框，在"名称"(Name)中输入"rubber-x"，在"分析步"(Step)中选择"Initial"，在"可用于所选分析步的类型"(Types for Selected Step)列表内选择"对称/反对称/完全固定"(Symmetry/Antisymmetry/Encastre)，如图 7-68 所示。单击"继续..."(Continue...)按钮，选择橡胶端面，如图 7-69 所示。在视图区域单击鼠标中键，弹出"编辑边界条件"(Edit Boundary Condition)对话框，选择"XSYMM (U1=UR2=UR3=0)"，如图 7-70 所示，单击"确定"(OK)按钮，完成"X"方向对称约束定义。

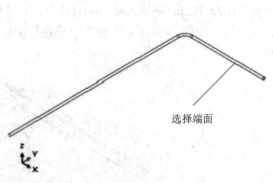

图 7-68　为"rubber-x"创建边界条件　　　图 7-69　选择"rubber-x"的端面

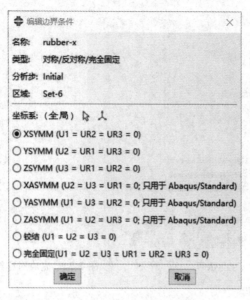

图 7-70　完成 "X" 方向对称约束定义

(2) 单击工具箱区的 "创建边界条件" (Create Boundary Condition)工具图标⬛,弹出 "创建边界条件" (Create Boundary Condition)对话框,在 "名称" (Name)栏内输入 "rubber-y",在 "分析步" (Step)中选择 "Initial",在 "可用于所选分析步的类型" (Types for Selected Step)列表内选择 "对称/反对称/完全固定" (Symmetry/Antisymmetry/Encastre),如图 7-71 所示。单击 "继续..." (Continue...)按钮,选择橡胶端面,如图 7-72 所示。在视图区域单击鼠标中键,弹出 "编辑边界条件" (Edit Boundary Condition)对话框,选择 "YSYMM (U2=UR1=UR3=0)",如图 7-73 所示,单击 "确定" (OK)按钮,完成 y 方向对称约束的定义和对称约束施加结构图,如图 7-74 所示。

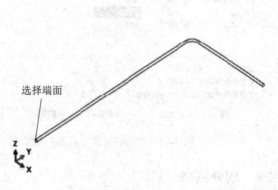

图 7-71　为 "rubber-y" 创建边界条件　　　　　　图 7-72　选择 "rubber-y" 的端面

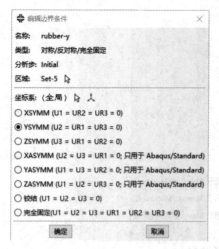

图 7-73 选择"YSYMM" 图 7-74 完成对称约束施加结构图

3. 编辑约束边界条件

单击工具箱区的"边界条件管理器"(Boundary Condition Manager)按钮，弹出"边界条件管理器"对话框，如图 7-75 所示。在边界条件管理器里选择"名称"中的"sb"和"Step-1"中的"已修改"(Modified)，单击"编辑"(Edit...)按钮，弹出"编辑边界条件"(Edit Boundary Condition)对话框，在 U3 栏内输入"−0.8"，如图 7-76 所示，单击"确定"(OK)按钮后再单击"关闭"按钮(Dismiss)。(注："−0.8"就是压板往下移动的距离，该管理器可以对创建的边界条件进行编辑、重命名、删除等操作)。

图 7-75 "边界条件管理器"对话框

图 7-76 在 U3 栏内输入"−0.8"

7.2.8 划分网格

在环境栏的"模块"(Module)列表中选择"网格"(Mesh)，进入"网格"(Mesh)功能模块。

1. 下板划分网格

由于装配件由非独立实体构成，在开始网格划分操作之前，需要在环境栏的"对象"(Object)列表中选择"rubber-1"下板，如图 7-77 所示。

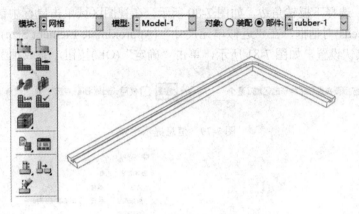

图 7-77　下板模型

1) 指定单元类型

单击工具箱区的"指派单元类型"(Assign Element Type)按钮，选择模型，单击鼠标中键，弹出"单元类型"(Element Type)对话框，在"单元库"(Element Library)中选择"Standard"(标准)，在"族"(Family)中选择"三维应力"(3D Stress)，在"几何阶次"(Geometric Order)中选择"二次"(Quadratic)，其余默认设置，如图 7-78 所示。单元类型为"C3D10"，即十结点二次四面体单元。单击"确定"(OK)按钮，完成单元类型的指派。

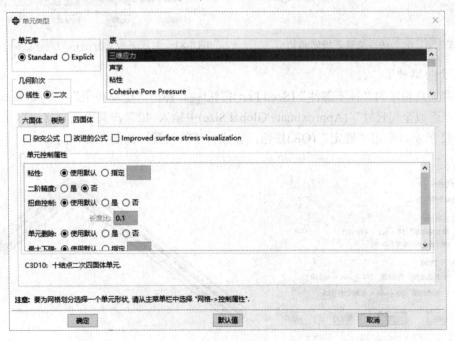

图 7-78　"单元类型"对话框

2）局部撒种子

单击工具箱区的"为边布种"(Seed Edges)按钮 ，窗口底部的提示区信息变为"选择要布置局部种子的区域-逐个"(Select the Regions to be Assigned Local Seeds -individually)，如图7-79所示。选择下板转角边，如图7-80所示，在视图区域单击鼠标中键，弹出"局部种子"(Local Seeds)对话框，在"近似单元尺寸"(Approximate Element Size)中输入"1"，其余选项接受默认设置，如图7-81所示，单击"确定"(OK)按钮，完成种子的设定。

图 7-79　信息提示栏

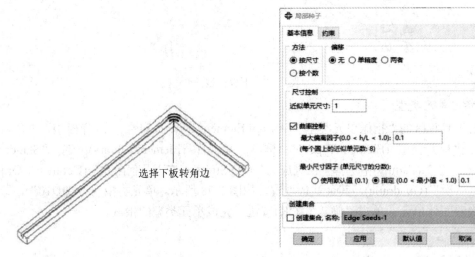

图 7-80　选择下板转角边
图 7-81　完成下板划分网格的局部撒种子设置

3）全局撒种子

单击工具箱区的"种子部件"(Seed Part)按钮 ，弹出"全局种子"(Global Seeds)对话框，在"近似全局尺寸"(Approximate Global Size)中输入"2"，其余选项接受默认设置，如图7-82所示，单击"确定"(OK)按钮，完成种子的设置，如图7-83所示。

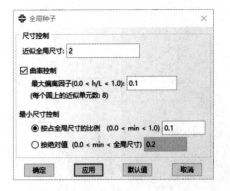
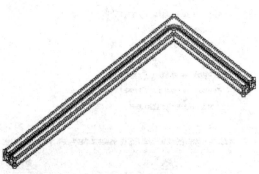

图 7-82　完成下板划分网格的全局撒种子设置
图 7-83　下板划分网格种子设置完成

4) 指派网格控制属性

单击工具箱区的"指派网格控制属性"(Assign Mesh Controls)按钮 ，在视图区选择模型，单击鼠标中键，弹出"网格控制属性"(Mesh Controls)对话框，在"单元形状"(Element Shape)中选择"四面体"(Tet)，在"技术"(Technique)中选择"自由"(Free)，在"算法"(Algorithm)中选择"使用默认算法"(Use Default Algorithm)，如图 7-84 所示，单击"确定"(OK)按钮，完成网格属性指派。

5) 划分网格

单击工具箱区的"为部件划分网格"(Mesh Part)按钮 ，窗口底部的提示区信息变为"要为部件划分网格吗？"(OK to Mesh the Part?)，在视图区中单击鼠标中键，或直接单击窗口底部提示区中的"是"(Yes)按钮，得到如图 7-85 所示的网格，信息栏显示"20107 个单元已创建到部件：rubber-1"。

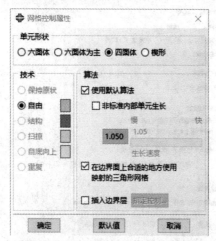

图 7-84　指派下板划分网格控制属性

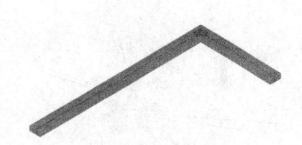

图 7-85　下板划分网格后的模型图

2. 上板划分网格

在进行任何操作之前，须在环境栏的"对象"(Object)列表中选择"rubber-2"下板，如图 7-86 所示。

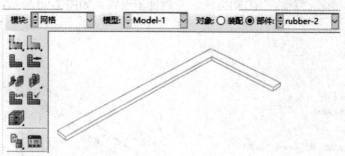

图 7-86　上压板

1) 指定单元类型

单击工具箱区的"指派单元类型"(Assign Element Type)按钮 ，选择模型，单击鼠标中键，弹出"单元类型"(Element Type)对话框，在"单元库"(Element Library)中选择"Standard"(标准)，在"族"(Family)中选择"三维应力"(3D Stress)，在"几何阶次"(Geometric Order)中选择"二次"(Quadratic)，其余默认设置，如图 7-78 所示。单元类型为"C3D10"，即十结点二次四面体单元。单击"确定"(OK)按钮，完成单元类型的指派。

　　2) 局部撒种子

　　单击工具箱区的"为边布种"(Seed Edges)按钮，窗口底部的提示区信息变为"选择要布置局部种子的区域–逐个"(Select the Regions to be Assigned Local Seeds-individually)，如图 7-79 所示。选择上板边，如图 7-87 所示，在视图区域单击鼠标中键，弹出"局部种子"(Local Seeds)对话框，在"近似单元尺寸"(Approximate Element Size)中输入"2.1"，其余选项接受默认设置，如图 7-88 所示，单击"确定"(OK)按钮，完成种子设置。

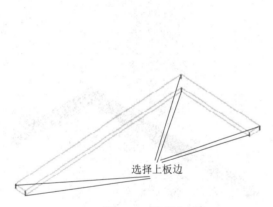

选择上板边

图 7-87　选择上板边

图 7-88　完成上板划分网格的局部撒种子设置

　　3) 全局撒种子

　　单击工具箱区的"种子部件"(Seed Part)按钮，弹出"全局种子"(Global Seeds)对话框，在"近似全局尺寸"(Approximate Global Size)中输入"2"，其余选项接受默认设置，如图 7-89 所示，单击"确定"(OK)按钮，完成种子设置，如图 7-90 所示。

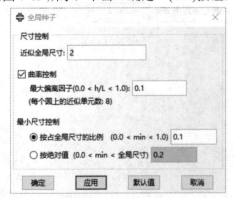

图 7-89　完成上板划分网格的全局撒种子设置

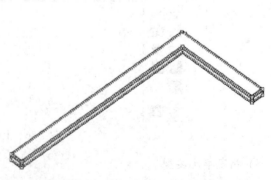

图 7-90　上板划分网格种子设置完成

4) 指派网格控制属性

单击工具箱区的"指派网格控制属性"(Assign Mesh Controls)按钮 ，在视图区选择模型，单击鼠标中键，弹出"网格控制属性"(Mesh Controls)对话框，在"单元形状"(Element Shape)中选择"四面体"(Tet)，在"技术"(Technique)中选择"自由"(Free)，在"算法"(Algorithm)中选择"使用默认算法"(Use Default Algorithm)，如图 7-84 所示，单击"确定"(OK)按钮，完成网格属性指派。

5) 划分网格

单击工具箱区的"为部件划分网格"(Mesh Part)按钮 ，窗口底部的提示区信息变为"要为部件划分网格吗？"(OK to Mesh the Part ?)，在视图区中单击鼠标中键，或直接单击窗口底部提示区的"是"(Yes)按钮，得到如图 7-91 所示的网格。信息栏显示"2312 个单元已创建到部件：rubber-2"。

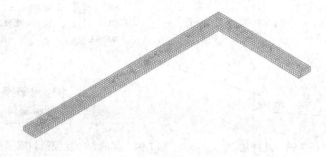

图 7-91　上板划分网格后的模型图

3. 划分橡胶密封圈网格

在进行任何操作之前，须在环境栏的"对象"(Object)列表中选择"rubber-3"橡胶密封圈，橡胶密封圈模型如图 7-92 所示。

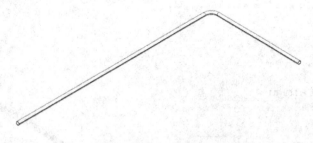

图 7-92　橡胶密封圈模型

1) 指定单元类型

单击工具箱区的"指派单元类型"(Assign Element Type)按钮 ，选择模型，单击鼠标中键，弹出"单元类型"(Element Type)对话框，在"单元库"(Element Library)中选择"Standard"(标准)，在"族"(Family)中选择"三维应力"(3D Stress)，在"几何阶次"(Geometric Order)中选择"二次"(Quadratic)，其余默认设置，如图 7-78 所示。单元类型为"C3D10"，即十结点二次四面体单元。单击"确定"(OK)按钮，完成单元类型的指派。

2）局部撒种子

单击工具箱区的"为边布种"(Seed Edges)按钮 ，窗口底部的提示区域信息变为"选择要布置局部种子的区域-逐个"(Select the Regions to be Assigned Local Seeds-individually)，如图 7-79 所示。选择橡胶密封圈边，如图 7-93 所示，在视图区域单击鼠标中键，弹出"局部种子"(Local Seeds)对话框，在"近似单元尺寸"(Approximate Element Size)中输入"0.47"，其余选项接受默认设置，如图 7-94 所示，单击"确定"(OK)按钮，完成种子设置。

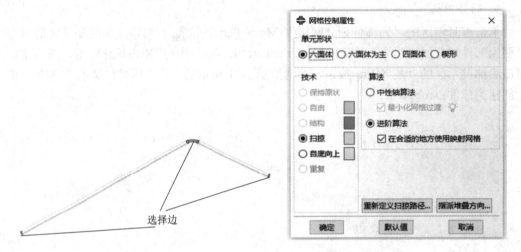

图 7-93　选择边　　　　　图 7-94　完成划分橡胶密封圈网格的局部撒种子设置

3）全局撒种子

单击工具箱区的"种子部件"(Seed Part)按钮 ，弹出"全局种子"(Global Seeds)对话框，在"近似全局尺寸"(Approximate Global Size)中输入"4"，其余选项接受默认设置，如图 7-95 所示，单击"确定"(OK)按钮，完成种子设置，如图 7-96 所示。

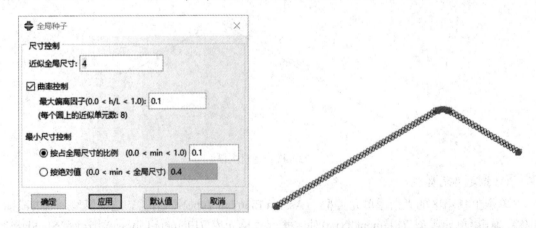

图 7-95　完成划分橡胶密封圈网格的全局种子设置　　图 7-96　划分橡胶密封圈网格种子设置完成

4）指派网格控制属性

单击工具箱区的"指派网格控制属性"(Assign Mesh Controls)按钮 ，在视图区选择模型，单击鼠标中键，弹出"网格控制属性"(Mesh Controls)对话框，在"单元形状"(Element Shape)选项里面选择"六面体"(Hexahedron)，在"算法"(Algorithm)中选择"进阶算法"(Advancing Front)，其余默认设置，如图 7-97 所示，单击"确定"(OK)按钮，完成网格属性的设置。

图 7-97　指派划分橡胶密封圈网格控制属性

5) 划分网格

单击工具箱区的"为部件划分网格"(Mesh Part)按钮🔳，窗口底部的提示区域信息变为"要为部件划分网格吗？"(OK to Mesh the Part?)，在视图区中单击鼠标中键，或直接单击窗口底部提示区中的"是"(Yes)按钮，得到如图 7-98 所示的网格。信息栏显示"4998 个单元已创建到部件：rubber-3"。

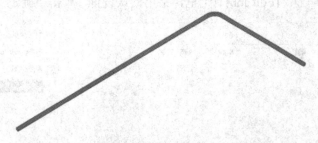

图 7-98　划分橡胶密封圈网格后的模型图

6) 检查网格

将"对象"(Object)选择切换到"装配"(Assembly)，单击工具箱区的"检查网格"(Verify Mesh)按钮✅，窗口底部的提示区域信息变为"选择待检查的区域按部件"(Select the Regions to Verify by Part)，选择全部模型，在视图区中单击鼠标中键，或直接单击窗口底部提示区信息栏的"完成"(Done)按钮，弹出"检查网格"(Verify Mesh)对话框，如图 7-99 所示。在"检查网格"(Verify Mesh)对话框中选择"形状检查"(Shape Metrics)，单击"高亮"(Highlight)按钮，模型显示不同的颜色，如图 7-100 所示。

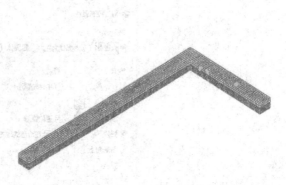

图 7-99　"检查网格"对话框　　　　　　　　图 7-100　网格质量显示

7.2.9　提交分析作业

在环境栏的"模块"(Module)列表中选择"作业"(Job)，进入"作业"(Job)功能模块。

1. 创建分析作业

单击工具箱区的"作业管理器"(Job Manager)按钮，弹出"作业管理器"(Job Manager)对话框，如图 7-101 所示。在管理器中单击"创建..."(Create...)按钮，弹出"创建作业"(Create Job)对话框，在"名称"(Name)中输入"rubber-1"，如图 7-102 所示。单击"继续..."(Continue...)按钮，弹出"编辑作业"(Edit Job)对话框，采用默认设置，单击"确定"(OK)按钮。

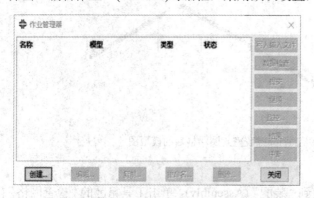

图 7-101　"作业管理器"对话框　　　　　　图 7-102　"创建作业"对话框

2. 进行数据检查

单击"作业管理器"(Job Manager)的"数据检查"(Data check)按钮，提交数据检查。数据检查完成后，管理器的"状态"(Status)栏显示为"检查已完成"(Completed)，如图 7-103 所示。

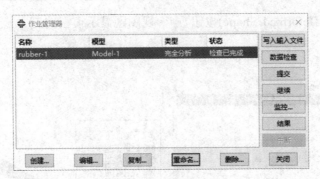

图 7-103　进行数据检查

3. 提交分析

单击"作业管理器"(Job Manager)的"提交"(Submit)按钮。对话框的"状态"(Status)提示依次变为 Submitted，Running 和 Completed，这表明对模型的分析已经完成。单击此对话框的"结果"(Results)按钮，自动进入"可视化"(Visualization)模块。

信息区显示：

作业输入文件"rubber -1.inp"已经提交分析。

Job rubber -1: Analysis Input File Processor completed successfully.

Job rubber -1: Abaqus/Standard completed successfully.

Job rubber -1 completed successfully.

单击工具栏的"保存数据模型库"(Save Model Database)按钮🖫保存模型。

7.2.10　后处理

单击作业管理器的"结果"(Results)按钮，ABAQUS/CAE 随即进入"可视化"(Visualization)功能模块，在视图区域显示模型未变形时的轮廓图，如图 7-104 所示。

图 7-104　零件无变形图

1. 显示应力云图

单击菜单"结果"(Result)→"分析步/帧(S)…"(Step/Frame…)，弹出"分析步/帧"(Step/Frame)对话框，在分析步列表内选择"Step-1"，在"帧"(Frame)列表内选择"33"，如图 7-105 所示，单击"确定"(OK)按钮。接着，单击工具箱区的"在变形图上绘制云图"

(Plot Contours on Deformed Shape)按钮 ，视图区显示模型的应力云图，最大应力值为 20.45 MPa，如图 7-106 所示。

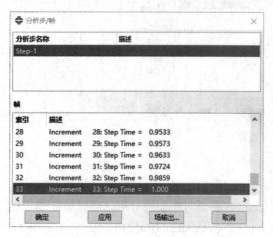

图 7-105　"分析步/帧"对话框

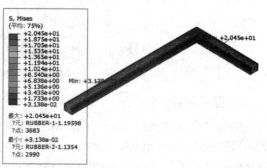

图 7-106　应力云图

2. 显示截面变形应力云图

(1) 单击工具箱区的"视图切面"(View Cut)按钮，弹出"视图切面管理器"对话框，设置如图 7-107 所示，橡胶截面变形云图如图 7-108 所示。

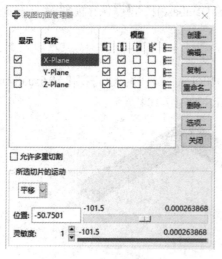

图 7-107　"视图切面管理器"对话框

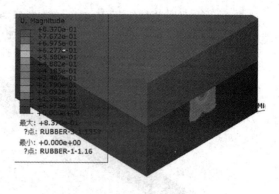

图 7-108　X-平面显示

(2) 单击工具箱区的"创建显示组"(Create Display Group)按钮，弹出"创建显示组"(Create Display Group)对话框，在"项"(Item)列表内选择"Part/Model Instances"，在右侧的列表内选择"rubber-3-1"，在"对视口内容和所选择执行一个 Boolean 操作"(Perform a Boolean on the Viewport Contents and the Selection)栏中单击"替换"(Replace)按钮，如图 7-109 所示。单击"关闭"(Dismiss)按钮，视图区仅显示橡胶密封圈的模型，如图 7-110 所示。

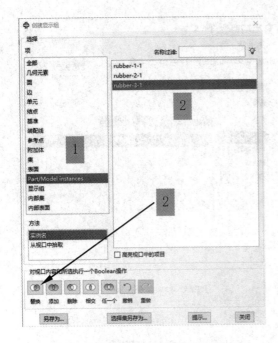

图 7-109　创建橡胶密封圈模型的显示组

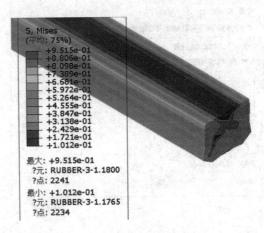

图 7-110　单独显示橡胶圈变形云图

3. 显示压板反作用力

(1) 单击工具箱区的"创建 XY 数据"(Create XY Data)
按钮，弹出"创建 XY 数据"对话框，选择"ODB 场
变量输出"(ODB field output)选项，如图 7-111 所示。
单击"继续..."(Continue...)按钮，弹出"ODB 场输出
的 XY 数据"(XY Data from ODB Field Output)对话框，
"变量"(Variables)基本卡设置如图 7-112(a)所示。"单
元/结点"(Elements/Frames)基本卡设置如图 7-112(b)
所示，选择压板上表面结点，然后单击保存(Save)。

(2) 单击工具箱区的"创建 XY 数据"(Create XY
Data)按钮，弹出"创建 XY 数据"对话框，选择"操
作 XY 数据"(Operate on XY Data)，如图 7-113 所示。

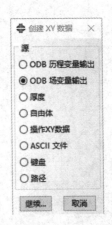

图 7-111　选择"ODB 场变量输出"

单击"继续…"(Continue…)按钮，弹出"操作 XY 数
据"(Operate on XY Data)对话框，在"运操作符"(Operators)列表内选择"sum((A，A…))"，
在"XY 数据"(XY Data)列表内按住 Shift 键选择列表里的所有数据，单击按钮 添加到表达式 ，
添加所有数据到公式求和，如图 7-114 所示。单击按钮 另存为 ，弹出"XY 数据另存为"
(Save XY Data As)对话框，如图 7-115 所示，单击"确定"(OK)按钮。

(3) 至此，在"操作 XY 数据"(Operate on XY data)对话框中多了一列"XYData-1"数
据，选择"XYData-1"数据，如图 7-116 所示。单击按钮 绘制表达式 ，绘制出压板反作用
力与时间(行程)的关系图，如图 7-117 所示(详细操作可以参考 ABAQUS 操作指南)。

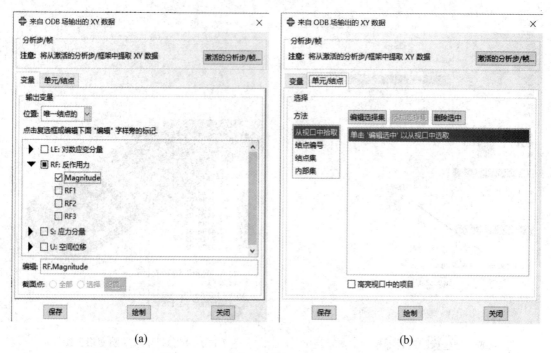

(a)　　　　　　　　　　　　　　　　　　(b)

图 7-112　"ODB 场输出的 XY 数据"对话框

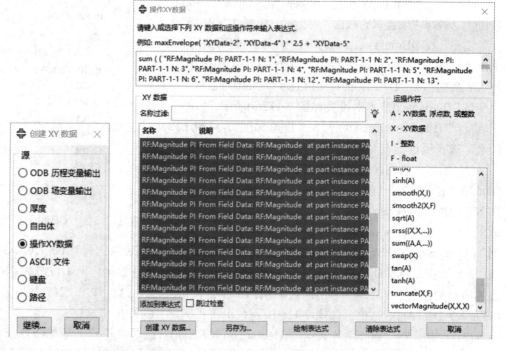

图 7-113　选择"操作 XY 数据"　　　　　图 7-114　"操作 XY 数据"对话框

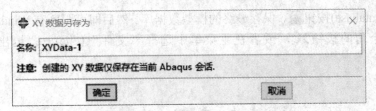

图 7-115　"XY 数据另存为"对话框

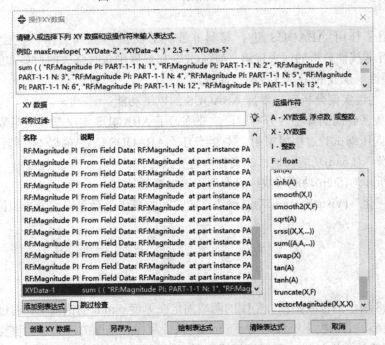

图 7-116　选择"XYData-1"

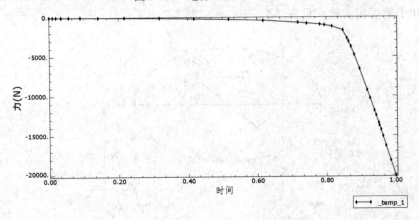

图 7-117　压板反作用力与时间(行程)的关系图

7.2.11　退出 ABAQUS/CAE

至此，对此例题的完整分析过程已经完成。单击窗口顶部工具栏的"保存模型数据库"

(Save Model Database)按钮圆，保存最终的模型数据库。然后即可跟所有 Windows 程序一样单击窗口右上角的按钮✖，或者在主菜单中选择"文件"(File)→"退出"(Exit)退出 ABAQUS/CAE。

本 章 小 结

本章介绍了使用 ABAQUS 进行材料非线性分析的步骤和方法，使读者了解利用 ABAQUS 进行非线性分析的巨大优势。ABAQUS 材料库中包含强大的材料非线性库，包括延性金属的塑性、橡胶的超弹性、黏弹性等。

本章中，通过实例分析应当掌握 ABAQUS 的以下功能：

(1) 在橡胶密封圈的弹塑性分析中，主要练习了 ABAQUS 定义塑性材料数据的功能。

(2) 在单向压缩试验过程模拟中，主要练习了 ABAQUS/CAE 的以下功能：

① "载荷"(Load)功能模块：定义位移边界条件。

② "分析步"(Step)功能模块：设置历史输出变量。

③ "可视化"(Visualization)功能模块：随时间的变化，查看应力分布和位移分布。

习 题

如图 7-118 所示的橡胶垫圈，垫圈的两端固定在厚度 5 mm 的钢板上，通过钢板把载荷均匀传给橡胶垫，上钢板下压移动 $U = 5$ mm，试计算橡胶垫圈的应力和位移变形。橡胶材料是不可压缩的超弹性材料，下面已经提供了三组不同的实验数据：单轴拉伸实验、双轴拉伸实验和平面剪切实验，见表 7-5、表 7-6 和表 7-7。

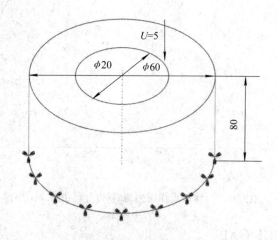

图 7-118 橡胶垫圈

表 7-5　单轴拉伸实验数据

应力/MPa	应变/×10⁻⁶
0.054	38 000
0.152	133 800
0.254	221 000
0.362	345 000
0.459	460 000
0.583	624 200
0.656	851 000
0.730	1 426 800

表 7-6　双轴拉伸实验数据

应力/MPa	应变/×10⁻⁶
0.089	20 000
0.255	140 000
0.503	420 000
0.958	1 490 000
1.703	2 750 000
2.413	3 450 000

表 7-7　平面剪切实验数据

应力/MPa	应变/×10⁻⁶
0.055	69 000
0.342	282 800
0.758	1 386 200
1.269	3 034 500
1.779	3 034 500

第8章 热应力分析

知识要点:

- ◆ 掌握热力学分析的基本概念
- ◆ 掌握相关的热力学基础知识
- ◆ 掌握热力学瞬态分析的方法
- ◆ 掌握热应力求解的方法

本章导读:

热分析用于计算一个系统或部件的温度分布及其他热物理参数,如热量的获取或损失、热梯度及热流密度(热通量)等。热分析在许多工程应用中扮演着重要的角色,如内燃机、涡轮机、换热器、管路系统及电子元件等。

ABAQUS 中可以进行热电耦合、热力耦合等多种耦合场分析。本章结合实例讲解温度场求解方法及热应力分析。关于热电耦合,读者可以参阅 ABAQUS 用户手册相关章节。

8.1　热力学分析简介

根据传热问题的类型和边界条件的不同,可以将热分析分成几种类型:① 与时间无关的稳态热分析和与时间有关的瞬态热分析;② 材料参数和边界条件不随温度变化的线性传热,材料和边界条件对温度敏感的非线性传热;③ 包含温度影响的多场合耦合问题等。

ABAQUS 可以求解以下类型的传热问题:

(1) 非耦合传热分析。此类分析中,模型的温度场不受应力应变场或电场的影响。在 ABAQUS/Standard 中可以分析热传导、强制对流、边界辐射等问题,其分析类型可以是瞬态或稳态、线性或非线性的。

(2) 顺序耦合热应力分析。此类分析中应力应变场取决于温度场,但温度场不受应力应变场的影响。此类问题使用 ABAQUS/Standard 来求解,具体方法是首先分析传热问题,然后将得到的温度场作为已知条件,进行热应力分析,得到应力应变场。分析传热问题所使用的网格和热应力分析的网格可以是不一样的,ABAQUS 会自动进行插值处理。

(3) 完全耦合热应力分析。此类分析中的应力应变场和温度场之间有着强烈的相互作用,需要同时求解。可以使用 ABAQUS/Standard 或 ABQUS/Explicit 来求解此类问题。

(4) 绝热分析。在此类分析中，力学变形产生热，而且整个过程的时间极其短暂，不发生热扩散。可以使用 ABAQUS/Standard 或 ABAQUS/Explicit 来求解此类问题。

(5) 热电耦合分析。此类分析使用 ABAQUS/Standard 来求解电流产生的温度场。

(6) 空腔辐射。用 ABAQUS/Standard 来求解非耦合传热问题时，除了边界辐射外，还可以模拟空腔辐射。

热应力分析及热—机耦合分析是热分析中应用范围非常广泛的分析类型。

8.1.1 热力学分析中的符号与单位

表 8-1 所示为热分析所涉及的单位制。

表 8-1 热分析单位制

项　　目	国际单位	英制单位
长度	m	ft
时间	s	s
质量	kg	lb
温度	℃	℉
力	N	lbf
能量(热量)	J	Btu
功率(热流率)	W	Btu/s
热流密度	W/m^2	$Btu/(s \cdot ft^2)$
生热速率	W/m^3	$Btu/(s \cdot ft^3)$
导热系数	$W/(m \cdot ℃)$	$Btu/(s \cdot ft \cdot ℉)$
对流系数	$W/(m^2 \cdot ℃)$	$Btu/(s \cdot ft^2 \cdot ℉)$
密度	kg/m^3	Lbf/ft^3
比热	$J/(kg \cdot ℃)$	$Btu/(lbm \cdot ℉)$
焓	J/m^3	Btu/ft^3

8.1.2 热分析相关基础知识

热分析遵循热力学第一定律，即能量守恒定律。

对于一个封闭的系统(没有质量的流入或流出)：

$$Q - W = \Delta U + \Delta KE + \Delta PE \tag{8-1}$$

式中：Q 为热量；W 为做功；ΔU 为系统内能；ΔKE 为系统动能；ΔPE 为系统势能。对于大多数工程传热问题：$\Delta KE = \Delta PE = 0$。

通常考虑没有做功：$W = 0$，则 $Q = \Delta U$。

对于稳态热分析：$Q = \Delta U = 0$，即流入系统的热量等于流出的热量。

对于瞬态热分析：$q = \dfrac{dU}{dt}$，即流入或流出的热传递速率等于系统内能的变化。

1. 热传导

热传导可以定义为完全解除的两个物体之间或一个物体的不同部分之间由于温度梯度面引起的内能的交换。热传导遵循傅里叶定律：

$$q'' = -k\frac{\mathrm{d}T}{\mathrm{d}x} \tag{8-2}$$

式中：q'' 为热流密度($\mathrm{W/m^2}$)；K 为导热系数($\mathrm{W/(m-℃)}$)；"$-$" 为热量流向温度降低的方向。

2. 热对流

热对流是指固体的表面与它周围接触的流体之间，由于温差的存在引起的热量的交换。热对流可以分为两类，即自然对流和强对流。热对流用牛顿冷却方程来描述：

$$q'' = h(T_s - T_B) \tag{8-3}$$

式中：h 为对流换热系数(或称为膜传热系数、给热系数、膜系数等)；T_s 为固体表面的温度；T_B 为周围流体的温度。

3. 热辐射

热辐射是指物体发射电磁能，并被其他物体吸收转变为热的热量交换过程。物体温度越高，单位时间辐射的热量越多。热传导和热对流都需要有传热介质，而热辐射无需任何介质。实质上，在真空中的热辐射效率最高。

在工程中通常考虑两个或两个以上物体之间的辐射，系统中每个物体同时辐射并吸收热量。它们之间的净热量传递可以用斯蒂芬-波尔茨曼方程来计算：

$$q = \varepsilon \sigma A_1 F_{12}(T_1^4 - T_2^4) \tag{8-4}$$

式中：q 为热流率；ε 为辐射率(黑度)；σ 为斯蒂芬-波尔茨曼常数，约为 $5.67 \times 10^{-8} \mathrm{W/m^2 \cdot K^4}$；$A_1$ 为辐射面 1 的面积；F_{12} 为由辐射面 1 到辐射面 2 的形状系数；T_1 为辐射面 1 的绝对温度；T_2 为辐射面 2 的绝对温度。

由上式可以看出，包含热辐射的热分析是高度非线性的。

4. 稳态传热

如果系统的净热流率为 0，即流入系统的热量加上系统自身产生的热量等于流出系统的热量($q_{流入} + q_{生成} - q_{流出} = 0$)，则系统处于热稳态。在稳态热分析中任一结点的温度不随时间变化。稳态热分析的能量平衡方程为(以矩阵形式表示)

$$[K]\,[T] = [Q] \tag{8-5}$$

式中：$[K]$为传导矩阵，包含导热系数、对流系数及辐射率和形状系数；$[T]$为结点温度向量；$[Q]$为结点热流率向量，包含热生成。

ABAQUS 利用模型几何参数、材料热性能参数以及所施加的边界条件，生成$[K]$、$[T]$以及$[Q]$。

5. 瞬态传热

瞬态传热过程是指一个系统的加热或冷却过程。在这个过程中系统的温度、热流率、热边界条件以及系统内能随时间都有明显变化。根据能量守恒定律，瞬态热平衡可以表达为(以矩阵形式表示)

$$[C]\{\dot{T}\} + [K]\{T\} = \{Q\} \tag{8-6}$$

式中：$[K]$为传导矩阵，包含导热系数、对流系数及辐射率和形状系数；$[C]$为比热矩阵，考虑系统内能的增加；$\{T\}$为结点温度向量；$\{\dot{T}\}$为温度对时间的导数；$\{Q\}$为结点热流率向量，包含热生成。

如果有下列情况产生，则为非线性热分析：

① 材料热性能随温度变化，如 $K(T)$、$C(T)$等。

② 边界条件随温度变化，如 $h(T)$等。

③ 含有非线性单元。

④ 考虑辐射传热。

⑤ 非线性热分析的热平衡矩阵方程为

$$[C(T)]\{\dot{T}\} + [K(T)]\{T\} = \{Q(T)\} \tag{8-7}$$

式中各参数含义同式(8-6)。

ABAQUS 热分析的边界条件或初始条件可分为 7 种：温度、热流率、热流密度、对流、辐射、绝热和生热。

8.2　带孔平板热应力分析实例

8.2.1　问题描述

如图 8-1 所示的带孔平板，在孔的顶部受到固支边界约束，左右两边受水平方向的约束。整个平板的初始温度为 20℃，当温度升高至 200℃时，平板会发生热膨胀，而平板顶部的固支约束会限制模型的变形，模型的应力场会发生相应的改变。材料的热膨胀系数为1.35×10^{-5}/℃，要求分析模型在 200℃下的应力场。

材料性质：钢，弹性模量 $E = 2.05 \times 10^5$ MPa，泊松比 $\nu = 0.3$。

板料厚度：$t = 2$ mm。

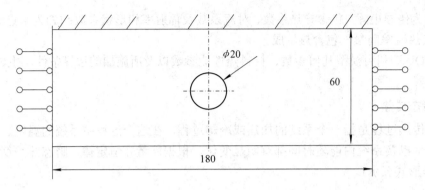

图 8-1　带孔平板热应力分析模型

8.2.2　创建部件

双击桌面启动图标 ![icon]，打开 ABAQUS/CAE 的启动界面，如图 8-2 所示，单击"采用 Standard/Explicit 模型"(With Standard/Explicit Model)按钮，创建一个 ABAQUS/CAE 的模型数据库，随即进入"部件"(Part)功能模块。进入模块后，用户可以在该模块中创建带孔平板模型。

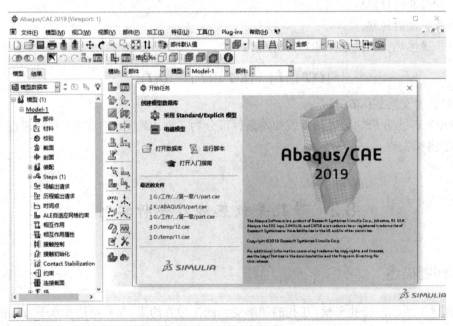

图 8-2　ABAQUS/CAE 启动界面

1. 设置工作路径

单击菜单"文件"(File)→"设置工作目录..."(Set Work Directory...)，弹出"设置工作目录"(Set Work directory)对话框，设置工作目录为"G:/ABAQUS 2019 有限元分析工程实例教程/案例 8/8-1"，如图 8-3 所示，单击"确定"(OK)按钮，完成工作目录设置。

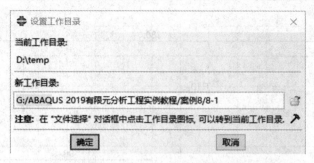

图 8-3 设置带孔平板热应力分析实例工作目录

2. 保存文件

单击菜单"文件"(File)→"保存($\underline{S}$)"(Save)，弹出"模型数据库另存为"(Save Model Database As)对话框，输入文件名"plate"，如图 8-4 所示，单击"确定($\underline{O}$)"(OK)按钮，完成文件保存。

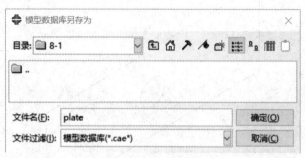

图 8-4 输入文件名"plate"

3. 创建带孔平板

(1) 单击工具箱区的"创建部件"(Create Part)按钮 ![]，弹出"创建部件"(Create Part)对话框，在"名称"(Name)框中输入"plate"，将"模型空间"(Modeling Space)设置为"三维"(3D)，在"类型"(Type)中选择"可变形"(Deformable)，在"形状"(Shape)中选择"壳"(Shell)，在右侧列表内选择"平面"(Planar)，在"大约尺寸"(Approximate)中输入"250"，如图 8-5 所示。单击"继续..."(Continue...)按钮后进入绘制草图环境。

(2) 单击工具箱区的"创建圆，圆心和圆周"(Create Circle and Perimeter)按钮 ![]，以坐标原点(0，0)为圆心，绘制直径为$\phi20$的圆；单击工具箱区的"创建线：矩形(四条线)"(Create Lines: Rectangle(4Lines))按钮 ![]，绘制矩形；单击工具箱区的"创建构造线，通过一点的垂线"(Create Construction: Vertical Line Thru Point)按钮 ![]，创建基准线，重复创建水平基准线，并标注尺寸、设置好约束，如图 8-6 所示。在视图区单击鼠标中键，或单击"完成"(Done)按钮，退出草图建立模型，如图 8-7 所示。

图 8-5 创建带孔平板

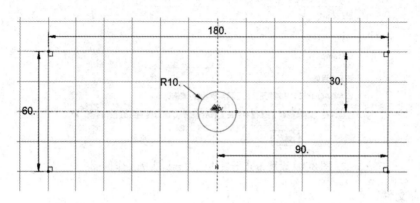

图 8-6　绘制平板草图

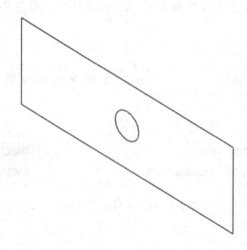

图 8-7　带孔平板模型

8.2.3　创建材料和截面属性

在环境栏的"模块"(Module)列表中选择"属性"(Property)，进入"属性"(Property)功能模块。

1. 定义材料属性

单击工具箱区的"创建材料"(Create Material)按钮，弹出"编辑材料"(Edit Material)对话框。在"名称"(Name)框中输入"steel"，在"材料行为"(Material Behaviors)中选择"力学"(Mechanical)→"弹性"(Elasticity)→"弹性"(Elastic)命令。在"数据"(Data)框内输入"杨氏模量"(Young's Modulus)为"2.05e5"，"泊松比"(Poisson's ratio)为"0.3"，如图 8-8(a)所示。再次选择"力学"(Mechanical)→"膨胀"(Expansion)命令，在"数据"(Data)框内输入"膨胀系数"(Expansion Coeff)为"1.35e-5"，如图 8-8(b)所示，单击"确定"(OK)按钮，完成材料的创建。

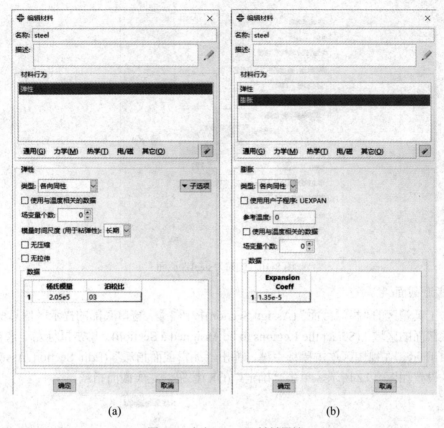

(a)   (b)

图 8-8 定义 "steel" 材料属性

2. 创建截面

单击工具箱区的 "创建截面" (Create Section)按钮 ，弹出 "创建截面" (Create Section)
对话框。在 "名称" (Name)框中输入 "steel"，在 "类别" (Category)中选择 "壳" (Shell)，在
"类型" (Type)列表内选择 "均质" (Homogeneous)，如图 8-9 所示。单击 "继续..." (Continue...)
按钮，弹出 "编辑截面" (Edit Section)对话框，在 "壳的厚度" (Shell Thickness)中输入 "2"，
在 "材料" (Material)中选择 "steel"，如图 8-10 所示。单击 "确定" (OK)按钮，完成截面
的创建。

图 8-9 创建 "steel" 截面

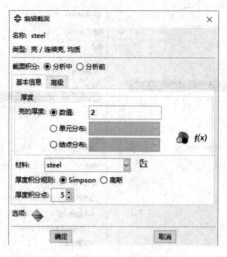

图 8-10　编辑"steel"截面

3. 指派截面

单击工具箱区的"指派截面"(Assign Section)按钮 ，窗口底部的提示区信息变为"选择要指派截面的区域"(Select the Regions to be Assigned a Section)，单击鼠标左键选择模型，如图 8-11 所示。在视图区单击鼠标中键，弹出"编辑截面指派"(Edit Section Assignment)对话框，设置如图 8-12 所示，单击"确定"(OK)按钮，完成截面指派。

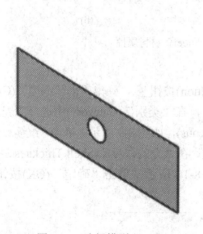

图 8-11　选择模型

图 8-12　"编辑截面指派"对话框

8.2.4　装配部件

在环境栏的"模块"(Module)列表中选择"装配"(Assembly)，进入"装配"(Assembly)功能模块。单击工具箱区的"创建实例"(Create Instance)按钮 ，弹出"创建实例"对话框，如图 8-13 所示，在"部件"(Part)中选择"Plate"，在"实例类型"(Instance Type)中选择"非独立(网格在部件上)"(Dependent (Mesh on Part))，单击"确定"(OK)按钮，完成部件的实例化，如图 8-14 所示。

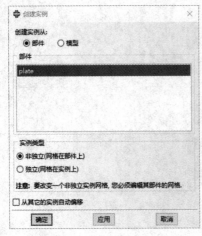

图 8-13 "创建实例"对话框

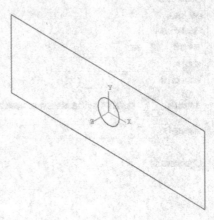

图 8-14 部件实例化

8.2.5 设置分析步和输出变量

在环境栏的"模块"(Module)列表中选择"分析步"(Step),进入"分析步"(Step)功能模块。ABAQUS/CAE 会自动创建一个"初始分析步"(Initial Step),可以在其中施加边界条件,用户需要自己创建后续"分析步"(Analysis Step)来施加载荷,具体操作步骤如下:

1. 定义分析步

单击工具箱区的"创建分析步"(Create Step)按钮 ●━█,弹出"创建分析步"(Create Step)对话框,如图 8-15 所示。在"程序类型"(Procedure type)中选择"静力,通用"(Static,General),单击"继续..."(Continue...)按钮,弹出"编辑分析步"(Edit Step)对话框,采用默认设置,如图 8-16 所示,单击"确定"(OK)按钮,完成分析步的定义。

图 8-15 为"Step-1"创建分析步

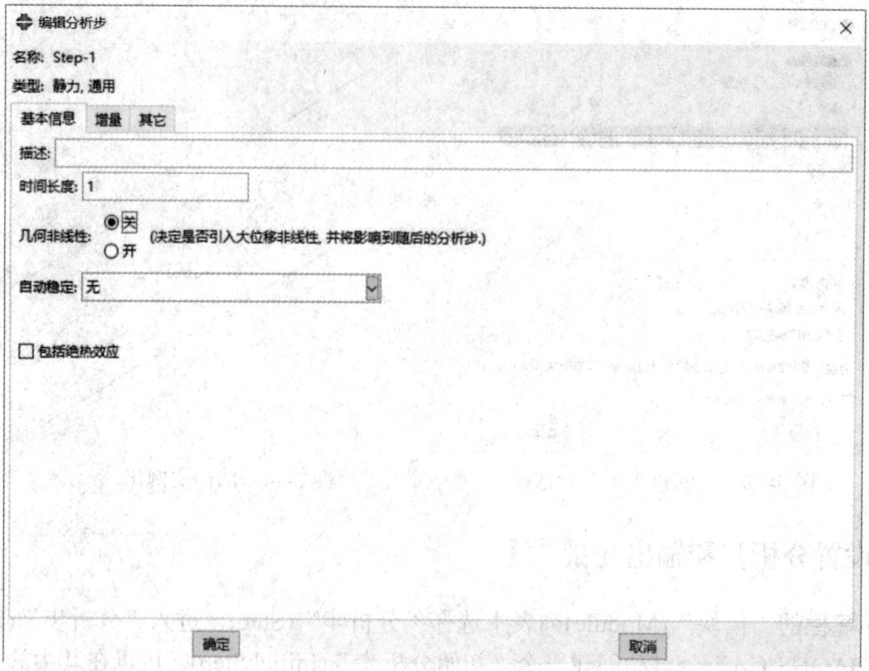

图 8-16 采用默认设置

2. 设置变量输出

单击工具箱区的"场输出管理器"(Field Output Manager)按钮 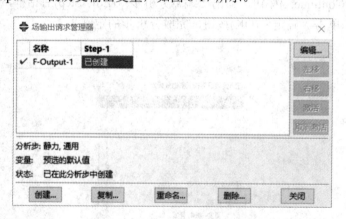，弹出"场输出请求管理器"(Field Output Requests Manager)对话框，可以看到 ABAQUS/CAE 已经自动生成了一个名为"F-Output-1"的历史输出变量，如图 8-17 所示。

图 8-17 ABAQUS/CAE 已自动生成历史输出变量

单击"编辑..."(Edit...)按钮，在弹出的"编辑场输出请求"(Edit Field Output Requests)对话框中，可以增加或者减少某些量的输出，返回"场输出请求管理器"(Field Output Requests Manager)，单击"关闭"(Dismiss)按钮，完成输出变量的定义。用同样的方法，也可以对历史变量进行设置。本例中采用默认的历史变量输出要求，单击"关闭"(Dismiss)按钮，关闭管理器。

8.2.6 定义载荷和边界条件

在环境栏的"模块"(Module)列表中选择"载荷"(Load)功能模块，定义"载荷"(Load)和"边界条件"(Boundary Condition)。

(1) 单击菜单"预定义场"(Predefined Field)→"创建..."(Create...)，弹出"创建预定义场"(Create Predefined Field)对话框，在"分析步"(Step)中选择"Initial"，在"类别"(Category)中选择"其它"(Other)，在右侧列表内选择"温度"(Temperature)，如图 8-18 所示。单击"继续..."(Continue...)按钮，选择带孔平板模型，单击鼠标中键，弹出"编辑预定义场"(Edit Predefined Field)对话框，在"大小"(Magnitude)框中输入"20"，如图 8-19 所示，单击"确定"(OK)按钮，完成预定义场设置。

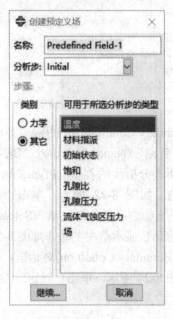

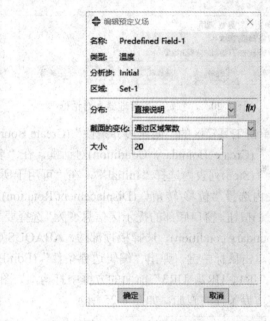

图 8-18 "创建预定义场"对话框   图 8-19 "编辑预定义场"对话框

提示：如果读者希望读入热分析结果文件中的温度场，则应该在"编辑预定义场"(Edit Predefined Field)中将参数"分布"(Distribution)改为"来自结果或输出数据库文件"(From Results or Output Database File)，然后在"文件名"(Filename)后面输入传热分析结果文件名称，在"分析步"(Step)后面输入分析编号，在"增量步"(Increment)后面输入时间增量步编号。

(2) 使用预定义场来使模型温度升高至 200℃。在"预定义场管理器"(Predefined Field Manager)中，选择分析步"Step-1"下的"传递"(Propagated)，如图 8-20 所示。单击"编辑..."(Edit...)按钮，弹出"编辑预定义场"(Edit Predefined Field)对话框，在"状态"(Status)中选择"已修改"(Modified)，在"大小"(Magnitude)框中输入"200"，如图 8-21 所示，单击"确定"(OK)按钮，完成温度修改。

图 8-20　"预定义场管理器"对话框　　　　图 8-21　完成温度修改

(3) 单击工具箱区的"创建边界条件"(Create Boundary Condition)按钮，弹出"创建边界条件"(Create Boundary Condition)对话框，在"名称"(Name)框中输入"BC-1"，在"分析步"(Step)列表内选择"Initial"，在"可用于所选分析步的类型"(Types for Selected Step)列表内选择"位移/转角"(Displacement/Rotation)，如图 8-22 所示。单击"继续..."(Continue...)按钮，窗口底部的提示区信息变为"选择要施加边界条件的区域"(Select Regions for the Boundary condition)，选择板顶部边，ABAQUS/CAE 显示选中的边，如图 8-23 所示。在视图区单击鼠标中键，弹出"编辑边界条件"(Edit Boundary Condition)对话框，在"U1、U2、U3、UR1、UR2、UR3"前面的方框中打钩，如图 8-24 所示，单击"确定"(OK)按钮，完成固定边界条件的施加，如图 8-25 所示。

图 8-22　为"BC-1"创建边界条件

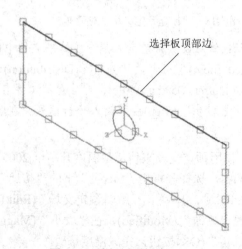

图 8-23　选择板顶部边

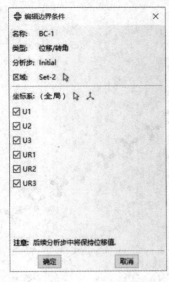

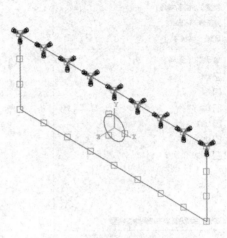

图 8-24 完成固定边界条件的施加   图 8-25 完成顶部边约束

(4) 单击工具箱区的"创建边界条件"(Create Boundary Condition)按钮![图标]，弹出"创建边界条件"(Create Boundary Condition)对话框，在"名称"(Name)框中输入"BC-2"，在"分析步"(Step)列表内选择"Initial"，在"可用于所选分析步的类型"(Types for Selected Step)列表内选择"位移/转角"(Displacement/Rotation)，如图 8-26 所示。单击"继续…"(Continue…)按钮，窗口底部的提示区信息变为"选择要施加边界条件的区域"(Select Regions for the Boundary Condition)，选择板两侧的边，ABAQUS/CAE 显示选中的边，如图 8-27 所示。在视图区单击鼠标中键，弹出"编辑边界条件"(Edit Boundary Condition)对话框，在"U1"前面的方框中打钩，如图 8-28 所示，单击"确定"(OK)按钮，完成边界条件的施加，如图 8-29 所示。

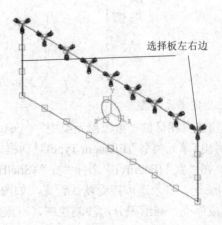

图 8-26 为"BC-2"创建边界条件   图 8-27 选择板左右边

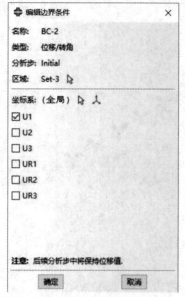

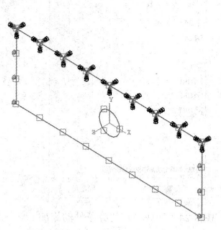

图 8-28 完成边界条件的施加   图 8-29 完成约束

8.2.7 划分网格

在环境栏的"模块"(Module)列表中选择"网格"(Mesh)，进入"网格"(Mesh)功能模块。在此模块中可以进行网格的划分，由于装配件由非独立实体构成，开始网格划分操作之前，需要将对象定义为部件，如图 8-30 所示。

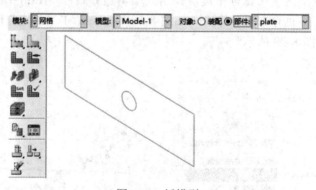

图 8-30 板模型

1) 指定单元类型

单击工具箱区的"指派单元类型"(Assign Element Type)按钮，选择模型，单击鼠标中键，弹出"单元类型"(Element Type)对话框，在"单元库"(Element Library)中选择"Standard"(标准)，在"族"(Family)中选择"壳"(Shell)，在"几何阶次"(Geometric Order)中选择"线性"(Linear)，其余选项接受默认设置，如图 8-31 所示。单元类型为"S4R"，即四结点曲面薄壳或厚壳，减缩积分，沙漏控制，有限膜应变单元。单击"确定"(OK)按钮，完成单元类型的指派。

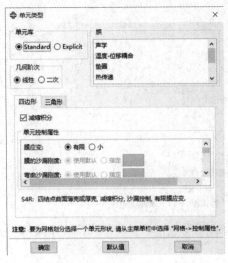

图 8-31 指定板模型的单元类型

2) 局部撒种子

单击工具箱区的"为边布种"(Seed Edges)按钮，窗口底部的提示区信息变为"选择要布置局部种子的区域-逐个"(Select the Regions to be Assigned Local Seeds-individually)，选择孔边，如图 8-32 所示，在视图区单击鼠标中键，弹出"局部种子"(Local Seeds)对话框，在"近似单元尺寸"(Approximate Element size)中输入"2"，其余选项接受默认设置，如图 8-33 所示，单击"确定"(OK)按钮，完成种子设置。

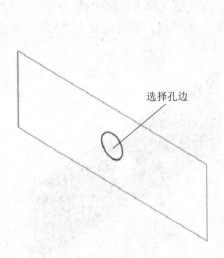

图 8-32 选择孔边   图 8-33 完成板模型的局部撒种子设置

3) 全局撒种子

单击工具箱区的"种子部件"(Seed Part)按钮，弹出"全局种子"(Global Seeds)对话框，在"近似全局尺寸"(Approximate Global Size)中输入"6"，其余选项接受默认设置，如图 8-34 所示，单击"确定"(OK)按钮，完成种子设置，如图 8-35 所示。

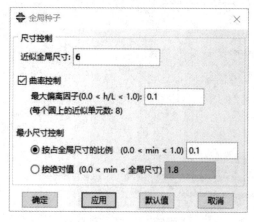

图 8-34 "全局种子"对话框　　　　　　　图 8-35 完成种子设置

4) 指派网格控制属性

单击工具箱区的"指派网格控制属性"(Assign Mesh Controls)按钮 ，在视图区选择模型，单击鼠标中键，弹出"网格控制属性"(Mesh Controls)对话框，在"单元形状"(Element Shape)中选择"四边形"(Quad)，在"技术"(Technique)中选择"自由"(Free)，在"算法"(Algorithm)中选择"进阶算法"(Advancing Front)，如图 8-36 所示，单击"确定"(OK)按钮，完成网格属性指派。

5) 划分网格

单击工具箱区的"为部件划分网格"(Mesh Part)按钮 ，窗口底部的提示区信息变为"要为部件划分网格吗？"(OK to Mesh the Part?)，在视图区单击鼠标中键，或直接单击窗口底部提示区的"是"(Yes)按钮，得到如图 8-37 所示的网格。信息区显示"529 个单元已创建到部件：plate"。

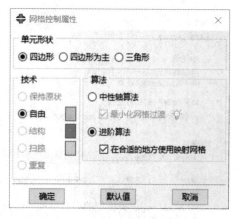

图 8-36 指派板模型网格控制属性

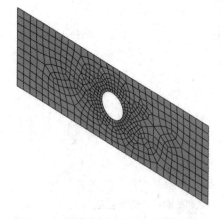

图 8-37 板模型划分网格后的模型图

6) 检查网格

单击工具箱区的"检查网格"(Verify Mesh)按钮 ，窗口底部的提示区信息变为"选择待检查的区域按部件"(Select the Regions to Verify by Part)，选择模型，在视图区单击鼠标中键，或直接单击窗口底部提示区的"完成"(Done)按钮，弹出"检查网格"(Verify Mesh)对话框。在"检查网格"(Verify Mesh)对话框中选择"形状检查"(Shape Metrics)，单击"高亮"(Highlight)按钮，在消息栏提示检查信息，没有显示任何错误或警告信息。

8.2.8 提交分析作业

在环境栏的"模块"(Module)列表中选择"作业"(Job)，进入"作业"(Job)功能模块。

1. 创建分析作业

单击工具箱区的"作业管理器"(Job Manager)按钮 ，弹出"作业管理器"(Job Manager)对话框，如图 8-38 所示。在管理器中单击"创建..."(Create...)按钮，弹出"创建作业"(Create Job)对话框，在"名称"(Name)框中输入"plate"，如图 8-39 所示。单击"继续..."(Continue...)按钮，弹出"编辑作业"(Edit Job)对话框，采用默认设置，单击"确定"(OK)按钮。

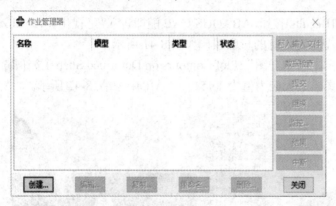 

图 8-38 "作业管理器"对话框　　　　　图 8-39 在"名称"框中输入"plate"

2. 进行数据检查

单击"作业管理器"(Job Manager)的"数据检查"(Data Check)按钮，提交数据检查。数据检查完成后，管理器的"状态"(Status)栏显示为"检查已完成"(Completed)，如图 8-40 所示。

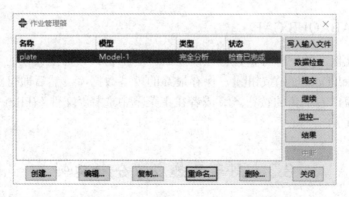

图 8-40 对"plate"进行数据检查

3. 提交分析

单击"作业管理器"(Job Manager)的"提交"(Submit)按钮，对话框的"状态"(Status)提示依次变为 Submitted，Running 和 Completed，这表明对模型的分析已经完成。单击此对话框的"结果"(Results)按钮，自动进入"可视化"(Visualization)模块。

信息区显示：

> 作业输入文件"plate.inp"已经提交分析。
>
> Job plate: Analysis Input File Processor completed successfully.
>
> Job plate: Abaqus/Standard completed successfully.
>
> Job plate completed successfully.

单击工具栏的"保存数据模型库"(Save Model Database)按钮📇保存模型。

8.2.9 后处理

单击作业管理器的"结果"(Results)按钮，ABAQUS/CAE 随即进入"可视化"(Visualization)功能模块，在视图区显示出模型未变形时的轮廓图，如图 8-41 所示。

单击工具箱区的"在变形图上绘制云图"(Plot Contours on Deformed Shape)按钮，视图区显示模型的 Mises 应力云图，最大应力值为 $1.151e + 3$ MPa，如图 8-42 所示。

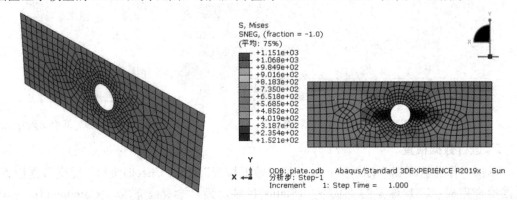

图 8-41 带孔平板热应力分析模型未变形轮廓图	图 8-42 Mises 应力云图

8.2.10 退出 ABAQUS/CAE

至此，对此例题的完整分析过程已经完成。单击窗口顶部工具栏的"保存模型数据库"(Save Model Database)按钮📇，保存最终的模型数据库。然后即可跟所有 Windows 程序一样单击窗口右上角的按钮✕，或者在主菜单中选择"文件"(File)→"退出"(Exit)退出 ABAQUS/CAE。

8.3 刹车盘热应力分析实例

很多实际工程中涉及的并不是简单的结构分析和热分析问题，而是多种物理场的综合作用，如温度和应力场的耦合、电磁场的耦合、流体场的耦合等，这些多物理场耦合分析中需要同时考虑各个物理场的作用效果及相互之间的影响。本节主要介绍热—机(结构)耦合分析。

机动车的刹车盘在刹车过程中由于刹车片和刹车盘的摩擦会产生大量的热，生成的热会对刹车片的材料性能和刹车性能产生很大的影响，下面以此为例来分析刹车过程中的热应力，为刹车盘的改进设计及事故预防提供依据。

8.3.1 问题描述

如图 8-43 所示的刹车盘，材料为钢，外半径为 135 mm，内半径为 90 mm，厚度为 6 mm；盘片基座上的圆环外半径为 135 mm，内半径为 100 mm，厚度为 2 mm，材料为钢；盘片为树脂加强的复合材料，可以用来提供摩擦效果，外半径为 133 mm，内半径为 100 mm，厚度为 10 mm，圆心角为 30°。摩擦系数和材料性能随温度变化，变化关系见表 8-2 和表 8-3。

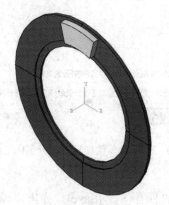

图 8-43 刹车盘

表 8-2 材料温度与摩擦系数的关系

温度/℃	20	100	200	300	400
摩擦系数	0.37	0.38	0.41	0.39	0.24

表 8-3 材料弹性模量与热膨胀系数

温度/℃	20	100	200	300	400
弹性模量/Pa	2.2×10^9	1.3×10^9	5.3×10^8	3.2×10^8	0.24
热膨胀系数/K^{-1}	1×10^{-5}		3×10^{-5}		

考虑到刹车盘与刹车片之间的摩擦生热现象以及热传导过程，并且由于热产生的应力，因此在分析过程中要考虑刹车盘与刹车片之间的接触摩擦关系，所以需要定义两个分析步：第一个分析步中对刹车片施加压力，使刹车片与刹车盘之间建立稳定的接触关系；在第二个分析步中将刹车盘旋转 60°。

在两个分析步中均使用动力学显示热应力耦合分析步，单元类型选择热应力耦合单元 C3D8RT。

8.3.2 创建部件

双击桌面启动图标 ![icon]，打开 ABAQUS/CAE 的启动界面，如图 8-2 所示，单击"采用 Standard/Explicit 模型"(With Standard/Explicit Model)按钮，创建一个 ABAQUS/CAE 的模型数据库，随即进入"部件"(Part)功能模块。进入模块后，用户可以在该模块中创建刹车盘和刹车片的模型。

1. 设置工作路径

单击菜单"文件"(File)→"设置工作目录..."(Set Work Directory...)，弹出"设置工作目录"(Set Work directory)对话框，设置工作目录为"G:/ABAQUS 2019 有限元分析工程实例教程/案例 8"，如图 8-44 所示，单击"确定"(OK)按钮，完成工作目录设置。

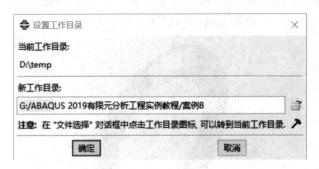

图 8-44　设置刹车盘热应力分析实例工作目录

2. 保存文件

单击菜单"文件"(File)→"保存(S)"(Save)，弹出"模型数据库另存为"(Save Model Database As)对话框，输入文件名"disk"，如图 8-45 所示，单击"确定"(OK)按钮，完成文件保存。

图 8-45　输入文件名"disk"

3. 创建刹车盘

(1) 单击工具箱区的"创建部件"(Create part)按钮 ![icon]，弹出"创建部件"(Create part)对话框，在"名称"(Name)框中输入"disk"，将"模型空间"(Modeling Space)设置为"三维"(3D)，在"类型"(Type)中选择"可变形"(Deformable)，在"形状"(Shape)中选择"实

体"(Solid)，在右侧列表内选择"拉伸"(Extrusion)，在"大约尺寸"(Approximate)中输入"0.3"，如图 8-46 所示。单击"继续..."(Continue...)按钮后进入绘制草图环境。

(2) 单击工具箱区的"创建圆，圆心和圆周"(Create Circle and Perimeter)按钮⊙，以坐标原点(0，0)为圆心，分别绘制两个同心圆；单击工具箱区的"创建构造线，通过一点的垂线"(Create Construction：Vertical Line Thru Point)按钮╁，创建基准线，重复创建水平基准线，并标注尺寸和设置好约束，如图 8-47 所示。在视图区单击鼠标中键，或单击"完成"(Done)按钮，退出草图，弹出"编辑基本拉伸"(Edit Base Extrusion)对话框，在"深度"(Depth)中输入"0.003"，如图 8-48 所示，单击"确定"(OK)按钮，建立模型，如图 8-49 所示。

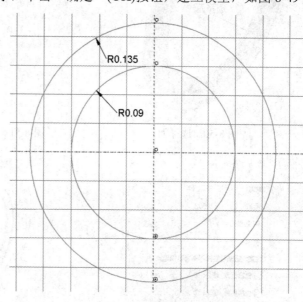

图 8-46　创建刹车盘　　　　　　图 8-47　绘制刹车片草图

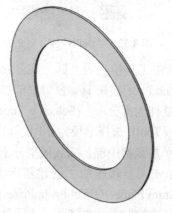

图 8-48　在"深度"中输入"0.003"　　　　图 8-49　深度为 0.003 的刹车盘模型

(3) 单击工具箱的"创建实体：拉伸"(Create Solid：Extrude)按钮，窗口底部提示区信息显示"为实体拉伸选择一个平面草图原点"(Select a Plane the Extrusion Sketch Origin)，选择刹车盘上表面，如图 8-50 所示，再选择任意一条边，进入草图环境，绘制刹车盘上表面草图，如图 8-51 所示。在视图区单击鼠标中键，或单击"完成"(Done)按钮，退出草图。弹出"编辑拉伸"(Edit Extrusion)对话框，在"深度"(Depth)中输入"0.002"，如图 8-52 所示，单击"确定"(OK)按钮，完成刹车盘模型的创建，如图 8-53 所示。

图 8-50　选择面

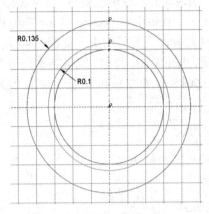

图 8-51　刹车盘上表面草图

图 8-52　"编辑拉伸"对话框

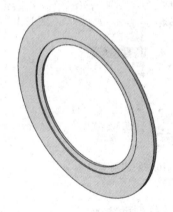

图 8-53　刹车盘模型

(4) 单击工具箱区的"拆分几何元素：延伸面"(Partition Cell：Extend Face)按钮，窗口底部提示区信息显示"选择一个面使之延伸为拆分面"(Select a Face to be Extended as the Partitioning Tool)，选择半径为 0.1 的孔内表面，如图 8-54 所示，在视图区单击鼠标中键，完成模型分割。

(5) 单击工具箱区的"创建基准平面：从主平面偏移"(Create Datum Plane：Offset From Principal Plane)按钮，窗口底部提示区信息显示选择选项如图 8-55 所示。单击按钮 YZ 平面，在"偏移"(Offset)中输入"0"，如图 8-56 所示，单击鼠标中键，创建 YZ 平面。单击按钮 XZ 平面，在"偏移"(Offset)中输入"0"，单击鼠标中键，创建 XZ 平面，如图 8-57 所示。

图 8-54　选择孔内表面

| ← X 偏移参考的主平面：| XY 平面 | YZ 平面 | XZ 平面 |

| ← X 偏移：| 0.0 |

图 8-55 窗口底部提示区信息   图 8-56 "偏移"对话框

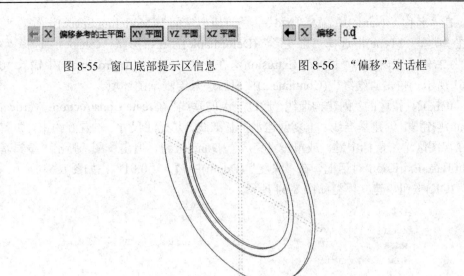

图 8-57 创建基准平面

(6) 在工具区中单击"拆分几何元素：使用基准平面"(Partition Cell：Use Datum Plane) 按钮，窗口底部的提示区显示"选择要拆分的几何元素"(Select the Cells to Partition)，选择所有实体模型，如图 8-58 所示。在视图区单击鼠标中键，窗口底部提示区信息显示"选择一个基准面"(Select a Datum plane)，选择"YZ"基准平面，单击鼠标中键，创建分割模型。重复步骤，选择所有实体模型，然后选择"XZ"基准平面，单击鼠标中键，完成分割模型，如图 8-59 所示。

(7) 单击菜单"工具"(Tools)→"参考点"(Reference Point)，窗口底部提示区信息显示"选择一点作为参考点—或输入 x，y，z"(Select Point to Act as Reference Point - or Enter x, y, z)，输入"0，0，0"，单击键盘回车键，创建"RP"参考点，如图 8-60 所示。

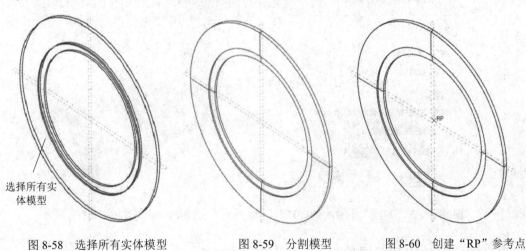

选择所有实体模型

图 8-58 选择所有实体模型   图 8-59 分割模型   图 8-60 创建"RP"参考点

4. 创建刹车片

(1) 单击工具箱区的"创建部件"(Create Part)按钮，弹出"创建部件"(Create Part)

对话框，在"名称"(Name)中输入"pad"，将"模型空间"(Modeling Space)设置为"三维"(3D)，在"类型"(Type)中选择"可变形"(Deformable)，在"形状"(Shape)中选择"实体"(Solid)，在右侧列表内选择"拉伸"(Extrusion)，在"大约尺寸"(Approximate)中输入"0.3"，如图 8-61 所示。单击"继续"(Continue...)按钮后进入绘制草图环境。

(2) 单击工具箱区的"创建构造线，通过一点的垂线"(Create Construction：Vertical Line Thru Point)按钮，创建基准线，重复创建水平基准线，并标注尺寸、设置好约束，如图 8-62 所示。在视图区单击鼠标中键，或单击"完成"(Done)按钮，退出草图，弹出"编辑基本拉伸"(Edit Base Extrusion)对话框，在"深度"(Depth)中输入"0.01"，如图 8-63 所示，单击"确定"(OK)按钮，建立模型如图 8-64 所示。

图 8-61　创建刹车片

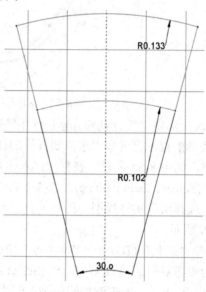

图 8-62　刹车片草图

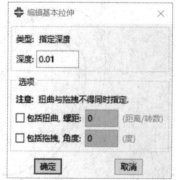

图 8-63　在"深度"中输入"0.01"

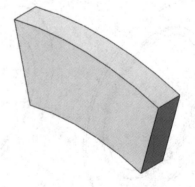

图 8-64　刹车片模

8.3.3　创建材料和截面属性

在环境栏的"模块"(Module)列表中选择"属性"(Property)，进入"属性"(Property)

功能模块。

1. 定义材料属性

(1) 单击工具箱区的"创建材料"(Create Material)按钮，弹出"编辑材料"(Edit Material)对话框。在"名称"(Name)中输入"pad"，如图 8-65 所示。定义传导率、密度、弹性、膨胀与比热这几个参数，如图 8-66 所示为"pad"材料的传导率设置。

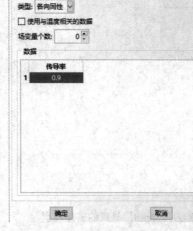

图 8-65　定义"pad"材料属性　　　　图 8-66　"pad"材料的传导率设置

图 8-67 所示为弹性参数设置，图 8-68 所示为膨胀系数设置。两个参数都是与温度相关的参数。如图 8-69 所示为密度设置，图 8-70 所示为比热设置。注意这两者是与温度无关的参数。在此提醒，与温度相关是指这个参数本身随温度发生改变，比热是热力学参数，但其值不随温度发生改变，故与温度无关，请勿混淆。

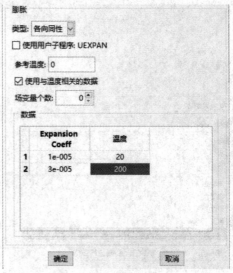

图 8-67　"pad"材料的弹性参数设置　　　图 8-68　"pad"材料的膨胀系数设置

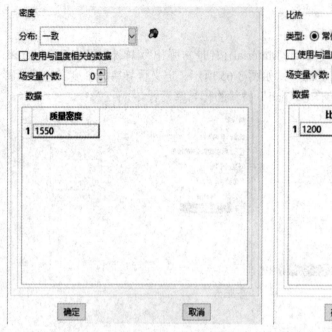

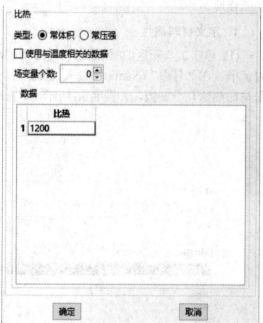

图 8-69　"pad"材料的密度设置　　　　　　图 8-70　"pad"材料的比热设置

（2）单击工具箱区的"创建材料"(Create Material)按钮，弹出"编辑材料"(Edit Material)对话框。在"名称"(Name)中输入"steel"，如图 8-71 所示。定义传导率、密度、弹性、膨胀与比热这几个参数，如图 8-72 所示为"steel"材料的传导率设置。图 8-73 所示为弹性参数设置，图 8-74 所示为膨胀系数设置。图 8-75 所示为密度设置，图 8-76 所示为比热设置。

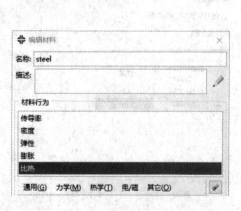

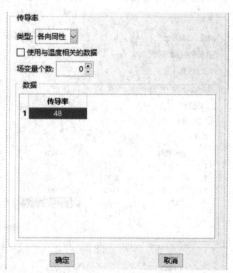

图 8-71　在"名称"中输入"steel"　　　　　图 8-72　"steel"材料的传导率设置

图 8-73　"steel"材料的弹性参数设置　　　图 8-74　"steel"材料的膨胀系数设置

图 8-75　"steel"材料的密度设置　　　　　图 8-76　"steel"材料的比热设置

2. 创建截面

(1) 单击工具箱区的"创建截面"(Create Section)按钮 ，弹出"创建截面"(Create Section)对话框。在"名称"(Name)中输入"steel"，如图 8-77 所示。单击"继续"(Continue…)按钮，弹出"编辑截面"(Edit Section)对话框，在"材料"(Material)中选择"steel"，如图 8-78 所示。单击"确定"(OK)按钮，完成截面的创建。

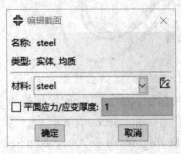

图 8-77　在"名称"中输入"steel"　　　图 8-78　在"材料"中选择"steel"

(2) 单击工具箱区的"创建截面"(Create Section)按钮 ⬚，弹出"创建截面"(Create Section)对话框。在"名称"(Name)中输入"pad"，如图 8-79 所示。单击"继续"(Continue...)按钮，弹出"编辑截面"(Edit Section)对话框，在"材料"(Material)中选择"pad"，如图 8-80 所示。单击"确定"(OK)按钮，完成截面的创建。

图 8-79　在"名称"中输入"pad"

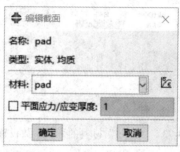

图 8-80　在"材料"中选择"pad"

3. 指派截面

(1) 在部件选项栏内选择"disk"切换显示刹车盘模型，如图 8-81 所示。单击工具箱区的"指派截面"(Assign Section)按钮 ⬚，窗口底部的提示区信息变为"选择要指派截面的区域"(Select the Regions to be Assigned a Section)，鼠标左键选择全部实体模型，如图 8-82 所示。在视图区单击鼠标中键，弹出"编辑截面指派"(Edit Section Assignment)对话框，设置如图 8-83 所示，单击"确定"(OK)按钮，完成截面指派。

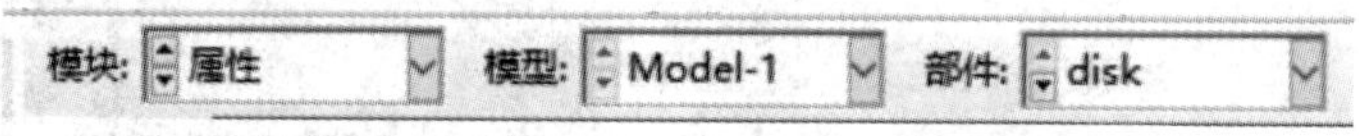

模块: ⬚ 属性　　模型: ⬚ Model-1　　部件: ⬚ disk

图 8-81　"disk"的"部件"选项设置

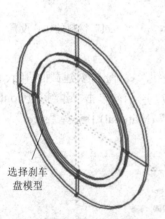

选择刹车盘模型

图 8-82　选择刹车盘模型

图 8-83　编辑刹车盘截面指派

(2) 在部件选项栏内选择"pad"切换显示刹车片模型，如图 8-84 所示。单击工具箱区的"指派截面"(Assign Section)按钮 ⬚，窗口底部的提示区信息变为"选择要指派截面的区域"(Select the Regions to be Assigned a Section)，鼠标左键选择模型，如图 8-85 所示。在视图区单击鼠标中键，弹出"编辑截面指派"(Edit Section Assignment)对话框，设置如图 8-86

所示，单击"确定"(OK)按钮，完成截面指派。

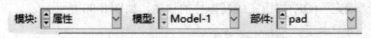

图 8-84 "pad"的"部件"选项设置

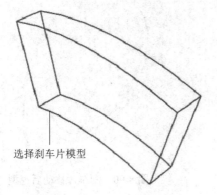

图 8-85 选择刹车片模型

图 8-86 设置刹车片截面指派

8.3.4 装配部件

(1) 在环境栏的"模块"(Module)列表中选择"装配"(Assembly)，进入"装配"(Assembly)功能模块。单击工具箱区的"创建实例"(Create Instance)按钮，弹出"创建实例"对话框，如图 8-87 所示，选择"disk"和"pad"，在"实例类型"(Instance Type)中选择"非独立(网格在部件上)"(Dependent (Mesh on Part))，单击"确定"(OK)按钮，完成部件的实例化，如图 8-88 所示。

图 8-87 为刹车片模型创建实例

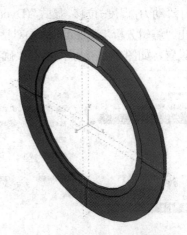

图 8-88 刹车片模型部件实例化

(2) 单击工具箱区的"平移实例"(Translate Instance)按钮，窗口底部的提示区显示"选择要转换的实体"(Select the Instance to Translate)，选择刹车片模型，如图 8-89 所示。在视图区单击鼠标中键，在"x""y""z"文本框中分别输入"0.0""0.0""0.0"，单击鼠标中键，再次在 "x" "y" "z" 文本框中分别输入 "0.0" "0.0" "0.005"，单击鼠标中键，然后单击 "确定"(OK)按钮完成刹车片的移动，如图 8-90 所示。

选择刹车片模型

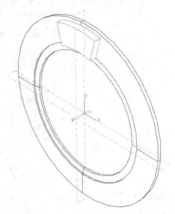

图 8-89　从整体模型中选择刹车片模型　　　　图 8-90　刹车片移动后模型

8.3.5　设置分析步和输出变量

在环境栏的 "模块"(Module)列表中选择 "分析步"(Step)，进入 "分析步"(Step)功能模块。ABAQUS/CAE 会自动创建一个 "初始分析步"(Initial Step)，可以在其中施加边界条件，用户需要自己创建后续 "分析步"(Analysis Step)来施加载荷，具体操作步骤如下：

1. 定义分析步

(1) 单击工具箱区的 "创建分析步"(Create Step)按钮 ⬤➕■，弹出 "创建分析步"(Create Step)对话框，如图 8-91 所示。在 "名称"(Name)中输入 "Pressure-1"，在 "程序类型"(Procedure Type)中选择 "动力，温度-位移，显式"(Dynamic，Temp-disp，Explicit)，单击 "继续..."(Continue...)按钮，弹出 "编辑分析步"(Edit Step)对话框，"时间长度"(Time Period)为 "0.001"，其余采用默认设置，如图 8-92 所示，单击 "确定"(OK)按钮，完成分析步的定义。

图 8-91　为 "Pressure-1" 创建分析步　　　　图 8-92　"编辑分析步" 对话框

(2) 单击工具箱区的"创建分析步"(Create Step)按钮 ⬤➡◼，弹出"创建分析步"(Create Step)对话框，如图 8-93 所示。在"名称"(Name)中输入"Rotation-2"，在"程序类型"(Procedure Type)中选择"动力，温度-位移，显式"(Dynamic，Temp-disp，Explicit)，单击"继续..." (Continue...)按钮，弹出"编辑分析步"(Edit Step)对话框，"时间长度"(Time Period)为"0.015"，其余采用默认设置，如图 8-94 所示，单击"确定"(OK)按钮，完成分析步的定义。

图 8-93　为"Rotation-2"创建分析步　　　　　　　图 8-94　"时间长度"为"0.015"

2. 设置变量输出

(1) 单击工具箱区的"场输出管理器"(Field Output Manager)按钮 ▦，弹出"场输出请求管理器"(File Output Requests Manager)对话框，可以看到 ABAQUS/CAE 已经自动生成了一个名为"F-Output-1"的历史输出变量，如图 8-95 所示。

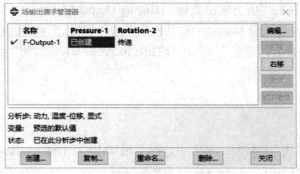

图 8-95　"场输出请求管理器"对话框

(2) 在场输出请求管理器中选择"Pressure-1"，单击"编辑..."(Edit...)按钮，弹出"编辑场输出请求"(Edit Field Output Requests)对话框。在"作用域"(Domain)后面下拉列表内选择"整个模型"(Whole)，修改"输出频率"(Frequency)，将"均匀时间间隔"(Evenly Spaced Time Intervals)后面的"间隔"(Interval)设置为"20"，在"定时"(Times)中选择"精确时间输出"(Output at exact times)，在"输出变量"(Output Variable)列表内选择"A，CSTRESS，EVF，HFL，LE，NT，PE，PEEQ，PEEQVAVG，PEVAVG，RF，RFL，S，SVAVG，U，V"，如图 8-96 所示。单击"确定"(OK)按钮，返回"场输出请求管理器"(File Output Requests

Manager)，单击"关闭"(Dismiss)按钮，完成输出变量的定义。

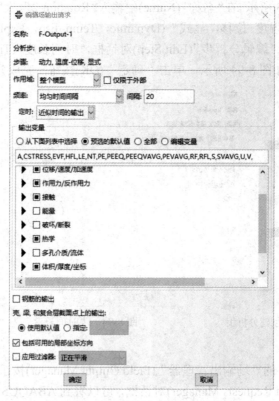

图 8-96　"编辑场输出请求"对话框

(3) 单击工具箱区的"历史输出变量"(History Output Manager)按钮，在弹出的"历史输出变量"(History Output Manager)对话框中单击"编辑..."(Edit...)按钮，设置"频率"(Frequency)："每 n 个时间增量"(Every N Time Increments)，在"n"后面输入"1"，单击"确定"(OK)按钮，完成操作。

8.3.6　定义接触

在环境栏的"模块"(Module)列表中选择"相互作用"(Interaction)，进入"相互作用"(Interaction)功能模块。

1. 创建接触面集

(1) 单击菜单"工具"(Tools)→"表面"(Surface)→"创建"(Creates...)，弹出"创建表面"(Create Surface)对话框，在"名称"(Name)中输入"disk-up"，如图 8-97 所示。单击"继续..."(Continue...)按钮，窗口底部的提示区信息变为"选择要创建的区域-逐个"(Select the Regions for the Surface-individually)，选择刹车盘与刹车片接触的上表面(按住 Shift 键选择多个面)，如图 8-98 所示，在视图区单击鼠标中键，完成刹车盘与刹车片之间接触面集的定义。

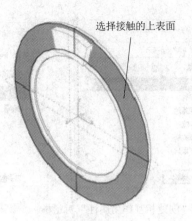

图 8-98 选择接触的上表面

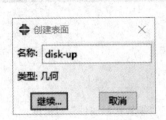

图 8-97 在"名称"中输入"disk-up"

(2) 单击菜单"工具"(Tools)→"表面"(Surface)→"创建"(Creates...)，弹出"创建表面"(Create Surface)对话框，在"名称"(Name)中输入"Pad-down"，如图 8-99 所示。单击"继续..."(Continue...)按钮，窗口底部的提示区信息变为"选择要创建的区域-逐个"(Select the Regions for the Surface-individually)，选择刹车片与刹车盘之间接触的下表面(按住 Shift 键选择多个面)，如图 8-100 所示，在视图区单击鼠标中键，完成刹车片与刹车盘触面集的定义。

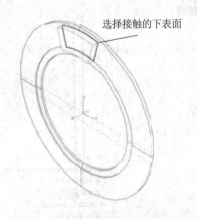

图 8-100 选择接触的下表面

图 8-99 在"名称"中输入"Pad-down"

2. 定义相互作用属性

(1) 单击工具箱区的"创建相互作用属性"(Create Interaction Property)按钮，或选择"相互作用"(Interaction)→"属性"(Property)→"创建…"(Create…)命令，弹出"创建相互作用属性"(Create Interaction Property)对话框，如图 8-101 所示。

(2) 在"名称"(Name)中输入"IntProp-1"，在"类型"(Type)列表内选择"接触"(Contact)，单击"继续..."(Continue...)按钮，弹出"编辑接触属性"(Edit Contact Property)对话框，创建如图 8-102 所示的多个参数的接触相互作用属性。按照图 8-103 所示进行接触的切向行为设置；图 8-104 所示为热传导的设置，图 8-105 所示为生热的设置。

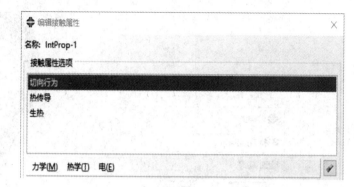

图 8-101 "创建相互作用属性"对话框　　　图 8-102 "编辑接触属性"对话框

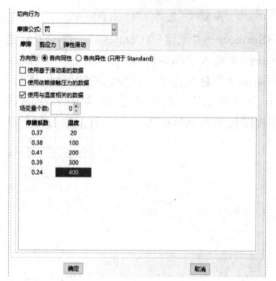

图 8-103 切向行为设置　　　　　　　　　图 8-104 热传导设置

图 8-105 生热设置

（3）单击工具箱区的"创建相互作用"(Create Interaction)按钮，弹出"创建相互作用"
(Create Interaction)对话框，在"名称"(Name)中输入"Int-1"，在"分析步"(Step)中选择
"Pressure-1"，在"可用于所选分析步的类型"(Type for Selected Step)列表内选择"表面
与表面接触"((Surface-to-surface Contact)Standard)，如图 8-106 所示。单击"继续…"(Continue...)
按钮，窗口底部的提示区信息变为"选择主表面-逐个"(Select the Master Surface-individual)，
"表面"(Surfaces)，如图 8-107 所示。

图 8-106　为"Int-1"创建相互作用　　　　　　　　图 8-107　底部提示区

（4）单击"表面…"(Surfaces...)按钮，弹出"区域选择"(Region Selection)对话框，选
择"disk-up"，如图 8-108 所示。单击"继续…"(Continue...)按钮，在窗口底部的提示区
中，单击"表面"(Surface)按钮，弹出"区域选择"对话框，选择"Pad-down"，如图
8-109 所示。单击"继续…"(Continue...)按钮，弹出"编辑相互作用"(Edit Interaction)对
话框，如图 8-110 所示。视图区域显示接触区表面，如图 8-111 所示，单击"确定"(OK)
按钮完成接触定义。

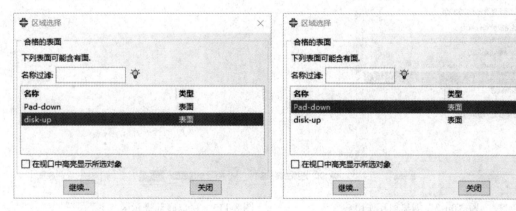

图 8-108　选择"disk-up"　　　　　　　　　　　图 8-109　选择"Pad-down"

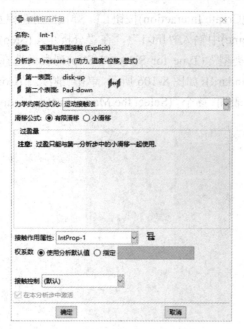

图 8-110　为 "Int-1" 编辑相互作用

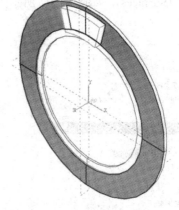

图 8-111　创建刹车盘与刹车盘之间的接触

（5）再次创建一个表面热交换条件类型的相互作用，单击工具箱区的"创建相互作用"(Create Interaction)按钮 ，弹出"创建相互作用"(Create Interaction)对话框，在"名称"(Name)中输入"Int-2"，在"分析步"(Step)中选择"Rotation-2"，在"可用于所选分析步的类型"(Type for Selected Step)列表内选择"表面热交换条件"(Surface Film Condition)，如图 8-112 所示。单击"继续..."(Continue...)按钮，窗口底部的提示区信息变为"选择主表面-逐个"(Select the Master Surface-individual)，"表面…"(Surfaces…)，如图 8-113 所示。

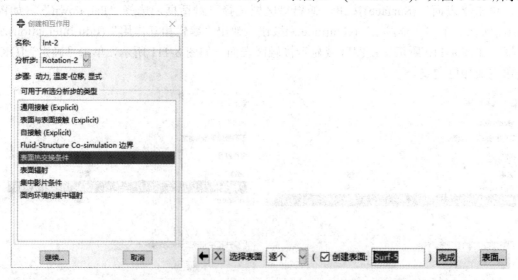

图 8-112　为 "Int-2" 创建相互作用　　　　　图 8-113　窗口底部提示区

单击"表面"(Surfaces...)按钮，弹出"区域选择"(Region Select)对话框，选择"disk-up"，

如图 8-114 所示。单击"继续…"(Continue…)按钮，弹出"编辑相互作用"(Edit Interaction)对话框，设置如图 8-115 所示，单击"环境温度的幅值"(Sink Amplitude)右边的按钮 。在弹出的"创建幅值"(Create Amplitude)对话框中选择"表"(Tabular)，单击"继续..."(Continue...)按钮，弹出"编辑幅值"(Edit Amplitude)对话框，设置如图 8-116 所示，单击"确定"(OK)按钮完成设置。

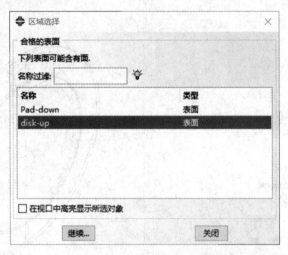

图 8-114　"区域选择"对话框

图 8-115　"编辑相互作用"对话框

图 8-116　"编辑幅值"对话框

3. 创建耦合约束

(1) 单击工具箱区的"创建显示组"(Create Display Group)按钮 ，弹出"创建显示组"(Create Display Group)对话框，如图 8-117 所示。在"项"(Item)列表内选择"几何元素"(Cells)，单击"编辑选择集"(Edit Select)按钮，选择除刹车盘内圈外的实体模型，如图 8-118 所示。在"对视口内容和所选择执行一个 Boolean 操作"(Perform a Boolean on the Viewport Contents and the Selection)栏中单击 "移除"(Remove)按钮 ，单击"关闭"(Dismiss)按钮，视图区仅显示刹车盘内圈模型，如图 8-119 所示。

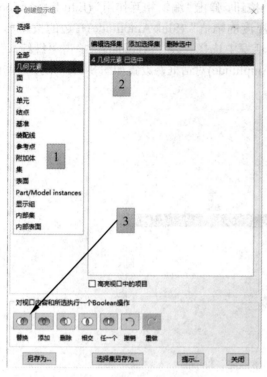

图 8-117　"创建显示组"对话框

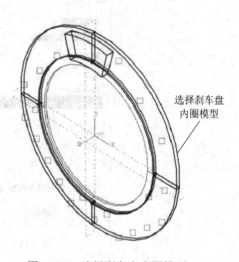

图 8-118　选择刹车盘内圈模型

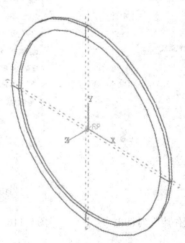

图 8-119　显示刹车盘内圈模型

（2）单击工具箱区的"创建约束"(Create Constraint)按钮◀，弹出"创建约束"(Create Constraint)对话框，在"名称"(Name)中输入"PIN"，在"类型"(Type)列表内选择"刚体"(Rigid Body)，如图 8-120 所示，单击"继续..."(Continue...)按钮。弹出"编辑约束"(Edit Construction)对话框，如图 8-121 所示。选择"铰结(结点)"(PIN(Nodes))，单击按钮▷，选择刹车盘内圈，如图 8-122(a)所示，单击鼠标中键，单击"参考点"(Reference Point)下的按钮，选择参考点"RP"，如图 8-122(b)所示，单击"确定"(OK)按钮完成耦合的设置，如图 8-122(c)所示。

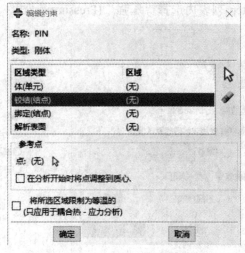

图 8-120　"创建约束"对话框　　　　图 8-121　"编辑约束"对话框

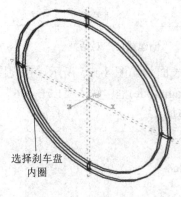

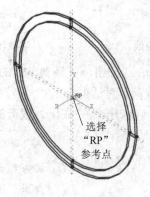

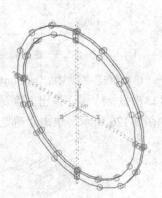

(a) 选择刹车盘内圈　　　　(b) 选择"RP"参考点　　　　(c) 创建耦合

图 8-122　创建耦合

8.3.7　定义载荷和边界条件

在环境栏的"模块"(Module)列表中选择"载荷"(Load)功能模块，定义"载荷"(Load)和"边界条件"(Boundary Condition)。

(1) 单击工具箱区的显示所有图标⬤，显示所有零件。单击菜单"工具"(Tools)→"幅值"(Amplitude)→"创建"(Create)，在弹出的"创建幅值"(Create Amplitude)对话框，在"名称"(Name)中输入"Amp-2"，在列表内选择"表"(Tabular)，单击"继续..."(Continue...)按钮，弹出"编辑幅值"(Edit Amplitude)对话框，数据设置如图 8-123 所示，单击"确定"(OK)按钮，完成幅值曲线定义。

(2) 单击工具箱区的"创建载荷"(Create Load)按钮⬚，弹出"创建载荷"(Create Load)对话框。在"名称"(Name)中输入"pressure"，在"分析步"(Step)中选择"Pressure-1"，

在"类别"(Category)中选择"力学"(Mechanical)，在"可用于所选分析步的类型"(Types for Selected Step)列表内选择"压强"(Pressure)，如图 8-124 所示。

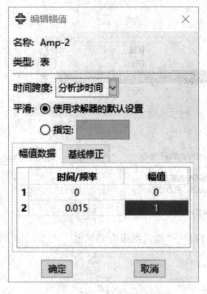

图 8-123　定义幅值曲线

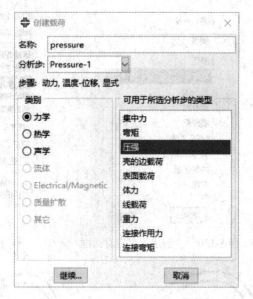

图 8-124　"创建载荷"对话框

(3) 单击"继续..."(Continue...)按钮，选择刹车片的上表面，如图 8-125 所示，在视图区单击鼠标中键，弹出"编辑载荷"对话框，在"大小"(Magnitude)框中输入"1.7E+O6"，如图 8-126 所示，单击"确定"(OK)按钮完成压力载荷的施加。

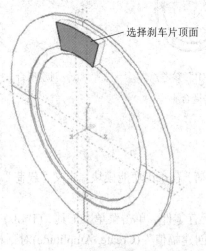

选择刹车片顶面

图 8-125　选择刹车片顶面

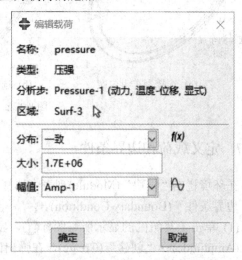

图 8-126　"编辑载荷"对话框

(4) 单击工具箱区的"创建边界条件"(Create Boundary Condition)按钮 ，弹出"创建边界条件"(Create Boundary Condition)对话框，在"名称"(Name)中输入"BC-diskback-1"，在"分析步"(Step)中选择"Initial"，在"可用于所选分析步的类型"(Types for Selected Step)列表内选择"位移/转角"(Displacement/Rotation)，如图 8-127 所示。

(5) 单击 "继续..." (Continue...)按钮，窗口底部的提示区信息变为 "选择要施加边界条件的区域" (Select Regions for the Boundary Condition)，按住 Shift 键选择刹车盘底面，ABAQUS/CAE 显示选中的平面，如图 8-128 所示。在视图区单击鼠标中键，弹出 "编辑边界条件" (Edit Boundary Condition)对话框，在 "U3" 前面的方框中打钩，如图 8-129 所示。单击 "确定" (OK)按钮，完成固定边界条件的约束，如图 8-130 所示。

图 8-127 为 "BC-diskback-1" 创建边界条件

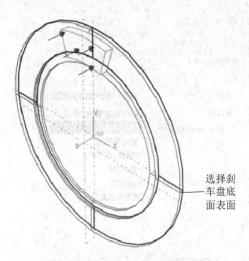

图 8-128 选择刹车盘底面表面

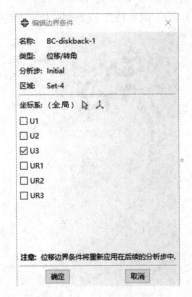

图 8-129 完成固定边界条件的约束

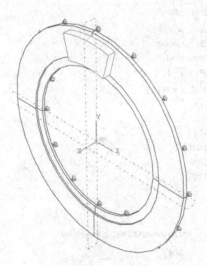

图 8-130 约束部分

(6) 单击工具箱区的 "创建边界条件" (Create Boundary Condition)按钮，弹出 "创建边界条件" (Create Boundary Condition)对话框，在 "名称" (Name)中输入 "BC-pad-2"，在 "分析步" 中(Step)选择 "Initial"，在 "可用于所选分析步的类型" (Types for Selected Step)列表内选择 "位移/转角" (Displacement/Rotation)，如图 8-131 所示。

(7) 单击"继续..."(Continue...)按钮，窗口底部的提示区信息变为"选择要施加边界条件的区域"(Select Regions for the Boundary Condition)，按住 Shift 键选择刹车片上表面，ABAQUS/CAE 显示选中的平面，如图 8-132 所示。在视图区单击鼠标中键，弹出"编辑边界条件"(Edit Boundary Condition)对话框，在"U1、U2、UR1、UR2、UR3"前面的方框中打钩，如图 8-133 所示。单击"确定"(OK)按钮，完成刹车片边界条件的约束，如图 8-134 所示。

图 8-131 为"BC-pad-2"创建边界条件

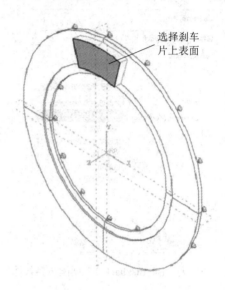

图 8-132 选择刹车片上表面

图 8-133 完成刹车片边界条件的约束

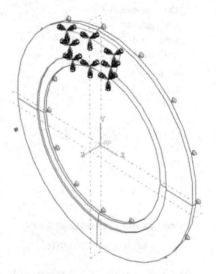

图 8-134 完成刹车片约束

(8) 单击工具箱区的"创建边界条件"(Create Boundary Condition)按钮，弹出"创建边界条件"(Create Boundary Condition)对话框，在"名称"(Name)中输入"BC-RP-3"，在"分析步"(Step)中选择"Initial"，在"可用于所选分析步的类型"(Types for Selected Step)列表内选择"位移/转角"(Displacement/Rotation)，如图 8-135 所示。

(9) 单击"继续..."(Continue...)按钮，窗口底部的提示区信息变为"选择要施加边界条件的区域"(Select Regions for the Boundary Condition)，选择参考点"RP"，ABAQUS/CAE 显示选中的参考点，如图 8-136 所示。在视图区单击鼠标中键，弹出"编辑边界条件"(Edit Boundary Condition)对话框，在"U1、U2、U3、UR1、UR2、UR3"前面的方框中打钩，如图 8-137 所示。单击"确定"(OK)按钮，完成刹车盘边界条件的约束，如图 8-138 所示。

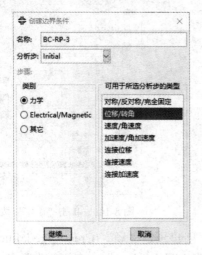

图 8-135　为"BC-RP-3"创建边界条件

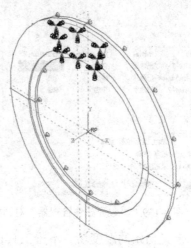

图 8-136　选择参考点"RP"

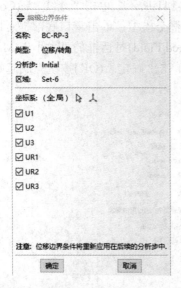

图 8-137　完成刹车盘边界条件的约束

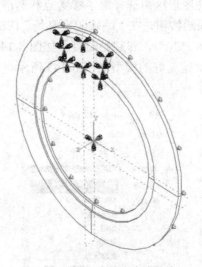

图 8-138　完成刹车盘约束

(10) 单击工具箱区的"边界条件管理器"(Boundary Condition)按钮，弹出"边界条件管理器"对话框，在名称行中选择"BC-RP-3"，在"Rotation"列中选择"传递"(Propagated)，如图 8-139 所示。单击"编辑..."(Edit...)按钮，弹出"编辑边界条件"(Edit Boundary Condition)对话框，在"UR3"中输入"1.04717"，在"幅值"(Amplitude)中选择"Amp-2"，如图 8-140 所示，单击"确定"(OK)按钮。

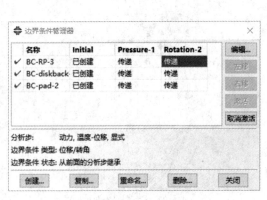

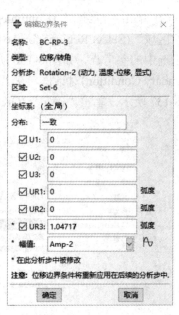

图 8-139　"边界条件管理器"对话框　　　　　图 8-140　单击"确定"按钮

(11) 定义初始的温度场。单击工具箱区的"创建预定义场"(Create Predefined Field) 按钮，弹出"创建预定义场"对话框，分析步选择"Initial"，在"类型"(Type)中选择"其它"(Other)："温度"(Temperature)，如图 8-141 所示。单击"继续..."(Continue...) 按钮，在图形区中选择除了参考点和基准面以外的整个模型，单击窗口底部提示区的"完成"(Done)按钮，在"编辑预定义场"(Edit Predefined Field)对话框的"大小"(Magnitude) 框中输入"20"，即起始温度，如图 8-142 所示。单击"确定"(OK)按钮完成起始温度场的定义。定义好的模型如图 8-143 所示。

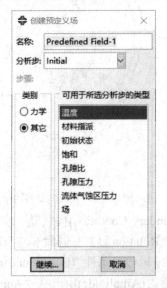

图 8-141　定义初始的温度场　　　　图 8-142　在"大小"框中输入"20"

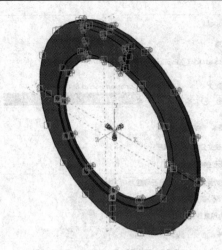

图 8-143　载荷和边界条件定义好的模型

8.3.8　划分网格

在环境栏的"模块"(Module)列表中选择"网格"(Mesh)，进入"网格"(Mesh)功能模块。

1. 刹车盘划分网格

由于装配件由非独立实体构成，在开始网格划分操作之前，需要将环境栏的"对象"(Object)选择为"部件"(Part)，并在"部件"(Part)列表中选择"disk"，如图 8-144 所示。

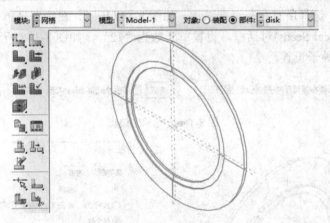

图 8-144　在"部件"列表中选择"disk"

1) 指定单元类型

单击工具箱区的"指派单元类型"(Assign Element Type)按钮，选择所有模型，单击鼠标中键，弹出"单元类型"(Element Type)对话框，在"单元库"(Element Library)中选择"Standard"(标准)，在"族"(Family)中选择"温度-位移耦合"(Coupled Temperature-Displacement)，在"几何阶次"(Geometric Order)中选择"线性"(Linear)，其余选项接受默认设置，如图 8-145 所示。单元类型为"C3D8T"，即八结点热耦合六面体单元，三向线性位移，三向线性温度，减缩积分，沙漏控制单元。单击"确定"(OK)按钮，完成单元类型的指派。

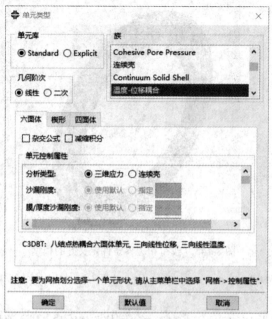

图 8-145　指定刹车盘模型的单元类型

2) 局部撒种子

单击工具箱区的 "为边布种" (Seed Edges)按钮 ，窗口底部的提示区信息变为 "选择要布置局部种子的区域-逐个" (Select the Regions to be Assigned Local Seeds-individually)，如图 8-146 所示。选择所有刹车盘圆弧边，如图 8-147 所示，在视图区单击鼠标中键，弹出 "局部种子" (Local Seeds)对话框，设置单元数为 "12"，如图 8-148 所示，单击 "确定" (OK)按钮，完成种子设置。

图 8-146　提示区信息

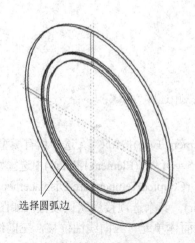

图 8-147　选择圆弧边　　　　　图 8-148　完成刹车盘模型的局部撒种子设置

3) 指派网格控制属性

单击工具箱区的"指派网格控制属性"(Assign Mesh Controls)按钮，在视图区选择所有模型，单击鼠标中键，弹出"网格控制属性"(Mesh Controls)对话框，在"单元形状"(Element Shape)中选择"六面体"(Hexahedron)，在"技术"(Technique)中选择"结构"(Structured)，如图 8-149 所示，单击"确定"(OK)按钮，完成网格属性指派。

4) 划分网格

单击工具箱区的"为部件划分网格"(Mesh Part)按钮，窗口底部的提示区显示"要为部件划分网格吗？"(OK to Mesh the Part ?)，在视图区单击鼠标中键，或直接单击窗口底部提示区的"是"(Yes)按钮，得到如图 8-150 所示的网格。信息区显示"864 个单元已创建到部件：disk"。

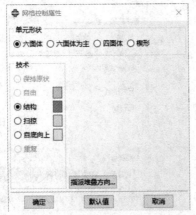

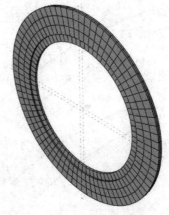

图 8-149 指派刹车盘划分网格控制属性　　　　图 8-150 刹车盘划分网格后的模型图

2. 刹车片划分网格

将环境栏的"对象"(Object)选择为"部件"(Part)，并在"部件"(Part)列表中选择"pad"，如图 8-151 所示。

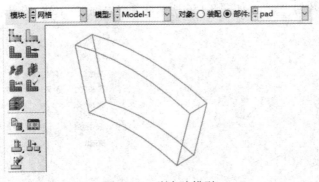

图 8-151 刹车片模型

1) 指定单元类型

单击工具箱区的"指派单元类型"(Assign Element Type)按钮，选择所有模型，单击鼠标中键，弹出"单元类型"(Element Type)对话框，在"单元库"(Element Library)

中选择"Standard"(标准)，在"族"(Family)中选择"温度-位移耦合"(Coupled Temperature-Displacement)，在"几何阶次"(Geometric Order)中选择"线性"(Linear)，其余选项接受默认设置，如图 8-145 所示。单元类型为"C3D8T"，即八结点热耦合六面体单元，三向线性位移，三向线性温度，减缩积分，沙漏控制单元。单击"确定"(OK)按钮，完成单元类型的指派。

2) 局部撒种子

单击工具箱区的"为边布种"(Seed Edges)按钮，窗口底部的提示区信息变为"选择要布置局部种子的区域-逐个"(Select the Regions to be Assigned Local Seeds-individually)，选择所有刹车盘片 4 条圆弧边，如图 8-152 所示，在视图区域单击鼠标中键，弹出"局部种子"(Local Seeds)对话框，设置单元数为"4"，如图 8-153 所示，单击"确定"(OK)按钮，完成种子设置。

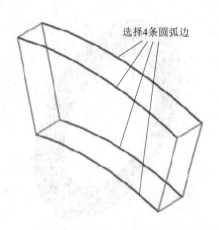

图 8-152　选择 4 条圆弧边　　　　　　　　图 8-153　设置单元数为"4"

再次单击工具箱区的"为边布种"(Seed Edges)按钮，窗口底部的提示区信息变为"选择要布置局部种子的区域-逐个"(Select the Regions to be Assigned Local Seeds-individually)，选择刹车盘片 4 条直边，如图 8-154 所示，在视图区单击鼠标中键，弹出"局部种子"(Local Seeds)对话框，设置单元数为"3"，如图 8-155 所示，单击"确定"(OK)按钮，完成种子设置。

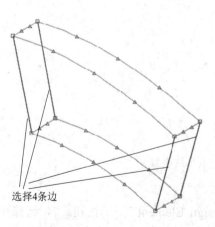

图 8-154　选择 4 条边　　　　　　　　　　图 8-155　设置单元数为"3"

3) 指派网格控制属性

单击工具箱区的"指派网格控制属性"(Assign Mesh Controls)按钮 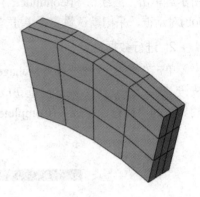，在视图区选择所有模型，单击鼠标中键，弹出"网格控制属性"(Mesh Controls)对话框，在"单元形状"(Element Shape)中选择"六面体"(Hexahedron)，在"技术"(Technique)中选择"结构"(Structured)，如图 8-149 所示，单击"确定"(OK)按钮，完成网格属性指派。

4) 划分网格

单击工具箱区的"为部件划分网格"(Mesh Part)按钮，窗口底部的提示区显示"要为部件划分网格吗？"(OK to Mesh the Part ?)，在视图区单击鼠标中键，或直接单击窗口底部提示区的"是"(Yes)按钮，得到如图 8-156 所示的网格。信息区显示"36 个单元已创建到部件: pad"。

5) 检查网格

将"对象"(Object)选择切换到"装配"(Assembly)，单击工具箱区的"检查网格"(Verify Mesh)按钮，窗口底部的提示区信息变为"选择待检查的区域按部件"(Select the Regions to Verify by Part)，选择全部模型，在

图 8-156　刹车片划分网格后的模型图

视图区单击鼠标中键，或直接单击窗口底部提示区的"完成"(Done)按钮，弹出"检查网格"(Verify Mesh)对话框，如图 8-157 所示。在"检查网格"(Verify Mesh)对话框中选择"形状检查"(Shape Metrics)，单击"高亮"(Highlight)按钮，如图 8-158 所示。窗口底部信息区显示："部件实例: disk-1　Number of elements : 　864，　　Analysis errors: 　0 (0%)，Analysis warnings: 　0 (0%)；部件实例: pad-1　Number of elements : 　36，Analysis errors: 　0 (0%)，Analysis warnings: 　0 (0%)"。

图 8-157　"检查网格"对话框

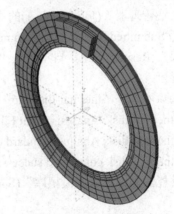

图 8-158　网格质量显示

8.3.9　提交分析作业

在环境栏的"模块"(Module)列表中选择"作业"(Job)，进入"作业"(Job)功能模块。

1. 创建分析作业

单击工具箱区的"作业管理器"(Job Manager)按钮 ，弹出"作业管理器"(Job Manager)对话框，如图 8-38 所示。在管理器中单击"创建…"(Create…)按钮，弹出"创建作业"(Create Job)对话框，在"名称"(Name)框中输入"thermal-disk"，如图 8-159所示。单击"继续…"(Continue…)按钮，弹出"编辑作业"(Edit Job)对话框，采用默认设置，单击"确定"(OK)按钮。

2. 进行数据检查

单击"作业管理器"(Job Manager)的"数据检查"(Data Check)按钮，提交数据检查。数据检查完成后，管理器的"状态"(Status)栏显示为"检查已完成"(Completed)，如图 8-160 所示。

图 8-159　在"名称"框中输入"thermal-disk"

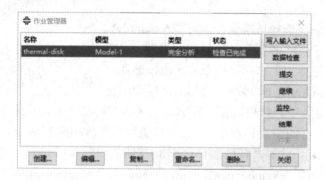

图 8-160　对"thermal-disk"进行数据检查

3. 提交分析

单击"作业管理器"(Job Manager)的"提交"(Submit)按钮。对话框的"状态"(Status)提示依次变为 Submitted、Running 和 Completed，这表明对模型的分析已经完成。单击此对话框的"结果"(Results)按钮，自动进入"可视化"(Visualization)模块。

信息区显示：

作业输入文件"thermal-disk.inp"已经提交分析。

Job thermal-disk: Analysis Input File Processor completed successfully.

Job thermal-disk: Abaqus/Standard completed successfully.

Job thermal-disk completed successfully.

单击工具栏的"保存数据模型库"(Save Model Database)按钮 保存模型。

8.3.10　后处理

单击作业管理器的"结果"(Results)按钮，ABAQUS/CAE 随即进入"可视化"(Visualization)功能模块，在视图区显示模型未变形时的轮廓图，如图 8-161 所示。

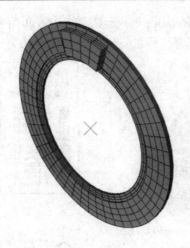

图 8-161 刹车盘热应力分析模型未变形轮廓图

(1) 在 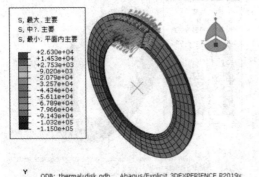 工具中选择 "主应力符号" (Symbol),显示第一分析步的加载过程,图 8-162 和图 8-163 分别为 INC = 1 和 INC = 4 时的应力符号。

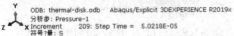

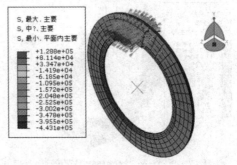

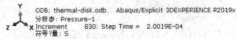

图 8-162 STEP1,INC=1 时的应力符号   图 8-163 STEP1,INC=4 时的应力符号

(2) 图 8-164 和图 8-165 分别为 INC = 10 和 INC = 20 时的应力符号。

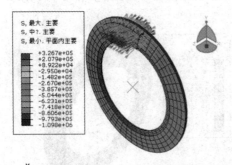

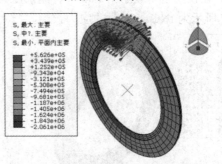

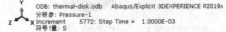

图 8-164 STEP1,INC=10 时的应力符号   图 8-165 STEP1,INC=20 时的应力符号

（3）开始施加旋转，进入"Rotation"分析步，图 8-166 和图 8-167 分别为开始旋转，STEP2 中 INC = 1 和 INC = 10 时的应力符号。

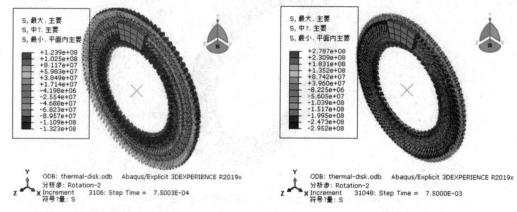

图 8-166　STEP2，INC=1 时的应力符号　　　图 8-167　STEP2，INC=10 时的应力符号

（4）图 8-168 和图 8-169 分别为 INC = 15 和 INC = 20 时的应力符号。

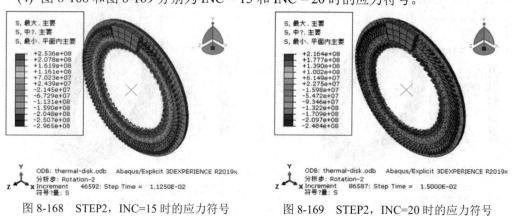

图 8-168　STEP2，INC=15 时的应力符号　　　图 8-169　STEP2，INC=20 时的应力符号

（5）在工具栏的 ▮▮▮ ▮ ▮ $ ▮ Mises ▮ 中选择"主变量"(Primary)→"S"→"Mises" 应力，在视图区中显示给 Pad 部件施加压力是 INC = 5 时的应力云图，如图 8-170 所示，图 8-171 所示为 INC = 10 时的应力云图。

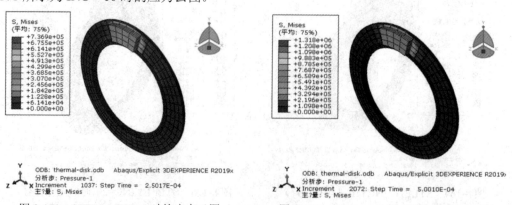

图 8-170　STEP1，INC=5 时的应力云图　　　图 8-171　STEP1，INC=10 时的应力云图

(6) 图 8-172 和图 8-173 分别为 INC = 15 和 INC = 20 时的应力云图。

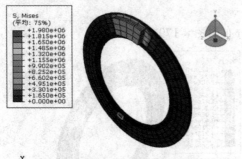

图 8-172 STEP1，INC=15 时的应力云图　　　　图 8-173 STEP1，INC=20 时的应力云图

(7) 进入 "Rotation" 分析步，图 8-174 和图 8-175 分别为 STEP2 中 INC = 1 和 INC = 5 时的应力云图。

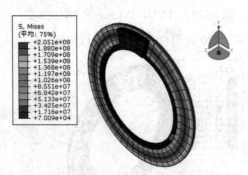

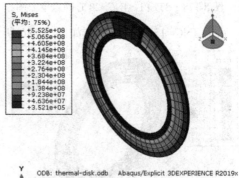

图 8-174 STEP2，INC=1 时的应力云图　　　　图 8-175 STEP2，INC=5 时的应力云图

(8) 图 8-176 和图 8-177 分别为 STEP2 中 INC = 10 和 INC = 20 时的应力云图。

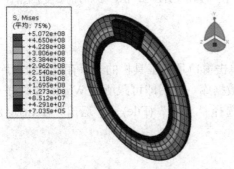

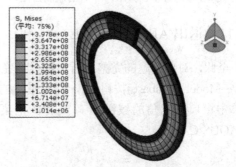

图 8-176 STEP2，INC=10 时的应力云图　　　　图 8-177 STEP2，INC=20 时的应力云图

(9) 在 ▭ NT11 ▭ 中选择主变量为 "NT11"，即结点温度，显示在

"Pressure"分析步中的温度云图如图 8-178 所示。整个"Pressure"分析步温度分布也都如图 8-178 所示。

进入"Rotation"分析步，INC = 10 时温度分布如图 8-179 所示。

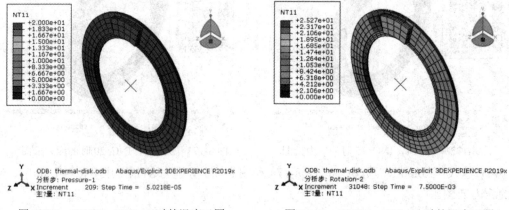

图 8-178　STEP1，INC=20 时的温度云图　　　图 8-179　STEP2，INC=10 时的温度云图

(10) INC=15 时温度分布如图 8-180 所示，INC = 20 时温度分布如图 8-181 所示。

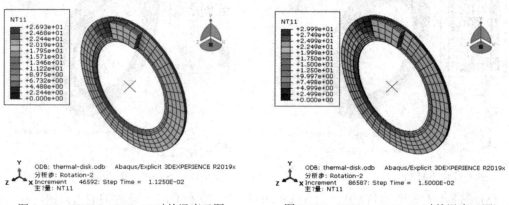

图 8-180　STEP2，INC=15 时的温度云图　　　图 8-181　STEP2，INC=20 时的温度云图

8.3.11　退出 ABAQUS/CAE

至此，对此例题的完整分析过程已经完成。单击窗口顶部工具栏的"保存模型数据库"(Save Model Database)按钮 ▣，保存最终的模型数据库。然后即可跟所有 Windows 程序一样单击窗口右上角的按钮 ✕，或者在主菜单中选择"文件"(File)→"退出"(Exit)退出 ABAQUS/CAE。

本 章 小 结

本章为读者介绍了使用 ABAQUS 进行热力学分析的方法。热力学分析与单一的结构分析一样，都可以进行瞬态的或者稳态的分析。考虑到主要是温度变化引起热应力，热力学分析的主要应用场合大多包含时间历程上的变化，进行热力学分析的最终目的，仍是为了得到应力结果，因此，热分析更为重要的应用是与结构分析耦合。

耦合分析，就是将热分析与其他类型的分析结合起来进行分析，ABAQUS 可进行的热耦合分析包括：热—结构耦合分析、热—流体耦合分析、热—电耦合分析、热—磁耦合分析以及热—电—磁—结构耦合分析。

习　　题

如图 8-182 所示的带孔平板，在孔的顶部受到固支边界条件约束，左右两边受水平方向的约束。整个平板的初始温度为 25℃，当温度升高至 150℃时，平板会发生热膨胀，而平板顶部的固支约束会限制模型的变形，模型的应力场会发生相应的改变。材料的热膨胀系数为 $1.35 \times 10^{-5}/℃$，要求分析模型在 150℃下的应力场。

材料性质：钢，弹性模量 $E = 2.05 \times 10^{11}$ Pa，泊松比 $v = 0.3$。

板料厚度：$t = 20$ mm。

提示：单位制的选取，如长度单位用 mm，对应着力的单位 N，质量单位为 T，应力单位为 MPa；如长度单位用 m，对应着力的单位 N，质量单位为 kg，应力单位 Pa。

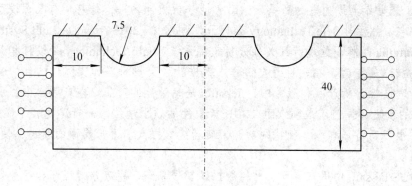

图 8-182　带孔平板热应力分析模型

第 9 章　结构疲劳寿命分析

知识要点：

- 掌握 Fe-safe 软件与 ABAQUS 联合分析的一般流程
- 熟悉 Fe-safe 软件材料修改和赋予的方法
- 掌握 Fe-safe 载荷谱的创建方法
- 掌握在 ABAQUS 中查看 Fe-safe 计算结果的方法

本章导读：

本节将学习 Fe-safe 的疲劳分析。重点在于疲劳耐久性分析和信号处理流程以及各项参数设置和后处理。

Fe-safe 是世界上最先进的高级疲劳耐久性分析软件之一，是基于有限元模型的疲劳寿命分析软件包。由英国 Safe Technology 公司开发和维护。2013 年被 Dassault Systemes 收购，作为达索 Simulia 品牌下的疲劳耐久性分析软件系统。Safe Technology 是设计和开发耐久性分析软件的技术领导者，在软件开发过程中，进行了大量材料和实际结构件的试验验证。在多轴疲劳耐久性分析产品和服务中，Fe-safe 是旗舰性的产品。在新版本中，引入了超过 100 项功能的改进，保持了最高级耐久性分析软件的领军地位，分析速度有了显著的提高，并且添加了很多新特征和一些独特的功能，使功能更强大。用户界面的改进，使得 Fe-safe 更容易使用。

ABAQUS/Fe-safe 由用户界面、材料数据库管理系统、疲劳分析程序和信号处理程序组成。ABAQUS/Fe-safe 读取有限元分析计算出的单位载荷或实际工作载荷下的弹性应力，然后根据实际载荷工况和交变载荷形式将结果比例迭加以产生工作应力时间历程；也可换算成特定类型载荷作用下的弹塑性应力。

Fe-safe 分析流程图如图 9-1 所示。

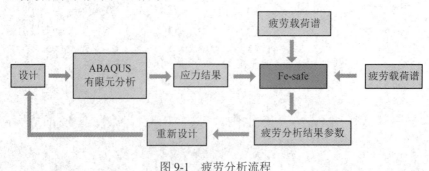

图 9-1　疲劳分析流程

9.1　疲劳分析简介

1. 疲劳破坏的概念

当材料或结构受到多次重复变化的载荷作用后，应力值虽然始终没有超过材料的强度极限甚至比弹性极限还低，在此情况下材料可能发生破坏，这种在交变载荷持续作用下材料或结构的破坏现象，就叫做疲劳破坏。

2. 疲劳破坏的特征

材料力学是根据静力学实验来确定材料的机械性能(比如弹性极限、屈服极限、强度极限)的，这些机械性能没有充分反映材料在交变载荷作用下的特性。因此，在交变载荷作用下工作的零件和构件，如果还是按照静载荷区设计，在使用过程中就会发生突如其来的破坏。

3. 疲劳破坏与传统静力破坏的本质区别

(1) 静力破坏是一次最大载荷作用下的破坏；疲劳破坏是多次反复载荷作用下产生的破坏，它不是短期内发生的。

(2) 当静应力小于屈服极限或强度极限时，不会发生静力破坏；而交变应力在远小于静强度极限甚至小于屈服极限的情况下，疲劳破坏就可能发生。

(3) 静力破坏通常有明显的塑性变形产生；疲劳破坏通常没有外在宏观的显著塑性变形迹象，即便是塑性良好的金属，其疲劳破坏形式也像脆性破坏一样，事先不易觉察出来，这表明疲劳破坏具有更大的危险性。

(4) 在静力破坏的断口上，通常只显示粗粒状或纤维状特征；而在疲劳破坏的断口上，总是显现两个区域特征，一部分是平滑的，另一部分是粗粒状或纤维状。因为疲劳破坏时，首先在某一点(通常接近构件表面)产生微小的裂纹，其起点叫"疲劳源"，而裂纹从疲劳源开始，逐渐向四周扩展。由于反复变形，裂开的两个面时而挤紧，时而松开，这样反复摩擦，形成一个平滑区域。在交变载荷的继续作用下，裂纹逐渐扩展，承载面积逐渐减少，当减少到材料或构件的静强度不足时，就会在某一载荷作用下突然断裂，其断裂面呈现粗粒状或纤维状。

(5) 静力破坏的抗力主要取决于材料本身；而疲劳破坏的抗力与材料的组成、构件的形状或尺寸、表面加工状况、使用条件以及外部工作环境都有关系。

4. ABAQUS/Fe-safe 的功能特点

(1) 独有高温、蠕变疲劳分析功能。

(2) 能有效处理解决载荷谱、快速分析旋转载荷作用下的疲劳寿命。

(3) 能有效处理采用 PSD 的频域载荷，计算随机振动情况下的疲劳寿命。

(4) 可以仿真复杂的"试验场"载荷条件。

(5) 可进行焊接部位的疲劳分析。

(6) 可考虑残余应力对疲劳寿命的影响。

9.2　发动机支架结构疲劳寿命分析实例

9.2.1　问题描述

如图 9-2 所示为一发动机支架，四个安装支座受到发动机自重力 "7500 N" 作用，同时在车子行驶过程中受到最大 5 倍自重力的随机载荷冲击，分析发动机支架的使用寿命。

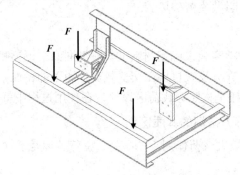

图 9-2　发动机支架受力模型

9.2.2　发动机支架静力分析

1. 创建分析文件

双击桌面启动图标 ，打开 ABAQUS/CAE 的启动界面，如图 9-3 所示，单击 "采用 Standard/Explicit 模型" (With Standard/Explicit Model)按钮，创建一个 ABAQUS/CAE 的模型数据库，随即进入 "部件" (Part)功能模块。

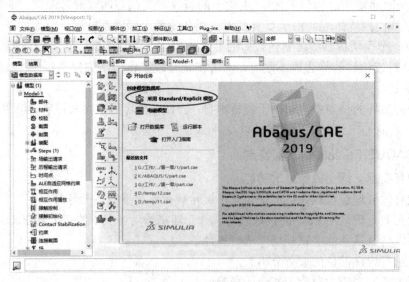

图 9-3　ABAQUS/CAE 启动界面

2. 设置工作路径

单击菜单"文件"(File)→"设置工作目录..."(Set Work Directory...)，弹出"设置工作目录"(Set Work Directory)对话框，设置工作目录："G:/ABAQUS 2019 有限元分析工程实例教程/案例 9"，如图 9-4 所示，单击"确定"(OK)按钮，完成工作目录设置。

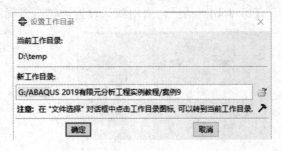

图 9-4　"设置工作目录"对话框

3. 创建模型

单击"文件"(File)→"打开"(Open...)，弹出"打开数据库"(Open Database)对话框，如图 9-5 所示。选择"Fatigue.cae"文件，单击"确定"(OK)，打开模型，如图 9-6 所示。

图 9-5　"打开数据库"对话框

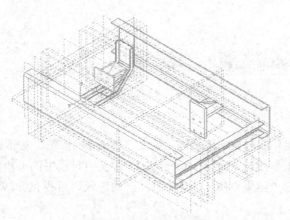

图 9-6　载入模型结构图

4. 提交分析作业

在环境栏的"模块"(Module)列表中选择"作业"(Job)，进入"作业"(Job)功能模块。

1) 创建分析作业

单击工具区的"作业管理器"(Job Manager)按钮 ，弹出"作业管理器"(Job Manager)对话框，如图 9-7 所示。在管理器中单击"创建..."(Create...)按钮，弹出"创建作业"(Create Job)对话框，在"名称"(Name)中输入"Fatigue"，如图 9-8 所示。单击"继续..."(Continue...)按钮，弹出"编辑作业"(Edit Job)对话框，采用默认设置，单击"确定"(OK)按钮。

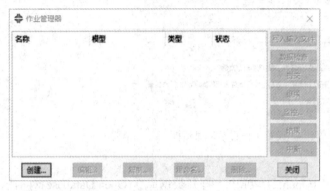 

图 9-7　"作业管理器"对话框　　　　　　　　图 9-8　"创建作业"对话框

2) 进行数据检查

单击"作业管理器"(Job Manager)的"数据检查"(Data check)按钮，提交数据检查。数据检查完成后，作业管理器的"状态"(Status)栏显示为"检查已完成"(Completed)，如图 9-9 所示。

图 9-9　进行数据检查

3) 提交分析作业

单击"作业管理器"(Job Manager)的"提交"(Submit)按钮。对话框的"状态"(Status)提示依次变为 Submitted，Running 和 Completed，这表明对模型的分析已经完成，如图 9-10 所示。单击此对话框的"结果"(Results)按钮，自动进入"可视化"(Visualization)模块。

信息区显示：

作业输入文件"Fatigue.inp"已经提交分析。

Job Fatigue：Analysis Input File Processor completed successfully.

Job Fatigue：Abaqus/Standard completed successfully.

Job Fatigue：completed successfully.

单击工具栏的"保存数据模型库"(Save Model Database)按钮![按钮]保存模型。

图 9-10　对模型的分析已经完成

5. 后处理

单击作业管理器的"结果"(Results)，ABAQUS/CAE 随即进入"可视化"(Visualization)功能模块。

(1) 单击菜单"结果"(Result)→"分析步/帧(S)..."(Step/Frame...)弹出"分析步/帧"(Step/Frame)对话框，在分析步列表内选择"Step-1"，在"帧"(Frame)列表内选择"4"，如图 9-11 所示。

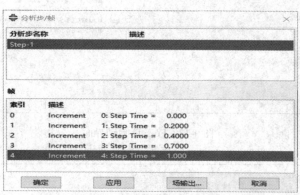

图 9-11　"分析步/帧"对话框

(2) 单击工具区的"在变形图上绘制云图"(Plot Contours on Deformed Shape)按钮![按钮]，视图区域显示模型的 Mises 应力云图，最大应力值为 74.62 MPa，如图 9-12 所示。

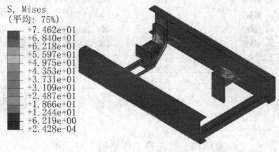

图 9-12　Mises 应力云图

9.2.3 疲劳分析

1. 进入 Fe-safe 软件工作界面及载入分析数据

(1) 双击桌面 Fe-safe 2019 启动图标 ，打开软件界面，如图 9-13 所示。单击 "New Project" 中的按钮 ![..]，弹出 "选择工作路径" (Choose Project Directory)对话框，如图 9-14 所示，单击 "选择文件夹" 按钮，再次单击 "create" 按钮，进入工作界面，如图 9-15 所示。

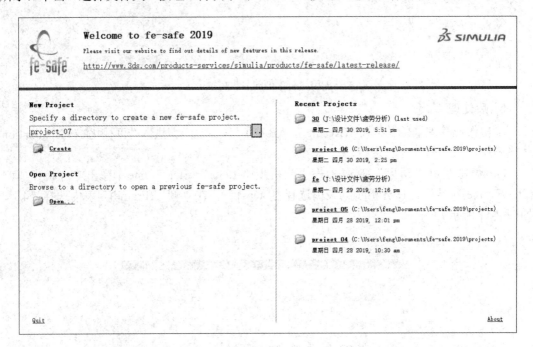

图 9-13   Fe-safe 启动界面

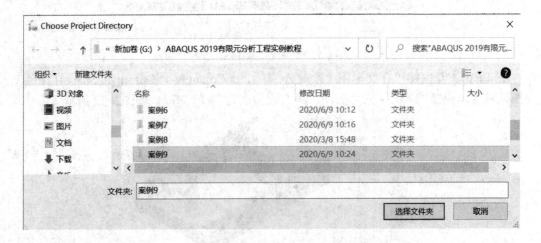

图 9-14   "选择工作路径" 对话框

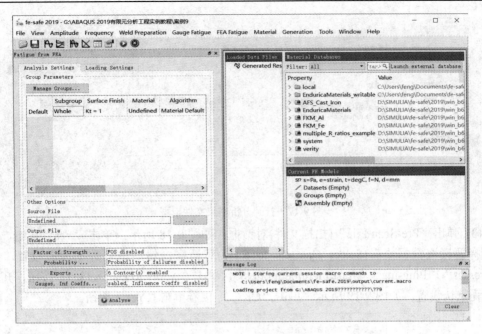

图 9-15　工作界面

（2）在如图 9-15 所示的"工作区域 1"处单击鼠标右键，弹出如图 9-16 所示的选择菜单，选择"Open Finite Element Model..."，打开 ABAQUS 计算结果文件"Fatigue.odb"。路径"G:\ABAQUS 2019 有限元分析工程实例教程\案例 9\Fatigue.odb"，如图 9-17 所示，单击"打开"按钮。

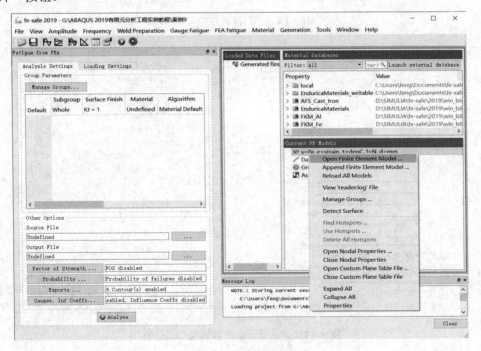

图 9-16　打开分析模型

图 9-17　打开分析结果文件模型

(3) 弹出"Pre-Scan File"(扫描文件)对话框，如图 9-18 所示，单击"Yes"按钮，弹出"选择要读取数据集"(Select Datasets to Read)对话框。然后进行数据读取设置，选择"Stresses""Plug-ins""Last increment only"，单击"Apply to Dataset list"按钮，其余选项接受默认设置，如图 9-19 所示。单击"OK"，接着单击"Yes"按钮。

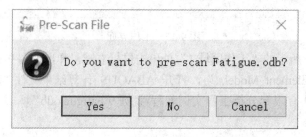

图 9-18　"扫描文件"对话框

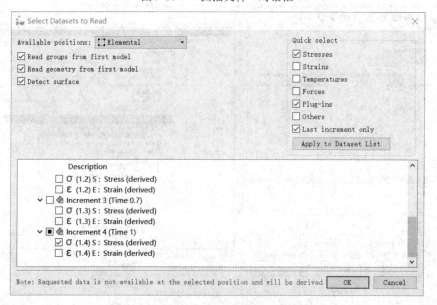

图 9-19　"选择要读取数据集"对话框

(4) 在弹出的"Loaded FEA Models Properties"(加载的 FEA 模型属性)对话框中，设置

参数，如图 9-20 所示。单击"OK"按钮，弹出"Edit Group List"(编辑组清单)对话框，如图 9-21 所示，单击"NO"按钮，进入分析设置界面，如图 9-22 所示。

图 9-20　"加载的 FEA 模型属性"对话框

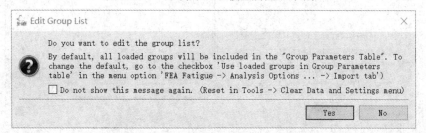

图 9-21　"编辑组清单"对话框

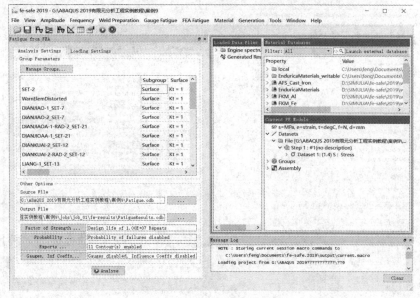

图 9-22　载入分析数据界面

2. 创建修改材料属性

进入分析界面，选择如图 9-23 所示的"Analysis settings"设置区域，设置材料属性和相关参数。在如图 9-23 所示中的"Material Databases"区域，单击"local"前的图标 ，展开材料列表，如图 9-24 所示。选择"SAE_950C-Manten"材料，单击鼠标右键，选择"copy Material"，创建一个"CopyOf_SAE_950C-Manten～1"材料，如图 9-25 所示。单击"CopyOf_SAE_950C-Manten"前的图标 ，修改"弹性模量"(E(MPa))为"218000"，"泊松比"(Poissons Ratio)为"0.28"，其余选项接受默认设置，如图 9-26 所示。

图 9-23　设置分析材料参数

图 9-24　展开材料列表

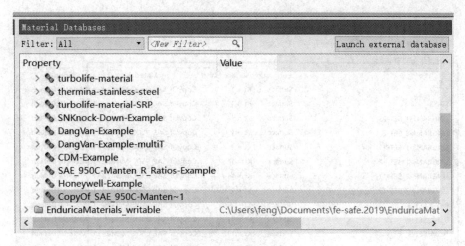

图 9-25　复制材料

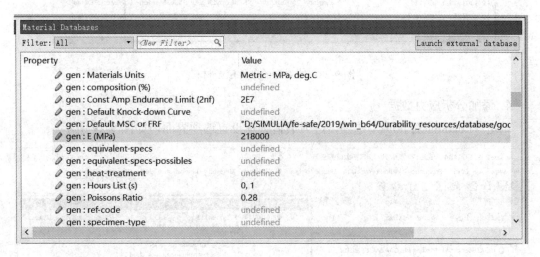

图 9-26　修改材料参数

3. 赋予零件材料属性

在 "Material Databases" 工作区域中选中 "CopyOf_SAE_950C-Manten~1" 材料，在 "Fatigue from FEA" 工作区域中双击 "Material" 列，弹出 "Change Material"(修改材料) 对话框，如图 9-27 所示。单击 "是"(Yes)按钮，完成材料修改，如图 9-28 所示。

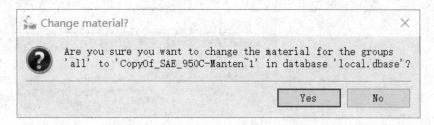

图 9-27　"修改材料" 对话框

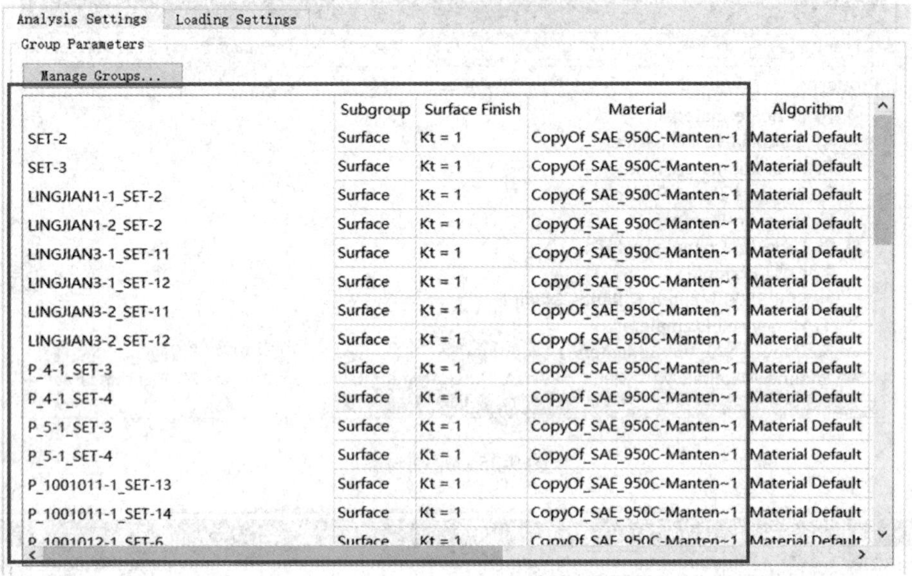

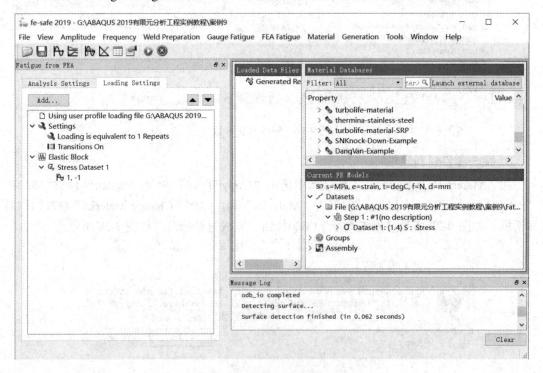

图 9-28　给对应的部件赋予材料

4. 添加分析应力数据

单击"Loading Settings"选项，进入载荷管理设置选项界面，如图 9-29 所示。

图 9-29　载荷管理界面

(1) 在"Fatigue from FEA"工作区域空白处,单击鼠标右键,弹出数据处理选择界面,如图 9-30 所示。选择"Clear All Loading"按钮,清空载荷区域的文件。单击按钮 <kbd>Add...</kbd>,弹出创建载荷选项,如图 9-31 所示。选择"Block",创建一个"Block",如图 9-32 所示。

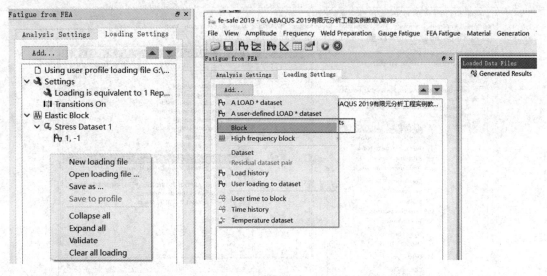

图 9-30 数据处理选项界面 图 9-31 添加载荷区域

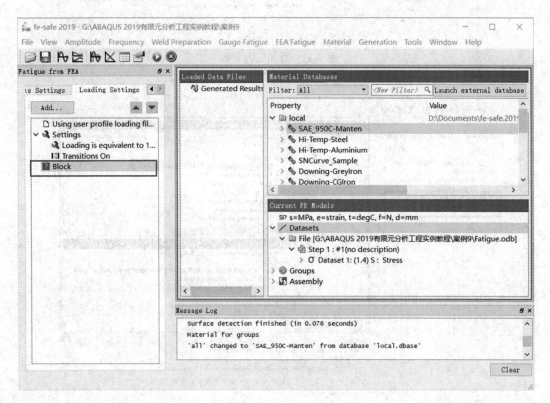

图 9-32 创建"Block"

(2) 在"Current FE models"区域中选择"dataset1(1.4)S:Stress",在"Fatigue from FEA"中选择"Block",单击鼠标右键,弹出"添加数据"选项菜单,选择"Add dataset"按钮,如图 9-33 所示。创建数据,如图 9-34 所示。

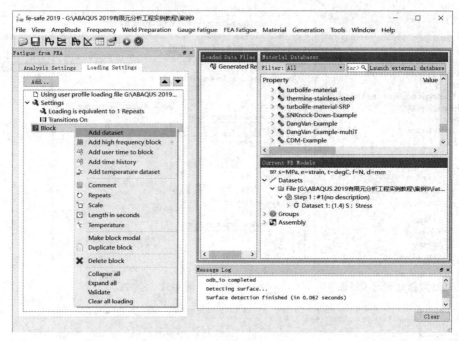

图 9-33　添加应力参数

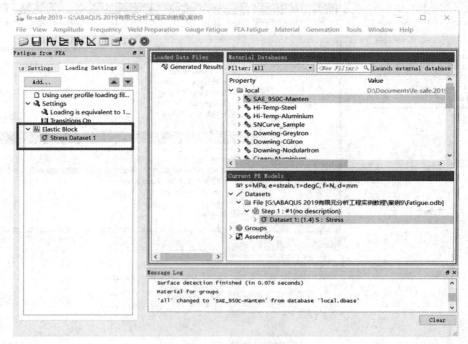

图 9-34　创建应力数据文件

5. 创建载荷谱

(1) 在"loaded Data Files"工作区域中，单击鼠标右键，弹出选项菜单，选择"Open Data File(s)…"，如图 9-35 所示。打开路径"G:\ABAQUS 2019 有限元分析工程实例教程\案例 9\results\ Engine spectrum.dac"发动机载荷谱文件，如图 9-36 所示，单击"打开"按钮。

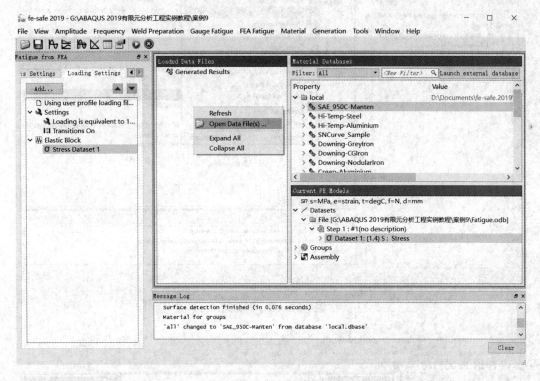

图 9-35　打开载荷谱

图 9-36　"打开数据文件"对话框

(2) 在"loaded Data files"工作区域，选择"5*white+sin[1*x+0]"，单击鼠标右键，弹出绘图选项菜单，如图 9-37 所示。单击"Plot"按钮绘制载荷谱图形，如图 9-38 所示。

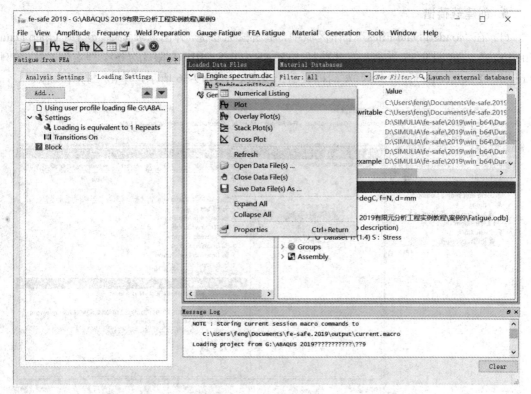

图 9-37　显示载荷谱

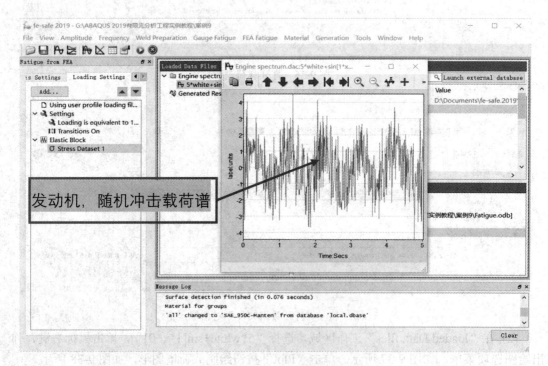

图 9-38　发动机冲击随机载荷谱

(3) 在"Loading settings"区域中选择"Stress Dataset1"，单击鼠标右键，弹出选择对话框，选择"Scale"，如图 9-39 所示。设置"Scale = 1"，如图 9-40 所示。

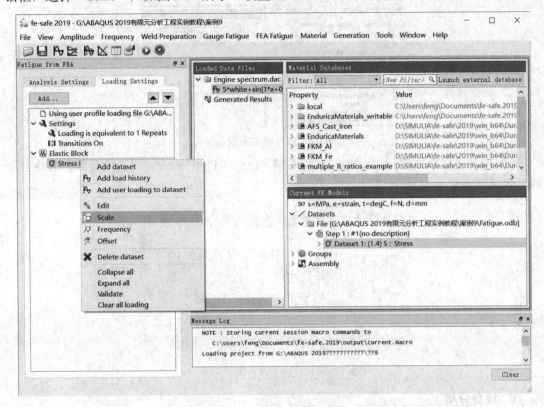

图 9-39　设置分析放大比例

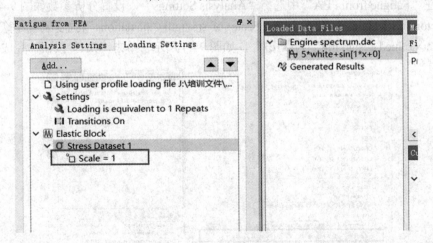

图 9-40　设置放大系数

(4) 在"Loading settings"工作区域中，选择"Stress Dataset1"，单击鼠标右键弹出设置选项菜单，选择"Frequency"，设置"Frequency = 1"。单击鼠标右键弹出设置选项菜单，选择"add load history"，添加载荷谱给模型，设置如图 9-41 所示。

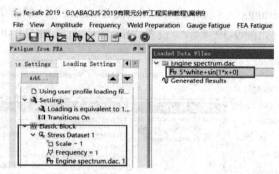

图 9-41　添加频率和载荷谱

(5) 选择"Elastic Block"。单击鼠标右键，选择"Plot"命令，再次检查载荷谱是否正确，载荷谱如图 9-42 所示。

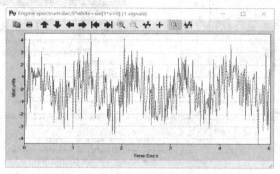

图 9-42　载荷谱

6. 提交分析

(1) 在"Fatigue from FEA"中选择"Analysis Settings"，设置分析参数如图 9-43 所示。单击"Factor of Strength..."按钮，弹出"Factor of Strength Calculations"(强度因子计算)对话框，设置"User-defined design life"为"1e7"，如图 9-44 所示，单击"OK"按钮，完成设置。

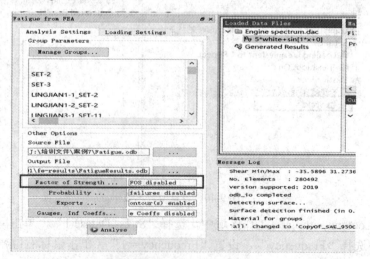

图 9-43　"强度因子"对话框

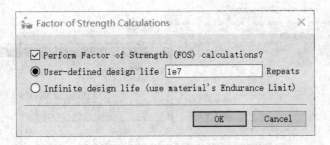

图 9-44　"强度因子计算"设置对话框

(2) 在"Analysis Settings"界面中，单击"Exports"按钮，弹出"Exports and Output"(输出参数设置)对话框，选项设置如图 9-45 所示，单击"OK"按钮，完成输出设置。

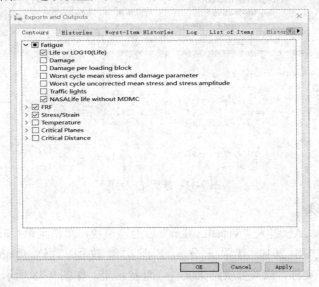

图 9-45　"输出参数设置"对话框

(3) 在"Source File"中，分别单击"Source File"和"Output File"设置路径，如图 9-46 所示。

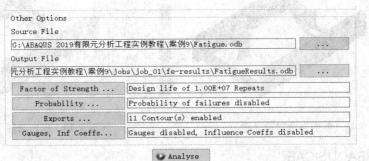

图 9-46　设置输出路径

(4) 在"Analysis Settings"界面，单击"Analyse"按钮，再次单击"继续"(Continue)按钮，提交计算。计算完成后出现如图 9-47 所示界面，点击"Close"。

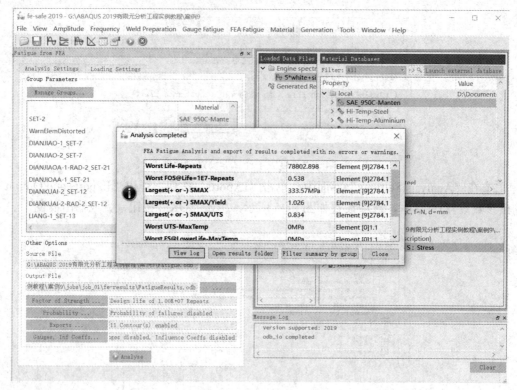

图 9-47　分析完成界面

7. 查看分析结果

启动 ABAQUS CAE 进入 "Visualization" 后处理模块，单击菜单 "File" → "Open" 打开目录 "G:\ABAQUS 2019 有限元分析工程实例教程\案例 9\jobs\job_01\Fe-results\FatigueResults.odb" 文件，载入分析结果文件，查看结果，如图 9-48 所示。疲劳寿命对数为 "10e4.957"，循环次数约为 "90573" 次。应力云图如图 9-49 所示，最大应力为 "331.6 MPa"。

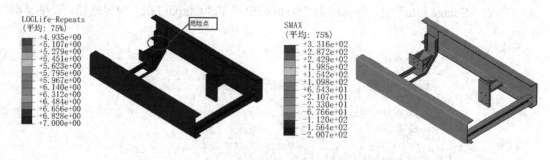

图 9-48　疲劳寿命对数显示　　　　　　　图 9-49　应力云图

8. 退出 ABAQUS/CAE

至此，对此例题的完整分析过程已经完成。单击窗口顶部工具栏的 "保存模型数据库" (Save Model Database) 按钮，保存最终的模型数据库。然后即可跟所有 Windows 程序一样单击窗口右上角的按钮，或者在主菜单中选择 "文件" (File) → "退出" (Exit) 退出

ABAQUS/CAE。

本 章 小 结

　　本章介绍了利用 ABAQUS 和 Fe-safe 相结合来分析计算零部件疲劳寿命的步骤和方法，使读者了解 Fe-safe 软件进行疲劳寿命分析的优势。Fe-safe 软件提供了一个完全的材料库和灵活多变的载荷谱定义方法，用户可以对材料模型进行修改。

　　本章中，通过实例分析应当掌握 Fe-safe 软件的以下功能：

① Fe-safe 软件分析流程。

② 把 ABAQUS 计算结果文件加载到 Fe-safe 软件中的方法。

③ 载荷谱的创建。

④ 材料数据的赋予和修改。

⑤ 疲劳分析参数的设置。

⑥ 结果输出和在 ABAQUS 里查看疲劳计算结果的方法。

习　　题

　　如图 9-50 所示，已知参数为：薄板长 $L = 1\,m$、高 $H = 0.5\,m$、厚 $T = 0.005\,m$、圆孔半径 $R = 0.13\,m$、拉应力 $P = 50\,MPa$；薄板为钢材，其材料牌号为 SAE-950C-Manten，弹性模量 $E = 2.03 \times 10^{11}\,Pa$、泊松比 $v = 0.3$、密度 $\rho = 7850\,kg/m^3$，薄板受到正弦循环载荷，计算零件的疲劳寿命。

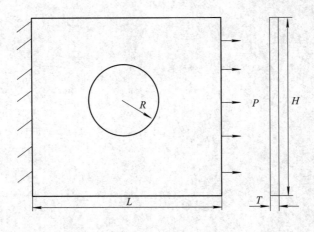

图 9-50　零件受力图

参 考 文 献

[1]　张建伟. ABAQUS 6.12 有限元分析从入门到精通[M]. 北京：机械工业出版社，2015.

[2]　陈海燕. ABAQUS 有限元分析 | 从入门到精通[M]. 北京：电子工业出版社，2015.

[3]　刘展. ABAQUS 有限元分析从入门到精通[M]. 北京：人民邮电出版社，2014.

[4]　齐威. ABAQUS 6.14 超级学习手册[M]. 北京：人民邮电出版社，2016.

[5]　江丙云，孔祥宏，树西，等. ABAQUS 分析之美[M]. 北京：人民邮电出版社，2017.

[6]　张建伟. ABAQUS 2016 有限元分析从入门到精通[M]. 北京：机械工业出版社，2018.

[7]　曹岩，沈冰，程文. ABAQUS 6.14 中文版有限元分析与实例详解[M]. 北京：清华大学出版社，2018.